Birgit Mandel

PR für Kunst und Kultur

Birgit Mandel (Prof. Dr.) leitet den Studienbereich Kulturmanagement und Kulturvermittlung an der Universität Hildesheim mit den Forschungsschwerpunkten Kultur-PR/Kulturmarketing, Audience Development, Kulturnutzerforschung und Kulturelle Bildung.
Sie verfügt über langjährige Praxiserfahrungen in der Kultur-PR, u.a. für die Berliner Festspiele GmbH und die Bar jeder Vernunft, Berlin.

Birgit Mandel

PR für Kunst und Kultur

Handbuch für Theorie und Praxis

[transcript]

Bibliografische Information der Deutschen Bibliothek
Die Deutsche Bibliothek verzeichnet diese Publikation in der Deutschen Nationalbibliografie; detaillierte bibliografische Daten sind im Internet über http://dnb.ddb.de abrufbar.

4. unveränderte Auflage 2012

Umschlaggestaltung: Kordula Röckenhaus, Bielefeld
Korrektorat: Katrin Dietrich, Freiburg
Satz: Alexander Masch, Bielefeld
Druck: Majuskel Medienproduktion GmbH, Wetzlar
ISBN 978-3-8376-1086-4

Gedruckt auf alterungsbeständigem Papier mit chlorfrei gebleichtem Zellstoff.

Besuchen Sie uns im Internet: *http://www.transcript-verlag.de*

Bitte fordern Sie unser Gesamtverzeichnis und andere Broschüren an unter: *info@transcript-verlag.de*

INHALT

Vorwort 7

I Kultur-PR in einer multioptionalen Gesellschaft 9
1 Public Relations, Werbung, Marketing und Audience Development ... 9
2 Aufgaben von Kultur-PR 13
3 Herausforderungen für Kultur-PR 15
4 Der Kulturmarkt in Deutschland – die Anbieterseite 19
5 Publikum und Kulturnutzer – Die Nachfragerseite 21
6 Das Feuilleton als Mittler von Kultur-PR 27
7 Die Besonderheiten des Produktes Kunst und Kultur und seine spezifischen Herausforderungen an die PR 29
8 Kompetenzen für Kultur-PR 34

II Methodische Vorgehensweise von Kultur-PR – ein Leitfaden für die Praxis 37
1 Corporate Identity und Profilbildung 38
2 Entwicklung von PR-Zielen, Strategien und Botschaften 42
3 Maßnahmen-, Zeit- und Budgetplanung 57
4 Herstellung und Vertrieb von PR- und Werbemitteln 60
5 Kultur-PR im Internet 76
6 PR-Aktionen 81
7 Virales Marketing als gezielte Förderung von Mundpropaganda und Networking 90
8 Presse- bzw. Medienarbeit 93
9 Erfolgskontrolle/Evaluation 111

III PR-Praxis bundesdeutscher Kulturinstitutionen 119
PR für Theater 120
PR für Musicals 126
Cabaret, Varieté, Comedy – PR für Kleinkunst 134
PR für Musik 143
PR für Literatur 151
PR für Institutionen der Bildenden Kunst 159
Festival-PR 172
Film-PR 189
PR für Kulturmedien 196
PR für Soziokultur 204

PR für Kinderkultur 213
PR im Auftrag 222

IV Trends, Erfolgsstrategien und Perspektiven in der Kultur-PR 225

Literatur 231

→ Vorwort

»Wir dürfen nicht hinter dem Schalter sitzen bleiben und warten, dass die Leute kommen. Wir müssen rausgehen und uns ein neues Publikum suchen. Wir müssen eine Atmosphäre schaffen, in der sich jeder willkommen fühlt.« Sir Simon Rattle, Chefdirigent der Berliner Philharmoniker

In den letzten Jahrzehnten haben sich die Rahmenbedingungen für Kultureinrichtungen angesichts einer zunehmenden Konkurrenz der Anbieter auf dem Freizeitmarkt bei gleichzeitig rückläufigen Fördersicherheiten sowie eines zunehmend unberechenbaren und diversifizierten Publikums stark verändert.

Je weniger Kultureinrichtungen auf ein Kulturbildungsbürgertum als sicherem Stammpublikum vertrauen können, umso mehr sind sie darauf angewiesen, um Aufmerksamkeit zu kämpfen, um Vertrauen und Legitimität zu werben und zu neuen Zielgruppen verbindliche Beziehungen aufzubauen.

PR bzw. Öffentlichkeitsarbeit als Bezeichnung für Aktivitäten der Kommunikation und Beziehungspflege einer Institution mit verschiedenen Teilöffentlichkeiten wird damit zu einer Schlüsselfunktion.

Dabei wird das Charakteristikum von PR als einer dialogischen Kommunikation zunehmend relevanter, denn Öffentlichkeit und potenzielle Kulturnutzer sind immer weniger als Masse ansprechbar, sondern erwarten zielgruppenspezifische und persönliche, möglichst direkte Kommunikation, verbunden mit der Chance, als Rezipient gehört zu werden und Einfluss nehmen zu können. Nur solche Institutionen, die bereit sind, sich mit den für sie relevanten Öffentlichkeiten und gesellschaftlichen Interessengruppen auseinanderzusetzen, und offen für Ideen von außen sind, werden langfristig überleben können.

Auch in Kultureinrichtungen lässt sich PR nicht mehr auf eine Pressesprecherfunktion reduzieren. PR im Kultursektor umfasst zunehmend auch ein strategisches Audience Development, das sich mit den Lebensweisen und kulturellen Interessen ihrer Zielgruppen beschäftigt und diese berücksichtigt, das neue Wege findet, Kunst und Kultur rezipientenorientiert zu präsentieren und zu kommunizieren, und das um langfristige Beziehungen zu verschiedenen gesellschaftlichen Gruppen bemüht ist.

Publikumsorientierung ist dabei keineswegs mit Populismus und Verflachung von Kunst gleichzusetzen. In der Kultur-PR geht es nicht um Masse um jeden Preis, sondern darum, diejenigen, die als Zielgruppe für eine bestimmte Kulturform gedacht sind, auch tatsächlich zu mobilisieren. Gute PR ist Überzeugungsarbeit jenseits flacher Werbesprüche. Eine konzeptionelle, an den jeweils spezifischen Inhalten der jeweiligen Kunstform und der besonderen Ästhetik orientierte PR-Arbeit kann nicht zuletzt auch die Motivation der Mitarbeiter einer Kultureinrichtung erhöhen, denn sie verschafft Klarheit über die eigenen Ziele, zeigt neue Perspektiven und fördert die Identifikation.

»PR für Kunst und Kultur« analysiert im ersten Teil die besonderen Rahmenbedingungen und Herausforderungen von Kultur-PR.

Kultur-PR muss einerseits mit spektakulären Maßnahmen Aufmerksamkeit in einer breiten Öffentlichkeit schaffen, andererseits den Eigenwert von Kunst und Kultur behaupten und vermitteln.

Im zweiten Teil werden Grundlagen der PR für Kunst und Kultur vermittelt. Praxisnah wird gezeigt, mit welchen Strategien und Maßnahmen Kultur-PR arbeiten kann.

Dabei wird neben den Standard-Instrumenten der PR auch auf unkonventionelle Formen des Aufmerksamkeitsmanagements hingewiesen, die für die Generierung neuer Zielgruppen besonders effektiv sein können, wie etwa das virale Marketing, Networking, Arts Ambassador PR und Guerilla-Marketing.

An Fallbeispielen aus den verschiedenen Kunst- und Kulturbereichen wird im dritten Teil das Spektrum verdeutlicht, mit dem PR erfolgreich Einfluss nehmen und die avisierten Ziele verwirklichen kann.

In einem Fazit werden die wesentlichen Erfolgsstrategien von PR für Kunst und Kultur zusammengefasst.

Kultur-PR trägt dazu bei, die Produktion von Kunst und Kultur zu ermöglichen, indem Förderer, Multiplikatoren und potenzielles Publikum überzeugt werden. Sie kann auch komplizierten, neuen Kunstformen Popularität verschaffen und auch weniger kunst-affine Gruppen an neue Erfahrungsräume heranführen. Strategische Kultur-PR bewirkt dabei nicht nur den kurzfristigen Absatz eines Produktes. Über die Werbung für ein spezifisches Kulturangebot hinaus, kann PR Kunst und Kultur als unverzichtbare Leistung für die Gesellschaft und für jeden Einzelnen neu ins Gespräch bringen.

→ I Kultur-PR in einer multioptionalen Gesellschaft

1 Public Relations, Werbung, Marketing und Audience Development

Public Relations (PR) meint die strategische Gestaltung kommunikativer Prozesse und Beziehungen zwischen Institutionen, ihren potenziellen Nutzern und der Gesellschaft, in der sie agieren. PR trägt maßgeblich dazu bei, verschiedene Interessen darzustellen, Differenzen und Gemeinsamkeiten zu erkennen, Öffentlichkeit herzustellen und Meinungsbildungsprozesse zu unterstützen. PR wendet sich an Bürgerinnen und Bürger, nicht nur an potenzielle Kunden bzw. Publikum; PR erklärt, vermittelt und reagiert auf Feedback von relevanten (Teil-)Öffentlichkeiten.

PR entwickelte sich als Profession Anfang des 20. Jahrhunderts auf Grund von gesellschaftlichen Veränderungen durch Industrialisierung, Verstädterung und dem Aufkommen von Massenmedien. Voraussetzung für PR ist eine demokratische Gesellschaft mit Meinungs- und Pressefreiheit, Massenmedien und Marktwirtschaft. Methoden der PR wurden zunächst in großen Unternehmen in den USA eingesetzt, die sich und ihre Geschäftspraktiken gegenüber der (Medien-)Öffentlichkeit legitimieren und für Akzeptanz sorgen mussten. Anfangs eher ein einseitiges Informations- und Manipulationsinstrument, entwickelte sich PR immer stärker dialogorientiert. Die Erfahrungen zeigten, dass PR dann am besten wirkt, wenn sie nicht nur aussendet, sondern auch die Möglichkeit bietet, Reaktionen der Adressaten aufzunehmen und im eigenen Handeln zu berücksichtigen.

Mit dem Entstehen moderner Massenkommunikation und der damit verbundenen Zunahme an Kommunikationskanälen sowie einer steigenden Komplexität von Kommunikationsbeziehungen ist die Bedeutung von PR auch über die Wirtschaft hinaus kontinuierlich gestiegen. Strategischer Kommunikation kommt im 21. Jahrhundert eine Schlüsselrolle zu, auch auf Grund der Ausdifferenzierung der Gesellschaft in immer mehr Subsysteme, die durch Kommunikation wieder integriert werden müssen.

Die Professionalisierung von Kommunikation in Form von interessengerichteter PR zeigt sich auch an der Entwicklung des Berufsfeldes. Zwischen 1990 und 2007 verdoppelte sich die Zahl der in der PR-Tätigen auf geschätzte 30.000 (vgl. www.dprg.de).

Moderne Gesellschaften setzen sich aus einer Vielzahl von Teilöffentlichkeiten zusammen, wobei der Einzelne jeweils Mitglied verschiedener Teilöffentlichkeiten ist, die als Zielgruppen für Institutionen und Unternehmen interessant sein können. Jeder Bürger ist damit in unterschiedlichsten Lebensbereichen potenziell Adressat von PR, und zugleich prägt er als Teil der Öffentlichkeit öffentliche Meinung mit. Mit Hilfe von PR versuchen Organisationen gezielt auf Öffentlichkeit und öffentliche Meinung Einfluss zu nehmen.

Aufgaben der PR sind, zu informieren, Vertrauen herzustellen, ein glaubwürdiges Image zu kommunizieren und bei Interessenkonflikten zu vermitteln, und zwar auf der Basis von systematischer, zielgerichteter und kontinuierlicher Kommunikation. Unternehmen und Institutionen sind Teil der Gesellschaft, übernehmen als solche auch gesellschaftliche Verantwortung und müssen die Interessen anderer gesellschaftlicher Gruppen in ihrem Handeln berücksichtigen. PR trägt dazu bei, in dialogischen Kommunikationsprozessen Annäherungen und Kompromisse zu finden, so die Grundsätze der Deutschen Public Relations Gesellschaft (vgl. www.dprg.de). Trotz dieses Anspruchs darf nicht übersehen werden, dass PR zunächst die Ziele der eigenen Organisation im Blick hat und versucht, diese unter Berücksichtigung der Interessen anderer einzubringen.

Es ist für Institutionen unmöglich, sich der Kommunikation mit der Öffentlichkeit zu entziehen. Jede Institution erzielt eine öffentliche Image-Wirkung, auch wenn diese nicht bewusst gestaltet wird. Jeder Kontakt einer Institution nach außen ist indirekt auch PR, ob es sich um den Kartenverkauf oder den Umgang mit Zulieferern wie etwa einer Druckerei handelt. PR hat die Aufgabe, Kommunikationsprozesse bewusst im Sinne der eigenen Unternehmenskultur und -ziele zu gestalten.

In der Kommunikationsgesellschaft wird der Einzelne mit Informationen und Werbebotschaften überflutet, aus denen er die für das eigene Leben relevanten Informationen finden, ordnen und auswerten muss. Auch auf dem Kultur- und Freizeitmarkt scheint das Angebot inzwischen unüberschaubar groß.

Kultur-PR bietet dem Einzelnen Entscheidungshilfe an, indem sie Informationen über bestimmte Kulturveranstaltungen aufbereitet und deren besonderen Wert herausstellt. Zugleich beeinflusst PR damit die Wahrnehmung von Kunst und Kultur in der Öffentlichkeit insgesamt und kann dazu beitragen, den gesellschaftlichen Stellenwert von Kultur zu diskutieren.

Kultur-PR hat dabei den Vorteil, dass ihrem Gegenstand zumeist ein Grundvertrauen entgegengebracht wird. Ihr Nachteil besteht darin, dass Kunst und Kultur im Allgemeinen von eher marginaler Bedeutung auf dem Meinungsmarkt sind. Damit muss sich das Thema Kunst und Kultur weniger in konkreten Interessenkonflikten behaupten, sondern vor allem um gesellschaftliche Relevanz kämpfen.

Auf theoretischer Ebene wird in der PR vor allem zwischen organisationszentrierten und gesellschaftsorientierten Ansätzen unterschieden. Organisationszentrierte Ansätze begreifen PR als betriebswirtschaftliche Disziplin, die dem Ziel der Gewinnmaximierung eines Unternehmens dienen soll. Gesellschaftsorientierte Ansätze stellen die Demokratie sichernde Bedeutung von PR in den Vordergrund als interessengerichtete Kommunikation mit dem Ziel, Kompromisse auszuhandeln, die die Gesellschaft voranbringen.

Kultur-PR, vor allem wenn sie im öffentlichen bzw. gemeinnützigen Sektor angesiedelt ist, folgt eher einem gesellschafts- als einem organisationsbezogenen Ansatz. Kunst und Kultur sind weniger Produkte als vielmehr spezifische Werte, die in Kommunikationsprozessen vermittelt werden. Kunst und Kultur sind dialogisch angelegt, sie fordern die permanente Auseinandersetzung mit mündigen Rezipienten. Künstler und Kulturinstitutionen haben ein besonderes Interesse an Kommunikation stiftenden Maßnahmen und an dialogischer Kommunikation, weil sich ihr Gegenstand erst in der Auseinandersetzung mit dem Publikum bzw. den Rezipienten realisiert.

PR, Werbung und Marketing werden im Alltagsverständnis häufig nicht unterschieden und gerade in der Praxis der Kultur-PR gehen sie oft ineinander über. Auf theoretischer Ebene können diese Funktionen jedoch klar voneinander abgegrenzt werden.

Während **PR** die dialogische Kommunikation mit den verschiedenen Öffentlichkeiten einer Institution beinhaltet, die Information und das Werben um Vertrauen und Sympathie, geht Marketing über kommunikative Maßnahmen hinaus. **Marketing** umfasst sämtliche Austauschbeziehungen eines Unternehmens mit seinem Markt und seinen Zielgruppen, die auf der Grundlage von Marktanalysen gestaltet werden (Meffert 1999). Marketing arbeitet mit den Steuerungsinstrumenten des so genannten Marketing-Mix: Produktpolitik, Preispolitik, Distributionspolitik, Servicepolitik und Kommunikationspolitik. Marketing in Kulturinstitutionen bedeutet eine konsequente Zielgruppenorientierung der gesamten Institution (Klein 2001).

Im Marketing für künstlerische Produktionen hat die Produktpolitik jedoch nur einen geringen Gestaltungsspielraum. Dies gilt zumindest für öffentlich geförderte Kultureinrichtungen, die einen bestimmten »Kulturauftrag« zu erfüllen haben. Das Produkt »Kunst« soll nicht gemäß den Wünschen des Marktes bzw. denen eines potenziellen Massenpublikums gestaltet werden, weil Kunst damit ihres Eigensinns beraubt wäre. Die Freiheit der Kunst steht über den Bedürfnissen des Marktes, das »Kernprodukt« ist in der Regel nicht durch Nutzerwünsche veränderbar. Umso wichtiger ist es, die Rahmenbedingungen wie Service, Preisgestaltung, Kommunikation und Vermittlung den Publikumsbedürfnissen möglichst optimal anzupassen. Dabei hat die Kommunikationspolitik sicherlich den größten Einfluss als Steuerungsinstrument.

PR kann entweder als ein dem Marketing untergeordnetes Instrument der Kommunikationspolitik begriffen werden oder aber eine eigenständige Funktion darstellen, die eher mittel- und langfristig agiert und sich auf die allgemeinen Ziele einer Institution statt auf die Produktpromotion bezieht.

In der Praxis wird die Organisation und das Verhältnis von PR und Marketing maßgeblich von der Art der Kultureinrichtung bestimmt: In kulturwirtschaftlichen Unternehmen steht das absatzorientierte Marketing häufig im Mittelpunkt, denn es geht darum, möglichst viele Eintrittskarten, CDs, Bücher o.Ä. zu verkaufen, um am Markt zu überleben. Die PR ist oftmals als Teilfunktion des Marketings organisiert und dient damit stärker der Verkaufsförderung. In öffentlichen Kultureinrichtungen geht es nicht primär um monetären Profit, sondern um die Erfüllung kulturpolitischer Ziele und gesellschaftlicher Aufgaben. Hier gibt es oftmals gar keine Marketingabteilung, da befürchtet wird, dass Marketing einschneidende Veränderungen in die kulturellen Programme provoziert. Die PR bzw. Öffentlichkeitsarbeit ist hier gleichermaßen für den Verkauf der kulturellen Veranstaltungen einschließlich Produkt werbender Maßnahmen wie für die Imagewerbung des Unternehmens zuständig.

Während es der PR darum geht, verschiedene gesellschaftliche Teilöffentlichkeiten zu informieren und sie für die eigene Institution und ihre Angebote positiv einzunehmen, wendet sich **Werbung** an den potenziellen Kunden mit dem Ziel, ein konkretes Produkt oder eine Dienstleistung zu verkaufen. PR ist stets mittel- oder langfristig orientiert, Werbung dagegen fast immer kurzfristig. Werbung ist primär eine Einbahnstraße, PR impliziert das Feedback und den Dialog.

Während PR auf den Goodwill von Mittlern etwa in den Kulturredaktionen vertrauen muss, lässt sich Werbung direkt kontrollieren, indem man Raum für seine Botschaften »kauft«. Die auf Image abzielende PR und die auf Absatz ausgerichtete Werbung werden in der Kultur-PR-Praxis organisatorisch meistens in einer Stelle zusammengefasst. Beide Bereiche gehen in Kultureinrichtungen ohnehin stärker ineinander über als in anderen Unternehmen, da das Produkt unmittelbar für die Institution steht und sich in dem Produkt »Kunst und Kultur« Werte und Ziele selbst manifestieren.

Im Idealfall arbeiten Marketing, Werbung und PR mit einer gemeinsamen Strategie. Sie bieten ein facettenreiches Instrumentarium, das gerade im Zusammenspiel aller Maßnahmen besonders wirkungsvoll ist.

Ein Ansatz, der die verschiedenen Funktionen der Kommunikation für Kunst und Kultur zusammenbringt, mit dem Ziel, neue Interessenten für Kunst und Kultur zu gewinnen und nachhaltig zu binden, ist das **Audience Development.** Im Audience Development, das in angelsächsischen Ländern Mitte der 80er Jahre etabliert wurde, werden die Instrumente Marketing einschließlich Kulturbesucherforschung, PR und Werbung um kulturpädagogische Ansätze ergänzt und strategisch verbunden, um neue Publikums- und Nutzergruppen zu generieren. Kulturelle Angebote werden der jeweils avisierten Zielgruppe entsprechend aufbereitet, positioniert, kommuniziert, vertrieben und vermittelt. Audience Development ist immer ein längerfristiger Prozess, der auf der kulturbetrieblichen Ebene die Bereitschaft voraussetzt, potenzielles Publikum grundsätzlich in sämtlichen programmatischen Überlegungen zu berücksichtigen (Arts Council England 2003).

2 Aufgaben von Kultur-PR

Unter Kultur werden hier auf der Basis eines engeren, kunstbezogenen Kulturbegriffs künstlerische und ästhetische Produktionen, deren Distribution sowie kulturelle Vermittlungsleistungen verstanden: künstlerisches Schaffen in klassischen Kultursparten wie dem Theater oder den Museen; Kulturdistribution etwa in Bibliotheken, Buchverlagen oder auch in Kulturprogrammen von Hörfunk und Fernsehen; Kulturvermittlung in Jugendkunstschulen oder soziokulturellen Zentren. In diesem Sinne umfasst Kultur sowohl Produktionen der »Hochkultur« wie der »Off-Kultur« ebenso wie Prozesse und Manifestationen kultureller Bildung.

Aufgaben der Kultur-PR bestehen, wie auch in anderen Anwendungsfeldern von PR, darin, zu informieren, Vertrauen zu schaffen, den Boden für gute Geschäftsbeziehungen zu bereiten sowie langfristige Beziehungen zu unterschiedlichen Teilöffentlichkeiten aufzubauen. Darüber hinaus vermittelt Kultur-PR zwischen künstlerischer Produktion und Rezeption und trägt dazu bei, die Akzeptanz von Kunst und Kultur in der Gesellschaft insgesamt zu erhöhen.

PR greift nicht in künstlerische Produktionen ein. Vielmehr besteht die Leistung darin, sämtliche kommunikativen Mittel einer Einrichtung zu optimieren im Sinne der gesetzten Ziele: von der Lobbyarbeit bei Förderern und Politikern über die profunde Information und Schulung des Servicepersonals einer Einrichtung bis zu Vermittlungsleistungen für das Publikum.

PR für eine Kulturinstitution umfasst im einzelnen folgende Aufgaben:

- **Auf der Basis einer klaren Corporate Identity Vertrauen in eine Institution aufbauen und ein (Marken-)Image schaffen, das für eine spezifische, hohe Qualität steht**
  Um als Institution glaubwürdig und vertrauenswürdig zu sein, bedarf es eines klaren Profils, das nach innen und außen verständlich und einsichtig ist und auf vielfältige Weise kommuniziert wird. Kultur-PR kann sich dabei nicht auf die Darstellung nach außen beschränken, sondern muss auch für die interne Kommunikation sorgen und dazu beitragen, dass sich alle Mitarbeiter eingebunden fühlen, sich mit ihrer Einrichtung identifizieren und dies in ihren Handlungen vermitteln. Gelingt es einer Institution,

ein profiliertes, für eine bestimmte hohe Qualität stehendes Image in der Öffentlichkeit zu etablieren und zu behaupten, kann sie im besten Falle zu einer »Marke« werden.

- **Über Kunst und Kulturveranstaltungen informieren und zur Kulturnutzung motivieren**
  Eine zentrale Aufgabe der PR besteht darin, die Öffentlichkeit über ein kulturelles Angebot zu informieren und sie mit Detailwissen wie Zeit und Ort einer Veranstaltung zu versorgen. Für öffentliche Institutionen besteht sogar eine Informationspflicht.
  Bedingungen der Informationsarbeit sind Transparenz, Verständlichkeit, Zugänglichkeit und Kontinuität. In einem weiteren Schritt geht es darum, für den Besuch bzw. die Teilnahme an einer spezifischen Veranstaltung zu motivieren und dabei gezielt ein potenzielles Publikum anzusprechen.

- **Für jede Kulturform das passende Publikum finden**
  Es ist unmöglich, mit einer spezifischen Form von Kunst und Kultur sämtliche Bevölkerungsgruppen gleichzeitig anzusprechen. Vielmehr sollte genau differenziert werden, wer eigentlich jeweils erreicht werden soll, das heißt, wer sich aus welchen Gründen für ein spezifisches kulturelles Angebot interessieren könnte. Selbst für die sperrigsten Kulturformen gibt es ein potenzielles Publikum. Kultur-PR hat die Aufgabe, dieses zu identifizieren und zu motivieren.

- **Brücken bauen zwischen künstlerischer Produktion und Publikum**
  Vorwissen, Vorerfahrungen und Erwartungen spielen eine wesentliche Rolle für eine geglückte Rezeption von Kunst und Kultur. Kultur-PR kann dazu beitragen, Kulturnutzer vorzubereiten, Erwartungen zu lenken und ihnen die notwendigen Codes, Hintergründe sowie Instrumente zu liefern, damit sie sich künstlerische Produktionen leichter erschließen können. Kultur-PR kann dazu beitragen, die Interaktion zwischen künstlerischer Produktion und Rezipient zu fördern.

- **Kulturpolitische Ziele der Partizipation umsetzen**
  Öffentliche Kultureinrichtungen haben neben der Kunstförderung oftmals den Auftrag, ganz bestimmte, bislang eher kunstferne gesellschaftliche Gruppen anzusprechen und diesen Zugänge zu Kunst zu ermöglichen. Hier hat Kultur-PR die anspruchsvolle Aufgabe, auch schwer erreichbare Bevölkerungsgruppen zur Teilhabe zu motivieren.

- **Diskussion über Kunst und Kultur anregen**
  Kultur-PR sollte sich im Sinne ihrer gesellschaftlichen Verantwortung auch in kultur- und gesellschaftspolitischen Diskussionen engagieren, offensiv Meinungsbildungsprozesse initiieren und Kultur immer wieder in die aktuellen Diskussionen einbringen, und zwar nicht nur und erst dann, wenn es darum geht, gegen Mittelkürzungen zu protestieren.

- **Kulturelle Werte kommunizieren, Vertrauen und Sympathie für Kunst und Kultur schaffen**
  Kultur-PR kann nicht nur von den besonderen Vorzügen eines spezifischen Kulturangebots überzeugen, sondern auch von übergreifenden Werten, die Kunst und Kultur für die Gesellschaft und für jeden Einzelnen offeriert: Kunst und Kultur zeigen neue Perspektiven, finden vielschichtige Symbole für gesellschaftliche Fragen, regen zu Meinungsbildungsprozessen an, stiften Gemeinschaft jenseits schneller Verwertbarkeit und Nützlichkeitserwägungen. Kultur-PR kann dazu beitragen, diesen Wertetransfer bewusst zu machen.

3 Herausforderungen für Kultur-PR

Der Einzug von PR bzw. Öffentlichkeitsarbeit in Kulturinstitutionen ist eng verknüpft mit der gesellschaftlichen Neubewertung von Kunst und Kultur seit den 60er Jahren, mit Forderungen von »Kultur für alle« und ihrer Umsetzung in vielen neuen Kulturinitiativen, später dann mit der Entdeckung von Kultur als Image- und Wirtschaftsfaktor und der zunehmenden Professionalisierung kultureller Dienstleistungen.

In der Wohlstandsgesellschaft der 80er Jahre wurde Kultur zu einem zentralen Distinktions- und Imagefaktor, sowohl für die Kommunen wie für die Wirtschaft, wie auch für die einzelnen Kulturnutzer. Spätestens seit den 90er Jahren im Zuge abnehmender öffentlicher Förderungsmöglichkeiten und gleichzeitig wachsender Konkurrenz der Anbieter auf dem Kultur- und Freizeitmarkt, wurde Kultur-PR zu einer überlebensnotwendigen Aufgabe von Kultureinrichtungen.

Die Schwerpunkte der PR für Kultur veränderten sich dabei: Standen in den 60er und 70er Jahren der Abbau von Schwellenängsten und die Vermittlung von Bildungsinhalten im Vordergrund, so ging es in den 80er Jahren verstärkt um Imagewerbung für Kultur als Lifestylefaktor. Seit den 90er Jahren muss PR angesichts schrumpfender öffentlicher Förderpotenziale einerseits verstärkt die Legitimation von Kunst und Kultur unter Beweis stellen, andererseits Kultur als Freizeitspaß und besonderes Erlebnis positionieren.

Der Verlust von (Hoch-)Kultur als verbindliche gesellschaftliche Autorität

Die Grenzen zwischen so genannter ernster Kultur und der Unterhaltungskultur lösen sich zunehmend auf, Hochkultureinrichtungen integrieren Unterhaltungsformate in ihre Programme, Stadttheater veranstalten Musicals, Rockgruppen kooperieren mit philharmonischen Orchestern, Modemacher mit Museen. In einer Zeit der Pluralisierung von Lebens- und Konsumstilen gibt es auch für Kunst und Kultur keine verbindlichen Bedeutungen und keine klar definierten Rezeptionsmuster mehr.

In den letzten Jahrzehnten sind eine Fülle neuer Kulturformen und Kulturinstitutionen entstanden, die zugleich auch neue Kulturnutzer angezogen haben. Einerseits sind die Berührungsängste gegenüber Kunst und Kultur stark zurückgegangen – was jedoch nicht heißt, dass das Verständnis zugleich gestiegen ist. Andererseits ist vielen traditionellen Kultureinrichtungen das Stammpublikum verloren gegangen. Die Zahl der so genannten Bildungsbürger, für die Kultur zum unverzichtbaren Bildungskanon und Kulturbesuche zum festen Bestandteil ihres Lebens gehört, nimmt ab.

Insgesamt zeichnet sich eine stärkere Betonung des Freizeitsektors in der Gesellschaft ab, einhergehend mit einer Abwertung rational bestimmten Leistungsstrebens zu Gunsten von individuellem Streben nach Lebensgenuss und Selbstverwirklichung. Damit wird der Kultursektor als ein Bereich, der die Realisierung dieser Wünsche verspricht, stärker nachgefragt. Zugleich steht er in vielfältiger Konkurrenz mit anderen Freizeitangeboten, die dem Konsumenten Erlebnisse anbieten, und verliert seinen traditionellen Stellenwert als Sinn und Werte stiftende Autorität in der Gesellschaft.

Das heißt für die PR von Kulturinstitutionen, dass sie die spezifische Position und Mission ihrer Einrichtung nach außen umso stärker verdeutlichen und herausstellen muss, worin und für wen deren Wert und spezifischer »benefit« besteht.

Denn obwohl seit Ende der 80er Jahre von der »Ästhetisierung der Gesellschaft« die Rede ist, bedeutet das nicht, dass Kunst und Kultur auf breiter Basis zu einem konstitutiven Bestandteil der Gesellschaft geworden sind. Zunehmend werden eklatante Defizite im Bereich der kulturellen Bildung als Grund dafür erkannt, dass die Auseinandersetzung mit Kunst als Sinn und Erkenntnis stiftendes Element vor allem im Leben bildungsschwacher Bevölkerungsgruppen keine Bedeutung hat.

Das heißt für Kultur-PR, dass sie auch Voraussetzungen für die Rezeption von Kunst im Sinne von Vermittlungsangeboten schaffen muss.

Das Bedürfnis nach herausragenden, Gemeinschaft stiftenden Erlebnissen

Die potenziellen Nutzer von Kunst und Kultur können zwischen so vielen verschiedenen Angeboten wählen, dass sie sich immer spontaner entscheiden. Das Publikum ist zunehmend unberechenbar geworden. Es hat weniger Ehrfurcht vor Kunst, konsumiert Kultur beiläufiger, selbstverständlicher, unverbindlicher und sehnt sich zugleich nach außergewöhnlichen »Events«, in denen Kunstrezeption zum unvergesslichen, aus dem Alltag herausragenden Erlebnis wird.

Anfang der 90er Jahre prägte Gerhard Schulze den Begriff der »Erlebnisgesellschaft«, in der Menschen ihr Verhalten vorwiegend danach ausrichten, ob es dem dominierenden Ziel nach »Erlebnisrationalität«, nach einem »schönen und ereignisreichen Leben« entspricht. Diesem Motiv haben sich auch die Anbieter kultureller Dienstleistungen unterzuordnen. Statt Bildung und Kontemplation erwartet die Mehrheit der Bevölkerung von Kunst und Kultur Spaß, Unterhaltung, außergewöhnliche Erlebnisse (vgl. Kapitel I.5). Ob Kunst und Kultur diese in sie gesetzten Erwartungen erfüllen, ist bei einem so komplexen und zugleich ephemeren, von der Subjektivität jedes Einzelnen geprägten Gegenstandes stark abhängig von der Art und Weise, wie und unter welchen Rahmenbedingungen Kunst und Kultur kommuniziert und welche Imagewerte mit ihr verknüpft werden.

Viele Kulturinstitutionen haben auf das Bedürfnis des Publikums nach herausragenden Ereignissen dadurch reagiert, dass sie ihre Programme zunehmend in Event-Form anbieten. Der Trend zu spektakulären Sonderausstellungen im Museumsbereich, die inzwischen deutschlandweit boomenden »Langen Nächte der Museen«, literarische Lesungen, die als Clubereignis mit Musik, Show und Party für Literatur werben und nicht zuletzt der Festivalboom zeugen davon.

Indem Kulturveranstaltungen in ereignishaften Formen oder mit zusätzlich stimulierenden Rahmenbedingungen verknüpft und präsentiert werden, gelingt es, ein größeres öffentliches Interesse bei Medien, Sponsoren und Publikum zu schaffen.

Events als Mittel von Kultur-PR

Events sind spezifisch gestaltete Ereignisse mit dem Ziel, genau definierte Kundengruppen emotional an ein Produkt oder eine Firma zu binden, indem sie es mit einer spezifischen Ästhetik und einem spezifischen (Lebens-)Stil aufladen.

Events arbeiten mit den Mitteln der Verfremdung und Kontextverschiebung, zum Beispiel in Form außergewöhnlicher Orte und Zeiten, sowie mit dem Einsatz interdisziplinärer ästhetischer Mittel, um ein alle Sinne ansprechendes, totales Erlebnis zu schaffen. Entscheidend für die Wirkung eines Events ist, dass das »Publikum« sich als Teil einer besonderen Gruppe versteht, die gemeinsam etwas Außergewöhnliches erlebt, und dass es selbst auf irgendeine Weise aktiv beteiligt und involviert ist.

In Wirtschaftsunternehmen boomt das Event-Marketing seit Anfang der 90er Jahre (Nickel 1998). Gründe für den bevorzugten Einsatz von Events in der PR der Wirtschaftsunternehmen sind zunehmend austauschbare Produkte, eine wachsende Werberesistenz des Konsumenten bei stagnierenden Märkten sowie die insgesamt starke Erlebnisorientierung bei den Konsumenten, die auch von einem Konsumprodukt emotional angesprochen sein wollen.

Auch Kultureinrichtungen sind offensichtlich zunehmend auf Events als PR-Mittel angewiesen, weil eine »normale Kulturveranstaltung« nicht genug Erlebniswert verspricht. Events sind ein Mittel, um Kulturveranstaltungen mit neuer Bedeutung und zusätzlicher Attraktivität aufzuladen.

Was den Event von einem gewöhnlichen Kulturbesuch unterscheidet ist, neben seiner kommunikativen Atmosphäre und seinen Angeboten zum Mitmachen, seine hohe Eingänglichkeit, die bewusste Gestaltung aller ästhetischen Mittel in der Weise, dass sie sich ohne Vorbildung unmittelbar erschließen, die Dramaturgie, die den »Eventteilnehmer« führt und die Gastfreundlichkeit.

Sicherlich nehmen Events dem Besucher damit eigene Anstrengungen ab, sie verunmöglichen Kontemplation und Ruhe, die Kulturrezeption auch braucht, und sicherlich besteht die Gefahr, dass die intrinsischen Bedeutungen von Kunst im Spektakel untergehen bzw. verstellt werden.

Das Event-Format als Rahmen-Inszenierung von Kunst muss jedoch nicht zwangsläufig Verflachung bedeuten. Wenn ein Event dazu dient, den Kommunikationsprozess zwischen Kunst und Rezipient zu unterstützen, wenn Inhalte und Ästhetik einer spezifischen kulturellen Produktion klarer Ausgangspunkt der Eventgestaltung sind, kann das PR-Mittel »Event« im Gegenteil dazu beitragen, künstlerische und kulturelle Werte zu verdeutlichen. Ein Kultur-Event kann davon überzeugen, dass Kunst aufregend ist, dass sie kommunikations- und gemeinschaftstiftend ist. Events sind eine Chance, um Kultureinrichtungen positive Aufmerksamkeit in einer breiteren Öffentlichkeit zu verschaffen und neue Nutzer für die Kultur zu gewinnen.

Die Annäherung zwischen Kunst und Unterhaltung, zwischen Hochkultur und Event kann positive Wirkungen haben und zwar für alle Seiten. Langfristiges Ziel der erlebnisorientierten Angebote ist es, mehr Menschen für Kunst und Kultur zu begeistern und zu binden. Kultur-PR sollte sich also nicht in der Inszenierung Aufsehen erregender Kultur-Events erschöpfen, diese dürfen nicht zum Selbstzweck werden, sondern Events sollten zugleich genutzt werden, Besucher von den dauerhaften Angeboten und dem Wert einer Kultureinrichtung zu überzeugen.

4 Der Kulturmarkt in Deutschland – die Anbieterseite

Der Kulturmarkt ist in Deutschland in starkem Maße öffentlich gesteuert. Kultur gilt hierzulande als ein ideelle Werte stiftendes Gut, das man nicht dem freien Spiel des Marktes überlassen darf.

Der Staat übt seinen Einfluss auf das Kulturangebot auf unterschiedlichen Wegen aus: durch die institutionelle Förderung von staatlichen und privaten Kultureinrichtungen, durch finanzielle Zuschüsse für einzelne Kulturprojekte und durch gesetzliche und steuerliche Regelungen.

Kulturförderung ist eine freiwillige staatliche Aufgabe und bedarf deshalb einer für die Bevölkerung einsichtigen Legitimation.

In Deutschland werden von der Politik vor allem folgende Förderziele postuliert:

- Wahrung und Pflege des kulturellen Erbes;
- Förderung neuer künstlerischer Ausdrucksformen;
- Förderung von Kunst und Künstlern als Visionäre und Seismografen gesellschaftlicher Entwicklungen;
- Förderung der Bildung in der Bevölkerung durch Kunst und Kultur;
- Kultur als Standort- und Wirtschaftsfaktor.

Um diese Ziele zu erreichen, versucht der Staat zum einen günstige Rahmenbedingungen für die freie Entfaltung von Kunst zu schaffen. Zum anderen soll durch die Förderung von Kulturinstitutionen der Zugang aller Bürgerinnen und Bürger zu Kunst und Kultur gewährleistet werden. Seit Mitte der 70er Jahre erkannt wurde, dass Kultur nicht nur kostet, sondern sich auf Umwegen auch rechnet, wird als weitere Legitimation für die öffentliche Kulturförderung auch ihre Umwegrentabilität angegeben. Kultur bietet Anreize für die Unternehmensansiedlung sowie für Touristen und schafft Arbeitsplätze.

Der »Kulturstaat Deutschland« finanziert bzw. fördert Kultur mit ca. 8 Milliarden Euro pro Jahr. Der größte Anteil der Kulturförderung wird mit ca. 45 Prozent von den Kommunen finanziert, gefolgt von den Bundesländern mit ca. 42 Prozent. Die Kulturförderung des Bundes ist, seit Einführung eines Staatsministers für Kultur und Medien 1999, in ihrer Bedeutung und ihrem finanziellen Umfang gestiegen und macht um die 13 Prozent aus. Hinzu kommt die Förderung für den öffentlich-rechtlichen Rundfunk. Private Sponsoren investieren ca. 880 Millionen Euro pro Jahr in Kulturprojekte (vgl. statistische Ämter des Bundes u. Länder 2008). Die Kulturwirtschaft erreicht ca. 35 Milliarden Euro Umsatz pro Jahr und ist damit ein zunehmend in seiner Bedeutung erkannter Faktor des Kulturlebens (vgl. www.kulturpolitik-kulturwirtschaft.de).

Die Angebotsseite des Kulturmarktes in Deutschland lässt sich in drei Bereiche unterteilen:

- Der **»öffentliche Sektor«**, der in Deutschland traditionell viele Kulturinstitutionen direkt unterhält und durch ein Netz von öffentlichen Kulturverwaltungen organisiert ist. Ein Großteil der Theater, Opern, Orchester und Museen, also die so genannten Hochkultureinrichtungen, werden von den Ländern und Kommunen betrieben.
- Der **»gemeinnützige Dritte Sektor«**, ein öffentlich geförderter, aber rechtlich selbständiger Bereich, zu dem z.B. der Großteil kulturpädagogischer und soziokultureller Initiativen und Projekte gehört.
- Die **Kulturwirtschaft**, also die privaten Unternehmen, die Kunst und Kultur ohne öffentliche Subventionen produzieren und verkaufen. Hierzu gehören z.B. das Verlagswesen, Teile des Buchhandels, die Tonträgerindustrie, die Filmwirtschaft, der Kunsthandel und die Musicalbetriebe.

Die drei Sektoren sind auf vielfältige Weise miteinander verflochten und unterstützen sich in ihrer Wirkung. Tendenziell nimmt derzeit der kulturwirtschaftliche Sektor an Umfang und Bedeutung zu, während der öffentliche Sektor abnimmt.

Neben der im internationalen Vergleich außergewöhnlich hohen Summe an staatlichen Fördergeldern haben das föderale, kleinteilige, subsidiäre System der Kulturorganisation und Kulturförderung in Deutschland dazu geführt, dass hier eine der vielfältigsten Kulturlandschaften weltweit entstanden ist.

Spätestens seit den 80er Jahren übertrifft das Angebot an Kultur bei weitem die Nachfrage. Das bedeutet, dass auch der Konkurrenzdruck unter den Kulturinstitutionen um Publikum und öffentliche Aufmerksamkeit immer größer wurde, zusätzlich verschärft durch die sich verschlechternde öffentliche Fördersituation seit Anfang der 90er Jahre. Aus Marketing-Sicht handelt es sich hier also um einen ausgeprägten Käufermarkt. Dies gilt insbesondere für Großstädte und Ballungsräume: In einer Stadt wie Berlin beispielsweise ist das Kulturangebot selbst für eingeweihte Kulturkenner kaum mehr zu erfassen. Die Berlin Tourismus Marketing GmbH zählte bereits Ende der 90er Jahre an einem beliebigen Tag in Berlin 1454 Kulturveranstaltungen (vgl. Siebenhaar 1998: 492).

Die Nachfrage nach Kultur verteilt sich keineswegs gleichmäßig auf das Angebot. Es ist immer wieder zu beobachten, dass – zumindest in einer bestimmten Zeitspanne – einige wenige Kulturveranstaltungen bzw. Veranstaltungsorte fast immer »ausgebucht« sind, wohingegen viele andere vergeblich um die Gunst des Publikums werben.

Neben Kultureinrichtungen im engeren Sinne gibt es viele weitere Konkurrenten auf dem Freizeitmarkt. Da der klassische Kulturbildungsbürger immer seltener wird, stehen gleichrangig zum Kulturbesuch im Theater, Museum oder Kino Fitnessstudio, Golfplatz oder Restaurantbesuche zur Auswahl.

Unter den Bedingungen eines Käufermarktes gewinnt PR für Kultureinrichtungen eine zentrale Bedeutung.

5 Publikum und Kulturnutzer – Die Nachfragerseite

Die Rolle des Publikums bzw. der Rezipienten ist von zentraler Bedeutung, insofern als sich künstlerische Produktionen erst in der geglückten Interaktion zwischen Kunstwerk und Rezipient vollenden. »Die Betrachter machen das Kunstwerk«, so postulierte der Künstler Marcel Duchamp in den 30er Jahren ein neues Verständnis von Kunstrezeption. Kunst ist Kommunikation und realisiert sich erst im Dialog. Im Prozess der sinnlichen Wahrnehmung, der Analyse und der Reflexion wird das Publikum selbst Teil des künstlerischen Prozesses. Zu unterscheiden ist dabei in Teilnehmer kultureller oder kulturpädagogischer Aktionen, wo die Rezipienten ganz direkt aktiv werden, und Besucher bzw. Publikum, deren Beteiligung eine vorwiegend innere ist.

Das Publikum ist die Instanz, für die Kunst geschaffen wird. Die Absicht von Künstlern, zu unterhalten, zu bilden, zu provozieren, anzuregen, zu gefallen, bezieht sich immer auf ein Publikum. Dieses entscheidet mit seinem Verhalten über den Stellenwert und das Bestehen künstlerischer Produktionen mit, indem es sie annimmt oder ablehnt. Dabei urteilt der einzelne »Nutzer« nie nur aus sich heraus, sondern wird von diversen Teilöffentlichkeiten wie Freunden, Meinungsbildern, den Medien und natürlich auch von den Kultureinrichtungen selbst beeinflusst.

Das Publikum bzw. die potenziellen Kulturnutzer sind also die zentralen Kommunikationspartner von Kulturinstitutionen. In Ländern wie Großbritannien gilt damit das Audience Development als das Bemühen, die Besucher für Kultureinrichtungen systematisch zu »entwickeln«, als zentrales Aktionsfeld von Kulturpolitik und Kulturmanagement. Audience Development meint dabei nicht nur die Größe des Publikums zu erhöhen, sondern auch die Bandbreite der Besucher zu erweitern. Audience Development als kulturpolitischer Auftrag zielt darauf ab, Zugang zu Kunst und Kultur für ein breites Bevölkerungsspektrum zu erleichtern und nicht nur diejenigen anzusprechen, die ohnehin zu den Kulturenthusiasten gehören. »Das verlangt, dass Barrieren abgebaut werden: körperliche, geografische, aber auch soziale und psychologische Barrieren, die einen Großteil der Bevölkerung von der Kulturnutzung abschrecken.« (Hill/O'Sullivan 1995: 27)

In Deutschland wurden Interessen und Bedürfnisse des Publikums lange Zeit wenig einbezogen in die Überlegungen vieler öffentlicher Kulturinstitutionen. Aus Sorge, Kunst durch Publikumswünsche einzuschränken, vielleicht auch aus Unkenntnis über die »unbekannte Größe« Publikum, orientierte man sich eher an künstlerischen Fachkreisen, als die Motive und Wahrnehmungsweisen eines potenziellen Publikums in seiner Kommunikation mit zu berücksichtigen. Erst in jüngerer Zeit gibt es erste Studien über soziale Strukturen, Verhalten und Erleben von Kulturnutzern und Nicht-Kulturnutzern in Deutschland, einhergehend mit einem zunehmenden Interesse von Kultureinrichtungen, angesichts großer Konkurrenz und Überalterung des angestammten Publikums, neue Nutzergruppen zu gewinnen und zu binden.

Wer ist das Kulturpublikum und wer gehört noch nicht dazu?

Studien in mehreren westlichen Ländern zeigen übereinstimmend, dass der typische Kulturnutzer vor allem über einen höheren Bildungsgrad und oftmals auch über ein höheres Einkommen verfügt. Und sie zeigen auch, dass nur eine relativ kleine Bevölkerungsgruppe Kulturangebote regelmäßig wahrnimmt.

Gemäß Bevölkerungsbefragungen des Zentrums für Kulturforschung gehören nur ca. 8 Prozent der Deutschen zu den Stamm-Nutzern (öffentlich) geförderter Kultureinrichtungen (die mindestens 12 x pro Jahr Kulturveranstaltungen besuchen). Diese sind in der Regel an vielen Kunst-Sparten gleichzeitig interessiert. Ca. 50 Prozent der Bevölkerung gehören zu den unterhaltungsorientierten Gelegenheitsnutzern (so der Begriff einer ARD/ZDF Studie von 1992), die potenziell noch mehr für kulturelle Angebote zu gewinnen wären. Die restlichen 40 Prozent interessieren sich persönlich nicht für Kunst und nutzen keine kulturellen Veranstaltungen (vgl. Bernward/ARD/ZDF Medienkommission 1992).

Bei den Stammnutzern handelt es sich fast ausschließlich um Personen mit höherer Bildung, zumeist Akademiker. Im langjährigen Vergleich wird sogar deutlich, dass das Bildungsniveau in Deutschland als Einflussfaktor auf kulturelle Partizipation an Bedeutung gewonnen hat (vgl. Zentrum für Kulturforschung 2005).

Jüngere Menschen interessieren sich zunehmend weniger für die klassischen Hochkultur-Einrichtungen. Das Elternhaus ist der wichtigste Einflussfaktor, noch weit vor der Schule, um Menschen für Kultur zu gewinnen oder zu verlieren. Besonders bei den jungen Menschen finden sich fast nur noch

Gymnasiasten unter den Besuchern von Theatern, Konzerten und Museen (vgl. Keuchel/Wiesand 2007).

Das Image von Kultur ist sehr viel besser als die Nutzung: 80 Prozent der Bevölkerung erachten Kunst und Kultur als sehr wichtig für die Gesellschaft und plädieren dafür, eher noch mehr öffentliche Gelder in die Kulturförderung zu investieren. Dies gilt über Altersgrenzen und soziale Milieus hinweg. Kultur wird mehrheitlich als wertvoll für die Gesellschaft erachtet, nicht jedoch für das persönliche Leben (vgl. Mandel/Institut für Kulturpolitik 2005).

Das Image von Kultur ist bestimmt von einem Hochkultur-Bild. Unter Kultur wird vor allem das verstanden, was von den traditionellen Kultureinrichtungen, den Theatern, Opern, Konzerthäusern und Museen angeboten wird. Der Kulturbegriff der großen Mehrheit der Bevölkerung ist konservativer als das reale Kulturangebot. Das was von vielen selbst gerne wahrgenommen wird, vor allem im Bereich Populärkultur, wird nicht als Kultur wertgeschätzt (vgl. Allensbach 1991; Mandel/Institut für Kulturpolitik 2005, Zentrum für Kulturforschung, Jugendkulturbarometer 2007). Ein solches Image von Kultur vergrößert tendenziell die Distanz zwischen kulturellen Angeboten und eigenem Leben.

Als Erwartungen an einen Kulturbesuch werden am häufigsten angegeben:

- gute Unterhaltung
- Etwas live erleben
- gute Atmosphäre

Unabhängig vom Alter sind interdisziplinäre, Event-orientierte Veranstaltungsformen, bei denen Geselligkeit und Kommunikation wichtiger Bestandteil sind, am beliebtesten. »Lockere Veranstaltungen, wo es auch zu essen und zu trinken gibt« werden bei der Frage nach bevorzugten Veranstaltungsformen an erster Stelle genannt (Zentrum für Kulturforschung 2005).

Das am häufigsten genannte Motiv für den Kulturbesuch ist der Wunsch, mit Partner, Familie oder Freunden gemeinsam etwas Schönes zu unternehmen. Erst danach werden die Motive genannt: sich weiterbilden, etwas lernen sowie neue Kunstformen kennen lernen und ästhetischer Genuss (vgl. Mandel/Institut für Kulturpolitik 2005). Unabhängig vom Bildungsgrad und vom Alter stehen bei der Mehrzahl der potenziellen Besucher Bedürfnisse nach besonderen Erlebnissen und sozialem Zusammensein im Vordergrund.

Die PR-Arbeit vieler Kulturinstitutionen ist – häufig unbewusst – nur am Stammpublikum ausgerichtet, statt auf den großen Anteil der nicht speziell Kultur-Interessierten bewusst zuzugehen.

Um die »unterhaltungsorientierten« und »kunstfernen« Bevölkerungsgruppen dennoch für Kulturangebote zu interessieren, muss man vor allem mehr wissen über die Hindernisse und Barrieren, die diese von einem Kulturbesuch abhalten. Nur dann kann sich Kultur-PR zielgerichtet auch mit den Nicht-Besuchern und den Nicht-Mehr-Besuchern beschäftigen und in ihrer Informations- und Überzeugungspolitik auf diese eingehen. Dabei ist generell zu berücksichtigen, dass die Gruppe der so genannten »Kunstfernen« Informationen und Werbung für kulturelle Angebote in ihrer Wahrnehmung weitgehend ausblenden und sich am ehesten im persönlichen Kontakt oder aber auf kulturfernen Umwegen erreichen lassen.

Barrieren gegen den Besuch von Kulturveranstaltungen

Die bei repräsentativen Befragungen am häufigsten genannten Barrieren der Nutzung kultureller Angebote sind »zu wenig Geld« und »zu wenig Zeit«. Detaillierte qualitative Studien zeigen jedoch, dass es vor allem soziale Barrieren sind, die Nicht-Kultur-Nutzer abhalten:

In einer Befragung des Deutschen Bühnenvereins aus dem Frühjahr 2003 unter jungen Menschen zwischen 16 und 29 Jahren gaben 78 Prozent der Befragten an, lieber fernzusehen, am Computer zu spielen oder ins Kino zu gehen als ein Theater zu besuchen. Elternhaus und Schule führen nicht ausreichend an das Theater heran, so das Fazit des Bühnenvereins zu dieser Untersuchung. Es ließe sich jedoch noch ein weiterer Schluss daraus ziehen: Den Theatern gelingt es offensichtlich nicht, ihr Angebot so zu vermitteln, dass es für junge Menschen attraktiv ist. Denn immerhin 54 Prozent der Befragten halten einen Theaterbesuch für sehr teurer – obwohl es de facto überall Ermäßigungen für junge Leute gibt, die Theatertickets so preiswert wie Kinokarten machen – und sogar 65 Prozent nannten als Hinderungsgrund die Annahme, man müsse sich für einen Theaterbesuch elegant kleiden!

Eine britische Studie ergab vor allem folgende psychische Barrieren der Kulturnutzung:

- »Class Distinction« – der generelle Glaube, dass Kultur für die Schicht der Reichen und Gebildeten da ist und nicht für andere Gruppen.
- »Inferiority« – das Gefühl intellektuell unterlegen zu sein und Kunst nicht zu verstehen.
- »Displacement« – die Sorge, am falschen Ort zu sein, sich unwohl und unsicher zu fühlen.
- »Conformity« – die Angst, von Mitgliedern der eigenen Lebensstilgruppe belächelt zu werden, wenn man sich einer solch unpassenden Beschäftigung wie Kunstrezeption hingibt.

- »Effort« – Angst vor der Anstrengung der Kulturrezeption, die eher als Arbeit denn als Freizeitvergnügen angesehen wird.
- »Risk« – Angst, Geld für etwas auszugeben, was man vorher nicht genau einschätzen kann ohne Garantie auf Spaß und Vergnügen. (O'Sullivan 1995: 34)

Viele Menschen sind davon überzeugt, dass sie einen bestimmten Grad an intellektueller Bildung bräuchten, um Kunst und Kultur zu verstehen und meiden diese deshalb. Vor allem zeitgenössische Kunstformen machen es den Rezipienten tatsächlich oft sehr schwer, weil in ihnen kein allgemeingültiger »Sinn« zu benennen ist und sie häufig ästhetische Mittel nutzen, die konventionelle Vorstellungen vom »Schönen« nicht bedienen. Die zeitgenössischen Künste sind in höherem Maße kommentarbedürftig, weil sie sich nicht auf ein allgemein bekanntes Symbolsystem beziehen. Hier muss PR notwendiges Hintergrundwissen einbringen und mit den Codes vertraut machen. Und sie hat die fast noch wichtigere Aufgabe, zu ermutigen, sich zeitgenössischen Produktionen ohne Angst vor Fehleinschätzungen zu stellen und sich ein eigenständiges, subjektives Urteil zuzutrauen. Denn genau darin liegt ein Wesenszug von Kunst: Sie macht die Subjektivität von Wahrnehmung deutlich. Dabei gibt es kein »richtig« und »falsch«. Aufgabe von PR im Sinne eines umfassenderen Konzepts von Audience Development, ist es auch, zu öffnen für die individuelle, subjektive Aneignung von Kunst, die immer auch eine gewisse Anstrengung im Sinne von aktiver Beteiligung erfordert.

Bereits Anfang der 70er Jahre forderten Glaser und Stahl, Kunst so zu artikulieren, »dass der Rezipient nicht von vornherein in eine Weihestunde des Geistes versetzt wird, sondern Kunst nicht zuletzt auf Grund der Syntax, Semantik und Pragmatik von Kulturwerbung als alltägliche Angelegenheit begreift. Kunst ist kein Walhalla, der sich der Geist devot zu nähern hätte; Kunst ist etwas, das man ungeniert anpacken kann und soll. Erst wenn diese unbekümmerte und spielerische Haltung den kulturellen Gegenständen gegenüber erreicht ist – eingeübt vom Kindergarten an –, kann die emanzipatorische Vision, dass die Beschäftigung mit den kulturellen Werten nicht mehr an bestimmte gesellschaftliche Schichten gebunden sein darf, verwirklicht werden.« (Glaser/Stahl 1974: 29)

Auch die vorhandenen Kulturnutzerstudien bestätigen, dass die entscheidenden Voraussetzungen für Kulturinteresse und -nutzung Bildung und mehr noch kulturelle Sozialisation in möglichst frühem Alter sind. Kultur-PR kann mangelnde kulturelle Bildung nicht ersetzen, aber sie kann in ihrem Rahmen Anreize schaffen, sich kulturellen Angeboten anzunähern und Schwellen senken.

Erforschung und Segmentierung des (potenziellen) Publikums

Für die Angebotsgestaltung und die PR von Kultureinrichtungen sind vertieftes Wissen über die Zusammensetzung ihres gegenwärtigen und ihres potenziellen bzw. angestrebten Publikums von hoher Bedeutung. In vorliegenden Studien der Besucherforschung von Kultureinrichtungen werden standardmäßig soziodemografische Merkmale wie Geschlecht, Alter, Wohnort, Bildung und Einkommen erhoben. Anhand dieser Daten lassen sich erste Informationen über die soziale Struktur des Publikums gewinnen, die in die Angebots-, Service- und Preisgestaltung der Kultureinrichtung eingehen können.

Ein vom Heidelberger Institut Sinus entwickeltes Analysekonzept geht davon aus, dass soziodemografische Informationen nicht ausreichen, um Zielgruppen hinreichend zu beschreiben und abzugrenzen. Die Bevölkerung wird deshalb nach den Dimensionen »soziale Lage« (Unter- bis Oberschicht) und »Grundorientierung« (grundlegende Werthaltungen zur Arbeit, Familie, Freizeit und Konsum) von »traditionell« bis »postmodern« segmentiert. Die »Sinus-Milieus« fassen Menschen zusammen, die sich in Lebensauffassung und Lebensweise ähneln (vgl. www.sinus-milieus.de). Unterschieden wird in so genannte gesellschaftliche Leitmilieus: »traditionelle Milieus«, »Mainstream Milieus« und »hedonistische Milieus«. Führende Markenartikelhersteller, große Dienstleistungsunternehmen und Rundfunkanstalten nutzen die »Sinus-Milieus« als Basis-Zielgruppen für die Produktentwicklung, die strategische Marketingplanung und die Kommunikationsplanung.

Soziale Milieus prägen auch Präferenzen der Kulturrezeption. Der Konsum von Kultur ist – zumindest in bestimmten Milieus – ein nicht unwesentliches Mittel, um einen gewünschten Lebensstil zu verwirklichen und in der Öffentlichkeit darzustellen. Kultur eignet sich also nicht nur für Unternehmen, sondern auch für Individuen als Image bildender Faktor.

Auch für Kultureinrichtungen wäre es deshalb von großem Interesse, ihre Zielgruppen über formale soziodemografische Merkmale hinaus auch hinsichtlich ihres Lebensstils, ihres Freizeitverhaltens und ihrer Werthaltungen näher kennen zu lernen. Mit diesen Informationen könnten eine ganze Reihe von strategischen Fragen zu zielgruppenspezifischen Botschaften und Ansprachen präziser beantwortet werden und PR könnte mit weniger Streuverlusten arbeiten.

Auch wenn Kultureinrichtungen nicht über die Budgets verfügen, dass sie eine solche Marktforschung in Auftrag geben können, geben die von Sinus entwickelten allgemeinen Beschreibungen gesellschaftlicher Milieus Anregungen für die Definition eigener Zielgruppen: Welche dort dargestellten Milieu-Gruppen weisen starke Verbindungen zur Corporate Identity der Einrichtung auf und entsprechen nach sonstigen Werthaltungen, Freizeit- und Konsumpräferenzen am ehesten den eigenen Zielgruppen? Auf welche Weise und in welchem Umfeld sind diese Gruppen zu erreichen?

Um Menschen zu motivieren, an Kultur teilzuhaben, sie zu ermutigen, sich mit künstlerischen Produktionen zu beschäftigen und kulturelle Erfahrungen in ihr Leben zu integrieren, müssen Kulturinstitutionen die Bedürfnisse, Wünsche und Motivationen der Menschen verstehen, die zu den Besuchern gehören oder gehören könnten. Sie müssen verstehen, welche Beziehung Menschen zu Kunst und Kultur haben und die Bandbreite der Einflussmöglichkeiten auf Entscheidungen für oder gegen Kultur kennen.

6 Das Feuilleton als Mittler von Kultur-PR

Die Berichterstattung der Massenmedien hat in der Bevölkerung eine relativ hohe Glaubwürdigkeit. Die Medienarbeit ist oftmals das Kernstück der PR, weil man durch Medienberichterstattung sehr viele Menschen wirkungsvoll und relativ kostengünstig erreicht. Kulturinstitutionen sind auch deswegen in besonderer Weise auf die Massenmedien als Mittler angewiesen, weil ihnen die finanziellen Mittel für flächendeckende Werbemaßnahmen fehlen. Umgekehrt sind jedoch auch die Medien auf Informationen durch Kultur-PR angewiesen, denn Berichterstattung über kulturelle Veranstaltungen gilt als eine unverzichtbare Serviceleistung für den Leser. Journalisten übernehmen Pressemitteilungen häufig mehr oder weniger vollständig, weil ihnen dadurch Zeit, Arbeit und Kosten erspart werden.

Kulturjournalisten haben eine hohe Mitverantwortung für die Vermittlung von Kunst und Kultur. Ihre Vorberichterstattung entscheidet maßgeblich darüber, ob eine Kulturveranstaltung wahrgenommen und besucht wird. Mit ihren Kritiken geben sie einem potenziellen Publikum Entscheidungs- und Interpretationshilfe. Für Künstler und Kulturinstitutionen sind Rezensionen ein wichtiges Feedback und im Falle einer positiven Beurteilung auch ein wichtiges Gütesiegel, mit dem sie zukünftig werben können. Lob oder Verrisse können großen Einfluss nicht nur auf die Akzeptanz einer Kulturproduktion, sondern auch auf das Image der gesamten Institution in der Öffentlichkeit haben. Kulturjournalisten tragen also maßgeblich dazu bei, neue Künstler zu entdecken und bekannt zu machen, ebenso wie sie kulturpolitische Entscheidungen beeinflussen können.

Neben dem Verhältnis von Kulturanbietern und Medien auf der redaktionellen Ebene, gibt es zunehmend auch direkte Marketingbeziehungen in Form so genannter Medienpartnerschaften. In der Konkurrenz der Medienlandschaft müssen auch die Medien Imagewerbung für sich selbst betreiben. Sie präsentieren Kulturveranstaltungen durch kostenlose Anzeigen oder Trailer, um im

Gegenzug vom Kulturimage zu profitieren und das Kulturklientel für sich zu gewinnen. Obwohl diese Medienkooperationen im Prinzip keine redaktionellen Verpflichtungen beinhalten sollten, sondern nur auf der werblichen Ebene vereinbart werden, wird natürlich auch die redaktionelle Berichterstattung durch Medienpartnerschaften forciert. Negative Auswirkungen können darin bestehen, dass spektakuläre Veranstaltungen, die für die Imagewerbung in Form von Medienpartnerschaften bevorzugt ausgewählt werden, zugleich auch im redaktionellen Teil immer mehr Raum einnehmen, wodurch kleinere Veranstalter, die als Medienpartner weniger attraktiv sind, noch weniger Chancen haben, in den knappen redaktionellen Raum für Kulturberichterstattung Einlass zu finden.

Berichte über Kulturveranstaltungen sind in deutschen Medien vor allem im Feuilleton zu finden; für den Lokal-, Politik- oder Wirtschaftsteil gelten kulturelle Themen nur selten als relevant genug. Über das Feuilleton erreicht man jedoch nur gut 50 Prozent der Zeitungsleser, wie eine Stern-Studie aus dem Jahr 2000 ermittelte. Private Rundfunk- und Fernsehmedien verzichten zumeist ganz auf Kultursendungen, denn Kultur gilt als Quotenkiller. Eine Umfrage zu Programmvorlieben ergab, dass sich nur 9 Prozent der Bevölkerung für Kultursendungen interessieren im Vergleich etwa zu 57 Prozent, die gerne Nachrichtensendungen sehen (vgl. Institut für Demoskopie Allensbach 2002: 416). So findet sich Kultur im Fernsehen und Rundfunk fast ausschließlich bei den öffentlich-rechtlichen Sendern, sieht man von der Berichterstattung über Popmusik und ihre Stars einmal ab. Kultursendungen sind meistens in Spartenprogrammen gebündelt oder werden zu Randsendezeiten gebracht.

Im Bereich der Printmedien berichten prozentual am meisten die überregionalen Blätter über Kultur, gefolgt von Großstadt-Tageszeitungen, Regionalzeitungen und an letzter Stelle die Lokalzeitungen. Bei den Wochenzeitungen erhält die Kulturberichterstattung im Durchschnitt weit mehr Gewicht als bei den Tageszeitungen.

Inhaltlich orientiere sich, laut ARD/ZDF Medienstudie, die Berichterstattung an den Sparten Theater, Musik, bildende Kunst und Literatur und zwar vorwiegend in Bereichen so genannter Hoch- und Repräsentativkultur. »Darin wird eine überkommene Hierarchie der kulturellen Relevanz zur Geltung gebracht und immer wieder aufs neue stabilisiert, die wesentliche Teile der kulturellen Wirklichkeit ausblendet und ›Kultur‹ insgesamt als isolierten gesellschaftlichen Sektor vorstellt, ebenso unzugänglich wie abgehoben von sonstigen lebensweltlichen Zusammenhängen.« (Bernward 1992: 181) So das scharfe Fazit der Studie. Das spiegelt sich auch in der Zuordnung der meisten Feuilletonredakteure auf eine spezifische Sparte wie Literatur, Theater oder klassische Musik wider.

Zugleich ist die Tendenz erkennbar, dass das Feuilleton sich nicht mehr auf Kulturberichterstattung konzentriert, sondern ein sehr weites Themenspektrum behandelt: »Kaum ein Talkshow-Thema, für das sich das Feuilleton einer überregionalen Tageszeitung nicht längst schon stark gemacht hätte. Das Feuilleton scheint sich zu einem Meta-Ressort mit Allzuständigkeit aufgebläht zu haben. Das dem Feuilleton angestammte Sachgebiet – die Kulturpolitik, die Veranstaltungskultur inklusive Belletristik – finden sich zusammengedrängt auf den hintersten Seiten, wo nur noch die kleine Schar der unerschütterten Kulturfreunde unter den Lesern hinfindet.« (Haller 2004: 3) Indem sich das Feuilleton im oben zitierten Sinne mit diversen philosophischen, gesellschaftlichen und politischen Fragen beschäftigt, verkleinert es den ohnehin schmalen Raum für Kunst und Kultur weiter.

PR-Vertreter können dazu beitragen, Kulturjournalisten ihre wichtige Mittlerfunktion bewusst zu machen – sowohl in Bezug auf die Vermittlung künstlerischer Inhalte und neuer ästhetischer Formen wie auch auf die Vermittlung kulturpolitischer Themen. Dazu ist es notwendig, dass die PR Medienvertreter stärker in ihre Arbeit einbezieht, Hintergründe vermittelt, ihnen direkte Begegnungen mit Künstlern ermöglicht und mit Journalisten inhaltlich diskutiert, statt nur Werbung für Veranstaltungen platzieren zu wollen.

7 Die Besonderheiten des Produktes Kunst und Kultur und seine spezifischen Herausforderungen an die PR

Unterscheidet sich PR für Kultur von PR für andere Produkte? Worin liegen die Besonderheiten des »Produktes Kunst und Kultur«, und worin könnte das besondere Potenzial für die PR bestehen?

»Kommunikationsarbeit ist nicht genrespezifisch, sondern situativ und problemorientiert. Entsprechend gibt es auch keine originäre Kultur-PR-Arbeit, keine originären Kultur-PR-Instrumente.« (Szyska 1994) So argumentiert der Publizist Peter Szyska. Diese Aussage ist sowohl richtig als auch falsch. Richtig insofern, als es für PR-Arbeit bestimmte bewährte Methoden gibt, die in sämtlichen Bereichen angewandt werden, weil sie der Logik unserer Informations- und Mediengesellschaft folgen. Und richtig, weil effiziente PR tatsächlich niemals fertigen Rezepten folgt, sondern jeweils neu für das spezifische Kommunikationsproblem konzipiert werden muss.

Doch zugleich ignoriert diese Einschätzung, dass Kunst und Kultur sich so deutlich von anderen Konsum- und Dienstleistungsprodukten unterscheidet, dass auch die PR eigenen, kulturspezifischen Regeln folgt. Kultur-PR muss die Eigengesetzlichkeit der kulturellen Sphäre berücksichtigen, den spezifischen

Markt, den besonderen Auftrag, die spezifischen Konsum- bzw. Rezeptionsbedingungen und das besondere Produkt.

Gemäß einer Einteilung des kanadischen Kulturmarketingexperten Colbert besteht das »Produkt Kunst und Kultur« aus folgenden Grundkomponenten:

- dem Hauptprodukt selbst,
- den mit ihm verbundenen Serviceleistungen,
- dem Wert, der dem Produkt zugeschrieben wird, sei er symbolischer, affektiver oder anderer Natur (vgl. Colbert 1999: 33).

Das Haupt- oder Kernprodukt, zum Beispiel eine Kunstausstellung, ist verknüpft mit Serviceleistungen wie einem Plakat als Werbemedium, didaktischen Hinweisschildern, einem Videofilm, einer Führung sowie einem Café, wo man sich über das Gesehene austauschen kann und einem Shop, in dem sich Reproduktionen der Ausstellungen als Souvenir erstehen lassen. Dies wird vom Besucher als Gesamtprodukt erlebt und zusätzlich mit subjektiver, individueller Bedeutung verknüpft. Ein Kulturprodukt ist also höchst komplex und nie allgemeingültig definierbar, weil es sich erst in der Wahrnehmung durch den Rezipienten realisiert, und diese ist immer subjektiv, von unterschiedlichsten Vorerfahrungen und Einstellungen abhängig.

Nach Klein zeichnen sich Kulturprodukte und kulturelle Dienstleistungen dadurch aus, dass sie häufig immateriell sind: »Das Angebot kann vor dem Kauf nicht betrachtet und ausprobiert werden«, durch ihre »begrenzte Haltbarkeit« und die »fehlende Lagerfähigkeit, d.h. Produktion und Rezeption fallen unmittelbar zusammen«, durch seine begrenzte Kontrollierbarkeit: »Durch die in den allermeisten Fällen notwendige Interpretationsleistung entstehen jeweils völlig unterschiedliche Wahrnehmungen des Produktes« und damit verknüpft eine »starke Besucherbeteiligung« (Klein 2002: 26-28).

- **Kunst als immaterielle Dienstleistung und geistige Erfahrung**
  Kunst ist kein physisch konsumierbares Produkt, sondern eine geistige und emotionale, manchmal auch körperliche Erfahrung. Kunst und Kultur sind in ihrem Wert oftmals nur intuitiv fassbare Dienstleistungen, so dass es sehr schwierig ist, den Nutzen für die potenziellen Käufer zu verdeutlichen.
  Der sehr stark ideelle Charakter von Kulturprodukten ist zugleich ein großer Vorzug. Im Marketing für Konsumgüter bemüht man sich seit Jahren darum, den materiellen Produkten eine immaterielle Qualität zu verleihen, die Produkte nicht mehr als Dinge, sondern als geistige Werte begreifbar zu machen, die eine ganze Welt von Assoziationen und Vorstellungen jen-

seits des banalen Konsumgutes entstehen lässt. In der Kultur muss diese hybride Welt nicht von Werbern künstlich erschaffen werden, sondern sie ist dem Gegenstand selbst inhärent. Kultur-PR kann das Erlebnis- und Erfahrungspotenzial ihres Gegenstandes selbst einbringen. Sie kann auf die Kraft, die Emotionalität und Nachhaltigkeit von Kunst setzen.

- **Kunst als Produkt, das sich erst durch den Rezipienten vollendet**
  Kunst fordert zur emotionalen und intellektuellen Beteiligung der Rezipienten auf. Das Publikum ist Teil der künstlerischen Produktion, und erst wenn es gelingt, das Publikum einzubeziehen und zumindest innerlich zu beteiligen, ist eine kulturelle Produktion erfolgreich. Erst dann besteht die Chance, dass auch zukünftig der Konsum kultureller Produkte wiederholt wird. Kultur-PR muss also dazu beitragen, Kulturnutzer zu aktivieren.

- **Kunst als Luxusgut**
  Kunst ist ein Produkt, das viele für wertvoll halten, aber für das kaum jemand den realen Herstellungspreis zahlen will, das als wichtiges gesellschaftliches Gut postuliert wird, und doch nach wie vor eher Luxusgut und Statussymbol einer kleinen Gruppe ist.
  Trotz der Forderungen, »Kultur für alle« in den Alltag zu integrieren, Kultur zum unverzichtbaren »Lebensmittel« werden zu lassen, ist Kultur, zumindest die öffentlich geförderte so genannte »Hochkultur«, in unserer Gesellschaft nach wie vor ein eher »feiertägliches« Gut bzw. eines, das vorwiegend von einem eher kleinen Nutzerkreis höher Gebildeter wahrgenommen wird. Kunst und Kultur gelten nach wie vor als Minderheitenthemen und weniger notwendig als andere gesellschaftliche Ereignisse, auch in der Medienberichterstattung. Für die PR bedeutet das, dass sie immer neu von der Relevanz ihrer Themen überzeugen muss.

- **Vertrauensvorschuss für Kunst und Kultur**
  Zugleich aber gilt Kunst und Kultur als das »Gute, Wahre, Schöne« per se als wertvoll und genießt in der öffentlichen Meinung höheres Vertrauen als andere Produkte, selbst bei denen, die sich eigentlich nicht dafür interessieren. Wie sehr sich Kultur als positiver Imagefaktor eignet, wird auch daran deutlich, dass viele Wirtschaftsunternehmen sich in Form von Sponsoring des Kulturimages bedienen. Kunst und Kultur gelten als förderungswürdig. Dies erleichtert PR für Kultur, denn sie steht weniger unter Verdacht, aus reinem Profitstreben etwas »verkaufen« zu wollen.

- **Kunst als unberechenbares Produkt**
  Im Unterschied zu anderen Produkten, die in ihren Eigenschaften genau bestimmbar sind, lassen sich Kulturleistungen nur bedingt berechnen. Das liegt zum einen daran, dass Kunst subjektiv sehr unterschiedlich interpretierbar ist. Zum anderen liegt es am kreativen Produktionsprozess. Es ist beispielsweise nur schwer möglich, langfristig vor der Premiere eines Theaterstückes über detaillierte Eigenschaften, Ablauf und schon gar nicht über die Qualität der Inszenierung genaue Angaben zu machen. Künstlerische Kreativität lässt sich nicht festlegen und Erfolg nicht vorausbestimmen, entsprechend flexibler muss auch PR reagieren. Hinzu kommt, dass künstlerische Produktionen in den seltensten Fällen auf die Bedürfnisse eines Publikums direkt zugeschnitten sind und somit potenziell die Enttäuschung von Erwartungen in sich bergen. Mehr noch: In gewisser Weise zeichnet sich Kunst gerade dadurch aus, dass sie Erwartungen nicht erfüllt, sondern Unerwartetes bietet. Darauf muss PR vorbereiten.

- **Kulturprodukte als Unikate**
  In der Konsumgüterindustrie gilt der Grundsatz: Erfolg hat, wem es gelingt, eine Marke zu etablieren. In der Kultur gilt zuallererst: Erfolg hat, wem eine künstlerische Leistung gelingt, die viele Menschen berührt. Erst im zweiten Schritt geht es darum, einen Künstler oder eine Institution zum Markenzeichen aufzubauen, dem ein Grundvertrauen entgegengebracht wird. Die Besonderheiten des jeweiligen Kulturprodukts, so wenig berechenbar sie auch sind, sind zugleich wesentlich für die PR-Strategie. Hier zählt nur bedingt das »anything can be sold« der Werbebranche. Während weitgehend wertneutrale Produkte wie Mineralwasser oder Zigaretten künstlich mit Imagequalitäten aufgeladen werden können und müssen, um eine emotionale Qualität zu erhalten, steht das Produkt Kunst unmittelbar für sich selbst. Jedes kulturelle Produkt ist ein Unikat, das sich in letzter Konsequenz nur in seiner spezifischen Qualität vermitteln lässt. Etikettenschwindel funktioniert in der Kultur-PR nicht bzw. nur kurzfristig.

Mundpropaganda eines begeisterten Publikums als wirkungsvollste PR

Ein Versprechen allein genügt nicht. Nach allen Vertrauen stiftenden, werbenden und die Rezeption vorbereitenden Maßnahmen entscheidet letztlich die Qualität einer künstlerischen Produktion über Erfolg und Misserfolg und diese spricht sich am schnellsten durch Mundpropaganda herum. Mundpropaganda, das ergeben alle Befragungen, ist das wirksamste PR-Mittel in der Kultur.

Welche Anforderungen ergeben sich aus den Besonderheiten von Kunst und Kultur für die PR?

- **Kultur-PR als schöpferische Transformationsleistung**
  Die spezifischen Qualitäten einer künstlerischen Produktion oder Dienstleistung erfordern bei der Aufbereitung für die Öffentlichkeit besondere Transformationsleistungen. Die Komplexität und das letztlich Unbenennbare müssen in eine alltagsverständliche Sprache gebracht werden, ohne dass deshalb der Gegenstand »entzaubert«, das heißt seiner Eigentümlichkeit beraubt wird. Nicht nur das »Erfinden« einer dem Gegenstand angemessenen und zugleich journalistischen Sprache, sondern auch die Konzeption innovativer, öffentlichkeitswirksamer Maßnahmen, die über das Standartrepertoire der PR hinausgehen, stellen besondere Anforderungen an die Kreativität von PR. Da jede kulturelle Produktion einmalig ist, ist auch die PR herausgefordert, »maßgeschneiderte« PR Strategien zu (er-)finden. Die Grenzen zwischen Produkt, Dienstleistung und Kommunikationsmaßnahme sind in der Kultur-PR häufig fließend. PR- und Vermittlungsleistungen können selbst zum Teil der kulturellen Produktion werden.

- **Kultur-PR als Vermittlungsleistung**
  Kunst und Kultur sind individuelle, autonome Erfindungen und Interpretationen der Welt, die sich oft nicht ohne Reflexionen erschließen lassen. Dies gilt umso mehr für zeitgenössische Kunstformen, wenn deren spezifische Sprache nicht den gängigen und bekannten Ausdrucksformen entspricht. In der PR für Kunst und Kultur geht es also nicht nur um das »Verkaufen« von Eintrittskarten, sondern auch um Heranführen, es geht darum, Verständnis zu entwickeln. PR für Kultur sollte Zusammenhänge aufzeigen und Anknüpfungspunkte zu alltäglichen Lebensbereichen der potenziellen Nutzer schaffen, sollte Hintergrundwissen und kulturelle Codes einbringen. Die hohe Kunst der Kultur-PR besteht darin, gerade für solche Kulturformen Nachfrage zu schaffen, die weniger populär und spektakulär sind.

8 Kompetenzen für Kultur-PR

Kultur-PR erfordert vor allem folgende Erfahrungen und Kompetenzen :

- **Inhaltliche Sachkompetenz**
  Grundlage für die Vermittlung des komplexen »Produkts« Kunst und Kultur sind ein profundes Wissen über den zu kommunizierenden Kulturbereich wie auch darüber hinaus Kenntnisse über einen weiteren Radius des aktuellen Kunstgeschehens. Nur wer selbst über vielfältige Kenntnisse im kulturellen Sektor und Erfahrungen im Umgang mit Kunst verfügt, kann gegenüber den Medien, den Künstlern oder den Kulturpolitikern überzeugend auftreten und Kunst einem Publikum vermitteln.

- **PR-Kompetenz und Kommunikationskompetenz**
  PR-Kompetenz meint sowohl die Kenntnis der Instrumentarien wie auch die Fähigkeit, diese mit organisatorischem und strategischem Geschick einzusetzen. Darüber hinaus impliziert sie die Kenntnis der Medienlandschaft, Wissen über kommunikative Prozesse, Wahrnehmungs- und Analysefähigkeit für gesellschaftliche Tendenzen und Veränderungen, die Fähigkeit der Analyse und Bewertung kommunikativer Auswirkungen von Verhalten und Handeln sowie eine hohe eigene kommunikative Kompetenz.

- **Vermittlungskompetenz**
  Über die Fähigkeit und Bereitschaft hinaus, mit den unterschiedlichsten Gruppen zu kommunizieren und für jeden den passenden Ton und die adäquate Botschaft zu finden, bedarf es der Fähigkeit, auch komplexe Themen anschaulich und verständlich aufzubereiten und sich dabei in die Wahrnehmungsweisen unterschiedlicher Zielgruppen hineinzuversetzen. Einerseits ist hierfür die Identifikation mit dem Gegenstand Kunst und Kultur zentral, andererseits gilt es, die Bedürfnisse der Rezipienten zu berücksichtigen. Dieser schwierige Spagat gelingt nur dann, wenn man selbst von seinem Gegenstand »Kunst« begeistert ist, aber zugleich um die Schwierigkeiten weiß, sich (neuen) künstlerischen Produktionen anzunähern. Dabei ist sicherlich auch ein gewisses Sendungsbedürfnis hilfreich: der Wunsch, Menschen zu überzeugen und für Neues zu öffnen.

- **Persönliche Überzeugungskraft**
  Vertrauen entwickelt man weniger gegenüber einer abstrakten Institution als vielmehr im persönlichen Kontakt. Insofern ist die Glaubwürdigkeit

eines PR-Referenten von nicht zu unterschätzender Bedeutung für das Image einer Institution. Voraussetzung dafür ist die eigene Überzeugung: Um Kunst und Kultur zu »verkaufen«, muss man sich mehr als in anderen Bereichen mit seinem besonderen Gegenstand identifizieren.

→ II Methodische Vorgehensweise von Kultur-PR – ein Leitfaden für die Praxis

In der Kultur-PR hat sich ein gewisses Standardrepertoire an bewährten Vorgehensweisen entwickelt, das in variierten Anwendungsformen von den meisten Kulturinstitutionen mehr oder weniger bedient wird. Dennoch gibt es keine optimale Strategie, die auf sämtliche Kulturinstitutionen und Kunstformate passen würde. Vielmehr müssen PR-Konzepte immer maßgeschneidert sein, damit sie der Identität und den Kulturformen einer Einrichtung sowie den jeweiligen Rahmenbedingungen entsprechen.

In einem ersten Schritt ist darum die gründliche Analyse der eigenen Institution notwendig, ihrer spezifischen Identität, ihres Images, ihrer zentralen Zielgruppen. Anhand der Ergebnisse dieser Analyse werden in einem zweiten Schritt grundlegende Strategien der Kommunikation entwickelt, die sich aus den zentralen PR-Zielen, den Kernbotschaften und den spezifischen Kommunikationskontexten ergeben. Aus den PR-Strategien werden dann die konkreten Kommunikationsmaßnahmen abgeleitet. Erst danach kann die Umsetzung beginnen, bei der es auf punktgenaues »Timing« ebenso wie auf zuverlässiges, kontinuierliches Arbeiten mit klaren Verantwortlichkeiten ankommt. Im letzten Schritt sollte überprüft werden, ob die gesetzten Ziele tatsächlich erreicht wurden, was gut lief und was zukünftig verbessert werden könnte.

Grundsätzlich kann man unterscheiden zwischen **Produkt- bzw. Programm- und Institutionen-PR**. In der PR für Kultureinrichtungen werden jedoch in der Regel keine getrennten Strategien für diese Bereiche entwickelt. Zumeist bezieht sich PR ganz konkret auf das Verkaufen und Vermitteln einer bestimmten Produktion oder Programmreihe. Die künstlerischen Programme stehen zugleich auch für das Profil eines Hauses.

Auch die üblicherweise deutlich unterschiedenen Bereiche Werbung und PR gehen im Kulturbereich ineinander über. Eine gestaltete Anzeige im Corporate Design mit dem Logo einer Institution, die direkt für den Besuch einer bestimmten künstlerischen Veranstaltung wirbt, ist zugleich auch Imagewerbung für die Kulturinstitution als Ganzes.

Doch obwohl sich das Image einer Kulturinstitution vor allem über die künstlerischen Programme konstituiert, ist es notwendig, auch die Institution selbst zu positionieren, sie als Ort mit einem bestimmten Profil, als Treffpunkt für eine bestimmte Szene mit einem spezifischen Ambiente, einer besonderen Atmosphäre vor dem Hintergrund bestimmter Werthaltungen ins Gespräch zu bringen. Institutionen, denen es nicht gelingt, eine eigene Identität mit deutlich erkennbarem Image zu entwickeln, droht bei künstlerischen Misserfolgen schnell das Aus, denn ihnen fehlt die Imagebasis, die auch Fehlschläge verzeiht.

1 Corporate Identity und Profilbildung

Eine wesentliche Aufgabe von Public Relations ist die Profilbildung und Kommunikation der spezifischen Identität einer Einrichtung nach innen und außen, die Positionierung in der kulturellen Öffentlichkeit und auf dem Kulturmarkt. Dafür muss zunächst intern ein gemeinsames Verständnis darüber existieren, was die eigene Einrichtung auszeichnet und von anderen unterscheidet, kurz: das eigene Profil, die so genannte **Corporate Identity** muss deutlich benannt sein.

»Corporate Identity ist die strategisch geplante und operativ eingesetzte Selbstdarstellung und Verhaltensweise eines Unternehmens nach innen und außen auf der Basis einer festgelegten Unternehmensphilosophie, einer langfristigen Unternehmenszielsetzung und eines definierten Soll-Images – mit dem Willen, alle Handlungsinstrumente des Unternehmens in einheitlichem Rahmen nach innen und außen zur Darstellung zu bringen«, so eine der klassischen Formulierungen von C.I. (Birkigt/Stadler 1980/1998).

Ein **Mission Statement** bringt die Corporate Identity in wenigen Sätzen zusammenfassend für Außenstehende auf den Punkt, es umfasst das zentrale Alleinstellungsmerkmal und das wesentliche Ziel, die Mission einer Institution oder eines Projekts.

Während die Corporate Identity das umfassende Selbstbild, die Unternehmensphilosophie einer Einrichtung einschließlich seiner Selbstinszenierung meint, bezeichnet das **Image** einer Einrichtung das Fremdbild, also das, was als überindividuelles Vorstellungsbild außen ankommt. Images haben die Funktion, Komplexität zu reduzieren sowie schnelle Orientierung und Bewertungshilfe zu geben. Jede Institution hat ein bestimmtes Image nach außen, ob bewusst geplant oder nicht. Ziel von PR ist es, das Fremd-Image möglichst nah an das Selbstbild, die Corporate Identity, heranzuführen.

Aus der Wirtschaftskommunikation weiß man, dass ein Image dann besonders wirkungsvoll ist, wenn es sich um ein Markenimage handelt. Eine **Marke** steht für eine spezifische, hohe Qualität, der ein Grundvertrauen entgegengebracht wird und für einen relativ hohen Bekanntheitsgrad. Marken zeichnen sich aus Sicht der Rezipienten durch Unverwechselbarkeit, Glaubwürdigkeit, Authentizität und Konsistenz aus. Marken werden in den Köpfen der Rezipienten manifest (vgl. Esch 2005). Unter dem Stichwort **»Kulturbranding«** bemühen sich auch Kulturinstitutionen zunehmend in ihrer strategischen Kommunikation auf der Grundlage einer profilierten Corporate Identity um ein Markenimage, das ihnen einen festen Platz und eine dauerhafte Bekanntheit in der Kulturlandschaft sichert.

Bei aller geforderten Klarheit ist Corporate Identity kein statisches Konzept, sondern beinhaltet auch die regelmäßige Reflexion des Selbstverständnisses einer Institution auf Grund von sich verändernden Rahmenbedingungen.

Leitfragen für die Bestimmung der Corporate Identity

Auch wenn eine Einrichtung schon länger besteht, ist die Corporate Identity oftmals nicht klar formuliert. Es gibt bei den Mitarbeitern ganz unterschiedliche Vorstellungen von den Kernzielen, von dem, was das Besondere der Einrichtung ist sowie vor allem von den stärker emotional geprägten Werten und Bildern einer Institution und ihrer Zuordnung zu bestimmten gesellschaftlichen Milieus. Solange es aber intern kein klares Leitbild gibt, das alle mittragen, kann die Institution auch nach außen nur schwer an Profil gewinnen. Darum ist eine möglichst mit allen Entscheidungsträgern gemeinsam durchgeführte Selbstanalyse unerlässlich.

Die Mitarbeiter sollten in diesen Prozess einbezogen werden, damit sie motiviert sind, sich an der Umsetzung von Kommunikationsstrategien zu beteiligen.

Fragen für die interne Analyse (Corporate Identity)

- Wer sind wir? Was wollen wir? Was zeichnet unsere künstlerischen bzw. kulturellen Programme aus?
- Was ist das Besondere an unserer Institution, was ist unser »Alleinstellungsmerkmal«, unsere »Unique Selling Proposition«, was unterscheidet uns von den »Konkurrenten«?
- Wo liegen unsere Stärken? Wo liegen unsere Schwächen? Wie können wir mit unseren Schwächen produktiv umgehen?
- Wie lautet unsere zentrale Botschaft? Was ist unser Mission Statement? Wie lässt sich unser Profil in einem Satz (einer Art Claim) auf den Punkt bringen?
- Welche Adjektive passen zu uns? Sind wir eher jung, schräg oder eher gediegen, eher alternativ oder klassisch, avantgardistisch oder konservativ?
- Welche Zielgruppen wollen wir erreichen, wer passt zu uns?

In einem zweiten Schritt ist es wichtig zu erfahren, welches Image nach außen existiert. Gibt es hierzu bereits Ergebnisse von Besucher- und Nicht-Besucher-Befragungen?

Sofern eine Befragung von Besuchern und anderen relevanten Teilöffentlichkeiten organisatorisch und finanziell nicht leistbar ist, sollte versucht werden, auf anderen Wegen von Meinungen und Images über die eigene Einrichtung zu erfahren. Eine Medienanalyse, Experteninterviews und Gespräche mit Fokus-Gruppen können wichtige erste Hinweise geben (vgl. Kapitel II.9).

Fragen für die externe Analyse (Image)
- Wie haben sich die Besucherzahlen entwickelt?
- Was lässt sich in Artikeln und Rezensionen an Wertungen über die Institution finden? Welche Aussagen von Geschäftspartnern, Förderern, Freunden sind bekannt? Wen könnte man interviewen, um mehr über das Fremdbild zu erfahren? Was berichten die Kassenmitarbeiter, das Einlasspersonal etc.?
- Welche Assoziationen verknüpft man mit uns?
- Wer sind unsere Besucher? Was schätzen sie an uns? Was stört sie?
- Auf welche Weise informieren sich unsere Besucher über unser Programm?
- Aus welchen Gründen bleiben die Nicht-Besucher fern?

Mission Statement und Selbstdarstellung

Als Ergebnis der Selbstvergewisserungsphase sollten ein Mission Statement sowie eine Selbstdarstellung formuliert werden. Dabei ist zu beachten, dass Ziele und Botschaften möglichst präzise, möglichst konkret und plastisch benannt werden. Wenig aussagekräftig sind etwa Formulierungen wie »Unsere Einrichtung versteht sich als kreativ und innovativ und reagiert flexibel auf aktuelle Zeitströmungen«, denn diese sind beliebig und austauschbar und sagen nichts über das besondere Profil. Wie Mission Statements aussagekräftig formuliert werden können, zeigen einige der Fallbeispiel im letzten Kapitel.

Mit dem Begriff »Mission« verbindet sich die Idee einer besonderen Verantwortung und einer gewissen Leidenschaft für eine Aufgabe, die durchaus motivierend für die Formulierung des eigenen »Auftrages« sein kann. Ohnehin kann dieser erste wichtige Schritt der PR-Arbeit, die gemeinsame Analyse und Benennung der Besonderheiten, sehr identitätsstiftend und motivierend für eine Einrichtung sein, so dass es sich in jedem Fall lohnt, dafür Zeit und Ruhe einzuplanen. Die Selbstdarstellung beschreibt in ausführlicherer Form die Ziele, Aufgaben und Besonderheiten einer Institution.

Mission Statement und Selbstdarstellung sind die Grundlage für eine Imagebroschüre, die in der Regel als eines der ersten Printprodukte entwickelt wird, weil sie für die Gewinnung von Förderern wichtig ist.

Corporate Design

Das visuelle Erscheinungsbild ist fester Bestandteil des Profils einer Einrichtung. Das Corporate Design sorgt für Wiedererkennbarkeit und trägt dazu bei, das gewünschte Image zu festigen. Es findet sich auf sämtlichen Printprodukten der Institution, von der Imagebroschüre über Flyer und Plakaten bis hin zu den Eintrittskarten ebenso wie in den gestalteten Anzeigen wie auch auf der Website. Die Grafik muss auf einer visuellen Ebene das Charakteristische, die besondere Atmosphäre und Emotionalität widerspiegeln. Ein gutes »Briefing« der kontaktierten Grafiker auf der Grundlage der Selbstanalyse ist dafür eine wichtige Voraussetzung.

Bei der Auswahl ist die Frage »Welcher Grafiker passt eigentlich zu uns?« von großer Bedeutung. Es ist sinnvoll, sich Layouts anderer Kultureinrichtungen anzusehen und sich umzusehen und umzuhören, welche Agentur auf Grund ihrer bisherigen Arbeiten interessant sein könnte. In jedem Fall gilt: Je genauer man beauftragten Grafikern das eigene Profil vermittelt, umso passender werden die Entwürfe sein.

Für die Entwicklung eines Grundlayouts sollte man verschiedene Vorschläge gestalten lassen, damit man eine Bandbreite an möglichen visuellen Erscheinungsbildern hat und sich nicht vorschnell auf eine Möglichkeit festlegt. In der Regel ist es für Kulturinstitutionen einfach, Grafiker zur Teilnahme an einem Wettbewerb zu gewinnen, da die Arbeit für das »Produkt Kunst und Kultur« für viele besonders interessant ist, kreative Spielräume ermöglicht und zudem prestigeträchtig ist. Da die Grafiker auf einen längerfristigen Auftrag hoffen, falls ihr Entwurf genommen wird, werden sie meistens in kostenlose Vorleistung gehen. Besteht die Möglichkeit, ein Entwurfshonorar zu zahlen, erhöht dies natürlich die Motivation. Für kleinere Einrichtungen kann es sinnvoll sein, nur einen Grafiker, von dem man überzeugt ist, zu kontaktieren und um mehrere unterschiedliche Entwürfe zu bitten. Eine weitere preiswerte Möglichkeit zur Entwicklung eines Grundlayouts bietet die Zusammenarbeit mit Studierenden von Designhochschulen.

Bei der Entscheidung für einen grafischen Entwurf sollten möglichst viele Mitarbeiter und auch der eine oder andere Außenstehende befragt werden. Selten wird bei der ersten Präsentation ein Entwurf dabei sein, der genau passend erscheint. Fast immer wird man darum bitten müssen, einen favorisierten Entwurf noch einmal zu überarbeiten.

Neben dem ästhetischen Entscheidungskriterium spielen auch organisatorische Aspekte sowie Sympathie eine Rolle bei der Auswahl von Grafikern. Da PR und Grafik über einen langen Zeitraum intensiv zusammenarbeiten müssen, ist es wichtig, dass es sowohl organisatorisch wie menschlich keine Barrieren gibt, dass die Grafik möglichst in der gleichen Stadt situiert ist, dass man sich unkompliziert ohne langwierige Erklärungen versteht, dass ein Grafiker »mitdenkt« und sich im besten Falle mit der Einrichtung, für die er gestaltet, identifiziert.

2 Entwicklung von PR-Zielen, Strategien und Botschaften

PR-Ziele

Aus der Formulierung der Corporate Identity einschließlich der allgemeinen Ziele werden die PR-Ziele und Aufgaben sowie die zentralen Zielgruppen der PR-Arbeit abgeleitet. Was soll mit der PR erreicht werden? Geht es vor allem darum, durch höhere Publikumszahlen die Eigeneinnahmen zu erhöhen, geht es vorrangig darum, politische Lobbyarbeit zu betreiben, um Subventionen zu sichern, geht es um die Veränderung eines bestehenden Images oder soll eine ganz bestimmte Zielgruppe an kulturelle Angebote herangeführt werden?

PR-Ziele könnten sein, eine breitere Medienpräsenz oder umgekehrt eine stärkere Konzentration auf Fachmedien zu erreichen. Ziele könnten etwa die stärkere Profilierung einer Institution über die Programme hinaus oder aber der Abbau bestimmter Vorurteile sein.

Nachdem die Ziele der Kommunikationsarbeit klar formuliert sind, geht es darum, die bestmöglichen Strategien zur Einlösung dieser Ziele zu entwickeln.

Kommunikationsstrategien

Strategie meint die Bestimmung eines »roten Fadens«, einer Art generellen Leitlinie der Kommunikationsarbeit: Wie geht eine Institution oder ein Kulturprojekt grundsätzlich vor, um PR-Ziele und Zielgruppen am besten zu erreichen? Wo setzt man Schwerpunkte der PR-Arbeit? Da es nicht möglich ist, alle Teilöffentlichkeiten in gleichem Maße anzusprechen und sämtliche möglichen Kommunikationskanäle parallel zu bedienen, muss man die adäquatesten bestimmen. Die Strategie kann etwa sein, sich auf Grund einer spezifischen »Mission« auf eine ganz bestimmte enge Zielgruppe zu konzentrieren, oder im Gegenteil, eine Strategie der Diversifizierung zu verfolgen mit dem Ziel, ein möglichst breites Publikum auf möglichst vielfältige Weise anzusprechen. Strategisches Vorgehen in der PR kann in die Breite oder aber in die Tiefe gehen, je nachdem, wie der Auftrag lautet. Geht es darum, für ein Performance-Festival eine Fachöffentlichkeit zu erreichen, so ist eine klare Konzentration auf diese Gruppe nötig. Geht es darum, einen möglichst breiten Nutzerkreis für eine öffentliche Bibliothek zu finden, müssen sehr unterschiedliche Gruppen mit verschiedenen Botschaften und Mitteln auf der Grundlage einer mehrheitsfähigen Corporate Identity angesprochen werden.

Strategisches Handeln meint auch, »Nein« zu sagen zu kurzfristigen, möglicherweise aus Panik geborenen Ansagen von Kollegen und Vorgesetzten, wenn diese dem langfristig angelegten Konzept zuwiderlaufen.

Um die jeweils passende PR-Strategie zu finden, müssen folgende Fragen beantwortet werden:

- Wer sind unsere zentralen Zielgruppen, auf wen konzentrieren wir uns?
- Welche zentralen Botschaften sollen bei diesen Gruppen ankommen?
- Mit welchen Mitteln und auf welchen Wegen erreichen wir diese Gruppen am besten?

Botschaften

Neben einer Kernbotschaft empfiehlt es sich, für verschiedene Zielgruppen spezifische Botschaften zu formulieren, die deren jeweilige Interessenlage berücksichtigen. Ausgehend von einem übergreifenden Mission Statement stellen diese jeweils leicht variierten Botschaften den »Nutzen« heraus, der für die jeweilige Gruppe besonders relevant ist. Ein Politiker interessiert sich für andere Aspekte einer Kultureinrichtung oder eines künstlerischen Projekts als ein Fachjournalist, und dieser hat wiederum andere Interessen als ein potenzieller Zuschauer, der kulturelle Angebote nutzt, um sich einen netten, anregenden Abend mit Freunden zu machen. Auch wenn eine zielgruppenspezifische Botschaft nicht immer explizit genannt wird, sollte sie im Hintergrund sämtliche Kommunikationsmaßnahmen für die jeweilige Zielgruppe leiten.

In der Botschaft müssen sich Informationen finden, die zu den Erwartungen und Zielen der Angesprochenen passen. Das Wissen der Zielgruppen muss ausreichen, um eine Botschaft einordnen und interpretieren zu können. Ein Beispiel für eine zielgruppenspezifische PR-Botschaft sind die Plakatkampagnen der Berliner Volksbühne. In ihrer Plakatserie »Das neue Berlin« zeigten sie zum Beispiel die stereotype, heile Welt der Erfolgreichen auf Hochglanzfotografien, die im krassen Gegensatz zu den Inszenierungen und zum Corporate Design der Volksbühne stehen. Die Kampagne, die auf den ersten Blick der Coporate Identity der Volksbühne und dem Lebensgefühl ihrer vorwiegend jungen, nicht etablierten Zielgruppe radikal widerspricht, trifft gerade deswegen bei diesen Gruppen ins Schwarze, weil sie als bewusste Parodie und Kritik an der heilen, bürgerlichen Scheinwelt interpretiert wird. Die meisten anderen

Öffentlichkeiten wissen hingegen nichts mit diesen Bildern anzufangen, die keinen Hinweis auf eine konkrete Inszenierung geben, oder sie vermuten dahinter eine reale Städtewerbung für Berlin.

Der Erfolg einer PR-Maßnahme hängt davon ab, ob sie den Erwartungshorizont ihrer zentralen Zielgruppen treffen konnte, ob die Botschaft deren Werthaltungen entspricht und ob sie entschlüsselt werden konnte. Es reicht nicht aus, die eigenen, vorwiegend kunstimmanenten Vorstellungen einer Einrichtung zu kommunizieren, auch die Wünsche und Erwartungen der anzusprechenden Zielgruppen müssen berücksichtigt werden.

Aufgabe der PR ist es, zwischen der Welt der Künstler und künstlerisch Verantwortlichen kultureller Institutionen und der Welt der verschiedenen Teilöffentlichkeiten bzw. Zielgruppen zu vermitteln.

Teilöffentlichkeiten und Zielgruppen in der Kultur-PR

Um »maßgeschneiderte« Kommunikationsformen entwickeln zu können, muss eine potenzielle »Gesamtöffentlichkeit« zunächst in benennbare Teilöffentlichkeiten bzw. Zielgruppen unterteilt werden, über die anschließend Informationen gesammelt werden. In der PR spricht man eher von Teilöffentlichkeiten als von Zielgruppen, da es hier explizit nicht nur um Werbung und Verkaufen geht, sondern um den Dialog mit der Öffentlichkeit, um die Herstellung von öffentlicher Meinung.

Teilöffentlichkeiten umfassen alle für eine Institution relevanten gesellschaftlichen Gruppen, von den eigenen Mitarbeitern bis zu den Kooperationspartnern. Unter Zielgruppen versteht man eher (potenzielles) Publikum. »Teilöffentlichkeiten sind alle Gruppen, die sich generell für die Aktivitäten einer Institution interessieren, aus verschiedensten Motiven heraus, wohingegen Zielgruppen die Adressaten sind, die man für ein ganz spezifisches Projekt oder eine bestimmte Aufführung als Publikum gewinnen möchte.« (Avenarius 1995: 180)

Insgesamt ist zu beobachten, dass sich die Bevölkerung immer weiter segmentiert, sich in verschiedenste Gruppen, Lebensstile und soziale Milieus ausdifferenziert und damit auch immer weniger als große Masse behandelt werden kann. Jede Gruppe braucht eine spezifische Form der Ansprache, sowohl auf der kognitiven wie auf der affektiven Ebene.

Obwohl jede Kultureinrichtung ihre ganz eigenen Öffentlichkeiten und Zielgruppen hat, werden nachfolgend Grundtypen von Teilöffentlichkeiten, wie sie für fast jeden Kulturbetrieb relevant sind, kurz dargestellt.

- Interne Öffentlichkeit: Mitarbeiter einschließlich beteiligter Künstler
- Geschäftspartner und Nachbarn

- Förderer und Sponsoren
- VIPs
- Multiplikatoren
- Potenzielle Besucher bzw. Teilnehmer
- Stammpublikum und Freundeskreise

Interne Öffentlichkeit

»Public Relations begin at home« – diese Grundregel aller Öffentlichkeitsarbeit wird leider gerade in Kulturinstitutionen oft zu wenig beherzigt. Immer wieder klagen Mitarbeiter in Kultureinrichtungen über schlechte Stimmung, Intrigen, mangelnde Eingebundenheit, das Gefühl, nicht informiert zu sein. Dabei ist hier das Potenzial und die Notwendigkeit, sich mit seiner Arbeit und seiner Institution zu identifizieren, besonders groß, denkt man alleine an die Arbeitszeiten, die oft weit über einen normalen Arbeitstag hinausgehen. Ein gutes Klima mit motivierten Mitarbeitern ist eine entscheidende Grundlage für den Erfolg einer Einrichtung. Unternehmenskultur wird von allen gemeinsam geschaffen, wobei die Leitung eine besondere Verantwortung dafür hat.

Mitarbeiter sind wichtige Multiplikatoren, sie können viele Kontakte und neue Ideen einbringen. Wenn sie mit Begeisterung und Engagement bei der Arbeit sind, strahlt das deutlich nach außen. Entscheidend für die Zufriedenheit ist das Gefühl, gut über aktuelle Projekte und langfristige Ziele informiert zu sein, um seine Meinung gefragt zu werden und in Entscheidungsprozesse, wenn möglich, einbezogen zu sein sowie das Gefühl, dazuzugehören, das heißt, nicht nur an der Arbeit, sondern auch am Erfolg beteiligt zu sein. Einladungen möglichst aller Mitarbeiter zu Eröffnungen, Premieren, Premierenfeiern oder anderen zentralen Ereignissen sollten selbstverständlich sein. Zusammentreffen jenseits der akuten Alltagshektik, sei es um ein Problem in Ruhe zu reflektieren oder aber um gemeinsam zu feiern, tragen zur Teamfähigkeit der Mitarbeiter bei.

Die PR-Zuständigen sind hier in Doppelfunktion tätig. Einerseits sind sie selbst Teil der Mitarbeiterschaft und darauf angewiesen, dass die Leitung sie frühzeitig informiert und in Arbeitsprozesse einbezieht. Andererseits sind sie mitverantwortlich dafür, die interne PR für ein gesamtes Haus immer neu anzuregen und zu strukturieren.

Kooperation mit der (künstlerischen) Leitung

Wichtigste Voraussetzung für eine glaubwürdige PR-Arbeit ist eine enge, vertrauensvolle Kooperation mit den künstlerisch Verantwortlichen. Wenn ein PR-Referent erst aus der Zeitung über neue Pläne für die eigene Einrichtung erfährt, wenn ihm Informationen vorenthalten werden, wenn er in der Hierarchie nur als »nachgeordnet« gilt, ist eine wirksame PR kaum leistbar. Im besten Falle gehört die PR darum zum Leitungsteam.

Um PR strategisch anlegen zu können, ist es notwendig, von Anfang an zu verstehen, aus welchen Überlegungen heraus ein Programm, ein Spielplan erstellt wird. Nur dann kann es gelingen, langfristige Kommunikationsstrategien und Vermittlungsprogramme zu entwickeln. Insofern sollte die PR-Stelle an allen zentralen künstlerischen Planungssitzungen beteiligt sein – und zwar nicht nur als Zuhörer, sondern auch als jemand, der unverzichtbares Wissen einzubringen hat. Denn die PR ist sehr viel näher am Publikum, an Multiplikatoren, an den Medien, und kann zum Beispiel bei der Programmgestaltung Feedback darüber geben, welche Programmzusammenstellung für welche Publikumsgruppen sinnvoll ist, welche aktuellen Themen integriert werden könnten, welche Aktionen und Workshops sinnvoll wären für die Vermittlung eines Programms. Das Einbringen solcher Erfahrungswerte und der Hinweis auf Stimmungen bei Publikum und anderen Teilöffentlichkeiten ist keineswegs mit »Einmischen in künstlerische Belange und Reduktion künstlerischer Freiheit» zu verwechseln. Die PR ist ein wichtiger Mittler zwischen Künstlern/Kultureinrichtung und Öffentlichkeit und sollte diese Aufgabe nicht nur als Einbahnstraße, sondern in beide Richtungen wahrnehmen können.

Information und Vermittlung nach innen

Zur internen Öffentlichkeitsarbeit gehört sowohl eine offensive Informationspolitik, die die Mitarbeiter als erstes über alle geplanten Änderungen informiert, wie auch die Vermittlung der künstlerischen Programme. Es kann keineswegs vorausgesetzt werden, dass sich diese den Mitarbeitern in eher organisatorischen und technischen Bereichen von selbst erschließen.

Gerade für die im Kassenbereich Tätigen ist ein profundes Know-how der künstlerischen Programme sowie eine positive Identifikation mit der Institution sehr wichtig, denn hier findet der Löwenanteil direkter Kommunikation zwischen Kultureinrichtung und Besuchern statt. Auch gut informiertes Aufsichtspersonal, Portiers oder Pförtner leisten einen wichtigen Teil an Öffentlichkeitsarbeit für eine Einrichtung. Freundlichkeit und Verbindlichkeit ohne Anbiederung und Normierung und vor allem eine umfassende Kenntnis der angebotenen Programme sind entscheidend für den Erfolg. Es ist Aufgabe der PR, alle Mitarbeiter kontinuierlich gut zu informieren.

Folgende Standardmittel der internen Kommunikation sollten fest in die PR-Planung einbezogen werden:

- regelmäßige, zeitlich begrenzte Mitarbeitersitzungen mit Ergebnisprotokoll;
- Intranet, über das kurzfristige Termine, wichtige Mails etc. schnell an alle versandt werden können;
- Versand der wichtigsten Rezensionen zu den eigenen Veranstaltungen an alle Mitarbeiter;
- Einladungen zu Festen, Premieren etc.;
- regelmäßige, speziell hierfür erarbeitete schriftliche sowie auch persönliche Information von Kassenmitarbeitern, Einlass- oder Aufsichtspersonal über neue Programme;
- jährliche Klausurtagung an einem störungsfreien Ort.

Künstler

Die beteiligten Künstler sind als spezielle Gruppe der internen PR zu betrachten. Künstlerische Produktion ist häufig der Kern und Sinn einer Kultureinrichtung. Um möglichst viel und genau von diesem »Sinn« an die Öffentlichkeit weitergeben zu können, ist die PR auf ein enges Verhältnis zu den Künstlern angewiesen. Die Kommunikation zwischen PR und Künstlern verläuft nicht immer reibungslos. PR-Leute fühlen sich oftmals von Künstlern nicht ernst genommen und haben den Eindruck, von diesen eher als lästige Bittsteller denn als kompetente Kollegen empfunden zu werden. Künstlern ist die Bedeutung von PR-Arbeit für ihren persönlichen Erfolg oft nicht bewusst, sie fühlen sich von den Forderungen der PR eher belästigt,oder sie glauben, dass sie selbst bessere PR-Arbeit machen würden und können das spezifische Fach-Knowhow nicht anerkennen. Um diese Verständigungsprobleme zu bewältigen, ist die kontinuierliche Kommunikation zwischen beiden Partnern notwendig. Die PR sollte sich von Anfang an für die künstlerischen Prozesse interessieren und auch mal ohne ein konkretes Anliegen das Gespräch suchen. Denn direkte Gespräche mit den Künstlern vermitteln Hintergründe, Eindrücke und Nebeninformationen, die die PR- und Vermittlungsarbeit bereichern.

Eine wichtige PR-Aufgabe ist die Vermittlung und Betreuung von Interviews und Foto-/Filmterminen zwischen Künstlern und Journalisten bzw. Pressefotografen. Dabei muss die PR einerseits den Medien einen möglichst reibungslosen, zügigen Ablauf ermöglichen und die Künstler motivieren, unkompliziert auf die Anforderungen der Medien einzugehen. Andererseits muss sie die Künstler vor überzogenen Wünschen schützen, sie zwar gut vermarkten, zugleich aber nicht mit Medienterminen überschütten und ihnen Zeit für die künstlerische Arbeit gerade kurz vor einer Premiere oder Eröffnung lassen.

Auch in der Zusammenarbeit mit den Künstlern geht es um einen wechselseitigen Dialog, der ein Feedback an die Künstler beinhaltet, sie über Meinungen in der Öffentlichkeit informiert, ihnen regelmäßig Pressespiegel zukommen lässt und Begegnungen zwischen Künstlern und Publikum etwa in Form von Publikumsgesprächen, Workshops oder Festen initiiert. Auch Künstler sind wichtige Multiplikatoren für eine Kultureinrichtung. Fühlen sie sich bevorzugt behandelt und gut aufgehoben, sorgt dies für einen guten Ruf der Einrichtung in Künstlerkreisen.

Externe PR

Geschäftspartner und Nachbarn

Geschäftspartner, Zulieferfirmen und direkt in der Nachbarschaft ansässige Firmen oder Einrichtungen sollten als eigene Teilöffentlichkeit begriffen werden, die gezielt gepflegt wird. Neben der regelmäßigen Belieferung mit Programminformationen können zum Beispiel gelegentliche Einladungen zu Veranstaltungen zu einem guten Verhältnis beitragen. Auch eine Führung hinter die Kulissen der eigenen Unternehmung, bei der auch die Mitarbeiter in ihren Arbeitsbereichen vorgestellt werden, kann sehr hilfreich für das Verständnis sein. Gerade im Umgang mit Nachbarn ist es wichtig, gute persönliche Kontakte aufzubauen, bevor es zu Konflikten kommt, zum Beispiel wegen Lärmbelästigung.

Förderer und Sponsoren

Die Zielgruppe der Förderer ist für Kultureinrichtungen, die sich meist nicht allein aus eigenen Einnahmen finanzieren können, von großer Bedeutung. Zu den Förderern können Stellen der öffentlichen Kulturpolitik und -verwaltung ebenso gehören wie Stiftungen, Mäzene und Sponsoren. Man sollte die Beziehungen zu den Förderern bereits pflegen, bevor man sie um finanzielle Unterstützung bittet.

Nachdem ermittelt wurde, welche Kultur fördernden Stellen interessant sein könnten (von kommunalen und Länder-Kulturverwaltungen bis zu europäischen Kulturfonds) und welche Firmen eine Affinität zur eigenen Institution haben könnten, sollten die dort Verantwortlichen ermittelt und in einer eigenen Datei verwaltet werden. Diese Personen können, wohl dosiert, zu Veranstaltungen eingeladen und gut betreut werden.

In Förderbeiräten, Jurys und bei Kulturpolitik und -verwaltung hängt die kulturpolitische Entscheidung darüber, was öffentlich gefördert wird, oftmals von persönlichen Sympathien und Erfahrungen der relevanten Politiker ab. Gerade für kleinere, unbekanntere Kulturinstitutionen ist es darum wichtig, Politiker mit ihrer Arbeit bekannt zu machen, ihnen in persönlichen Gesprächen über Ziele, Aufgaben und Zukunftspläne zu berichten. Dafür müssen geeignete Anlässe wie eine Premiere, eine Eröffnung oder eine spezielle Führung mit Empfang gefunden oder geschaffen werden. Lobbying als »Form der interessengeleiteten Kontaktpflege zu politischen Entscheidungsträgern, um diese im Vorfeld anstehender Entscheidungen im Sinne der jeweiligen Interessen eines Unternehmens gezielt zu beeinflussen«, ist eine durchaus legitime und für Kulturinstitutionen oftmals überlebensnotwendige Form der PR (Merten 2000: 182).

Geht es darum, private Sponsoren zu gewinnen, so sollte man sich zunächst über ein Unternehmen, von dem man eine Förderleistung möchte, sehr genau informieren. Große Unternehmen haben in der Regel professionelle Sponsoringabteilungen mit eigenen Förderkriterien, die sich via Internet oder telefonisch abfragen lassen, bevor man eine Sponsoringanfrage startet. Einen guten Überblick der Sponsoring-Aktivitäten der 500 größten Unternehmen in Deutschland bietet eine im Internet abrufbare Studie der Agentur Kohtes&Klewes (vgl. www.agenturcafe.de/downloads/top500.pdf). Aktuelle Informationen über Kultursponsoring in Deutschland finden sich auch auf der Website des Kulturkreises der deutschen Wirtschaft unter www.kulturkreis.org sowie auf der Website der Agentur Causales zum Thema Kulturmarken (vgl. www.kulturmarken.de).

Neben eigenen Sponsoring-Beauftragten in ihren PR-Abteilungen haben einige, sehr große Firmen aus dem Kerngeschäft ausgelagerte Kulturstiftungen gegründet. Eine Übersicht und Links zu knapp 1.000 Stiftungen in Deutschland bietet eine Website des Bundesverbandes deutscher Stiftungen: www.stiftungsindex.de.

Obwohl die großen Unternehmen hohe Summen für Kulturförderung bereitstellen, kann es für kleinere, weniger spektakuläre Kultureinrichtungen Erfolg versprechender sein, sich an ein lokales Unternehmen zu wenden, weil sich hier leichter direkte Bezüge zwischen Sponsor und Kulturprojekt und vor allem persönliche Kontakte herstellen lassen. Gerade bei lokalen Firmen ist zu bedenken, dass Sponsoring-Leistungen nicht nur in finanzieller Unterstützung bestehen können, sondern auch in Sachleistungen.

Bei jeder Sponsoring-Anfrage gilt es deutlich zu machen, wo die Verbindungen zwischen Kultureinrichtung und Wirtschaftsunternehmen gesehen werden, wo es gemeinsame Kommunikationsziele und gemeinsame Zielgruppen gibt und was man einem Sponsor als Kommunikationsleistungen anbieten kann. Kein Sponsor hat Interesse daran, einfach nur auf Plakaten und Broschüren in einem »Logofriedhof« zu erscheinen, sondern möchte möglichst individuelle, auf die Kommunikationspolitik seines Unternehmens zugeschnittene Maßnahmen. Diese können zum Beispiel darin bestehen, den Namen des Unternehmens über die Patenschaft für eine ganz bestimmte Veranstaltungsreihe direkt mit einer Kulturveranstaltung zu verbinden. Aufgabe von PR ist es dann, bei den Medien dafür zu werben, dass diese in ihren Artikeln die Sponsoren nennen. Denn nur wenn ihr Engagement durch entsprechende Publizität belohnt wird, können Sponsoren auch langfristig als Partner für die Kultur gehalten werden. Ein wichtiger Gegenwert kann für den Sponsor u.a. darin bestehen, direkte Kontakte und Zugänge zu den Netzwerken neuer Öffentlichkeiten zu erhalten. Sponsoren legen darum oftmals Wert darauf, zu Premierenfeiern, Hintergrundgesprächen etc. eingeladen und vorgestellt zu werden.

Wenn Sponsoren Anzeigen in den Publikationen der Kultureinrichtung drucken, sollte darauf geachtet werden, dass diese in Inhalt und Gestaltung zu den Inhalten der Kultureinrichtung passen. Grundsätzlich gilt: Je direkter sich ein Sponsor in seiner Selbstdarstellung auf die Inhalte eines Kulturunternehmens bezieht, umso wirkungsvoller wird die Kooperation für beide Seiten sein. Aufgabe von PR ist es aber auch, Sponsoren zu beraten und vor überzogenen Formen der Selbstdarstellung im Rahmen einer Kulturveranstaltung »zu schützen«, wenn zu vermuten ist, dass diese bei den Zielgruppen eher negativ auf das Image des Sponsors wirken.

Folgende PR-Leistungen sind als Gegenwert für ein finanzielles Engagement denkbar:

- Abdruck einer Anzeige im Programmheft;
- Nennung des Sponsors auf allen Publikationen;
- Freikarten für Veranstaltungen;
- Einladungen des Sponsors und weiterer wichtiger Geschäftspartner des Sponsors zu Eröffnungsveranstaltungen;
- Kulturveranstaltungstermine speziell für den Sponsor und die Mitarbeiter und Geschäftspartner des Sponsors;
- Sponsorpatenschaft: Konzeption einer Veranstaltung, für die sich der Sponsor besonders verantwortlich fühlt und die zugleich den Namen des Sponsors mit publiziert.

Das Verhältnis von Kultureinrichtungen zu Sponsoren hat sich in den letzen Jahren dahingehend verändert, dass Firmen ihr Sponsoring zunehmend professionalisieren, dass sie ihre eigenen PR-Maßnahmen entwickeln und genau wissen, welche Imagetransferleistungen sie von der Kultur wollen. Dadurch wird es für Kultureinrichtungen schwerer, Sponsoren ausschließlich gemäß ihrer eigenen Vorstellungen zu präsentieren. Sie müssen sich zunehmend auch in das Kommunikationskonzept des Sponsorunternehmens einfügen. Andererseits können sich daraus neue Chancen ergeben, wenn Sponsoren Ideen einbringen, mit denen sie die Arbeit der Kultureinrichtungen bereichern und wenn Kultureinrichtungen das Kontaktnetz und die PR-Medien (wie etwa eine Kundenzeitschrift) mit nutzen können, um neue Zielgruppen zu erreichen.

Multiplikatoren und Fachöffentlichkeit

Spezifische Zielgruppen, wie etwa Kinder, Jugendliche oder bestimmte so genannte Minderheitengruppen lassen sich häufig nur über Multiplikatoren erreichen. Zu fragen ist also, wer Multiplikatoren sein können, um zu bestimmten Gruppen erste Kontakte aufzubauen. Diese Multiplikatoren sind als Teilöffentlichkeiten zu begreifen, zu denen spezifische, kontinuierliche Kommunikationskanäle aufgebaut werden.

Die Zielgruppe »Kinder« erreicht man zum Beispiel am ehesten über Lehrer, Jugendgruppenleiter, Kita-Betreuer. Die Zielgruppe »Arbeitslose« könnte man über Vermittler des Arbeitsamtes erreichen oder über spezielle Kurse für diese Gruppe. Eine bestimmte Ausländergruppe, die man für ein Kulturprogramm gewinnen möchte, erreicht man etwa über die jeweiligen Botschaften, Konsulate oder Kulturvereine. Eine wichtige Zielgruppe für Kultureinrichtungen, vor allem in großen Städten, sind Touristen. Diese lassen sich über verschiedene Multiplikatoren der Reisebranche erreichen, wie Touristenbüros bzw. Verkehrsämter oder Hotels, die regelmäßig und vor allem sehr langfristig mit spezifischen Programminformationen versorgt werden müssen. Hotelportiers oder auch Mitarbeiter eines Taxiunternehmens können wertvolle Multiplikatoren sein. Die Stiftung Elbphilharmonie in Hamburg hat im Zuge ihrer Imagekampagne die Hamburger Barkassenfahrer, die Hafenrundfahrten durchführen, zu Freibier und einem Imbiss eingeladen, um ihnen Hintergründe über die geplante Philharmonie zu vermitteln. Damit diese auf ihren Rundfahrten über das Projekt berichten können, wurden ihnen auf laminierten Handzetteln die wichtigsten Fakten sowie 10 Geschichten rund um die Elbphilharmonie zusammengestellt.

Der Kontakt zu Multiplikatoren sollte auf eine feste Basis gestellt werden, indem diese regelmäßig mit Informationsmaterialien versorgt werden, Angebote zu spezifischen Weiterbildungen, Hintergrundgespräche mit Künstlern oder vorbereitende Workshops erhalten oder zu einem Stammtisch geladen werden.

In England hat sich das **»Arts Ambassodor-Modell«** als sehr erfolgreich erwiesen, um Kontakte zu schwer erreichbaren Zielgruppen herzustellen. Gezielt werden solche Mitglieder, etwa einer bestimmten Migrantengruppe angesprochen, die sich bereits zwischen den Welten bewegen und um Mithilfe gebeten, Kontakte herzustellen zu ihrer Szene. Sie sind Ratgeber für die PR einer Kultureinrichtung und Mittler, sie beteiligen sich an der Konzeption zielgruppenspezifischer Veranstaltungen und werben dafür in ihren Szenen. In der Regel erhalten diese »Kunst-Botschafter« auch eine finanzielle Aufwandsentschädigung für ihr Engagement (vgl. Jennings 2003).

Eine wichtige Form der PR mit Fachöffentlichkeiten sind **Netzwerke mit anderen Kulturinstitutionen**. Indem man Kontakte zu anderen Einrichtungen pflegt, erhält man wertvolles Feedback von Expertenseite und fördert die wechselseitige Vernetzung. Aus Besuchen etwa von Premieren anderer Kultureinrichtungen lassen sich wertvolle Erkenntnisse gewinnen und Kontakte knüpfen. Zudem sind Kulturschaffende wichtige Meinungsbildner und als solche auch Adressat der eigenen PR-Arbeit. Die Kooperation mit ähnlichen Kultureinrichtungen kann neben Anregungen und Kontakten auch weitere Synergieeffekte bringen. Wie die Ergebnisse der Besucherforschung zeigen, interessieren sich die meisten Kulturbesucher nicht ausschließlich für ein spezifisches Kulturgenre oder eine Sparte, sondern haben ein übergreifendes Kulturinteresse und sind tendenziell »kulturelle Allesfresser« (vgl. Zentrum für Kulturforschung 2005). Der Besuch einer Kulturveranstaltung führt also nicht dazu, dass der Kulturbedarf gesättigt ist, sondern kann im Gegenteil das generelle Kulturinteresse steigern. Andere Einrichtungen sollten also weniger als Konkurrenz, sondern viel mehr als Verstärkung empfunden werden.

In Berlin haben sich zum Beispiel die PR-und Marketing-Referenten aller Theater zur so genannten »Spielzeit AG« zusammengeschlossen, um Synergieeffekte zu nutzen und ihre PR-Arbeit an bestimmten Stellen zu potenzieren. So geben sie in Kooperation mit einer großen Zeitung eine gemeinsame monatliche Beilage heraus, erstellen und hängen ein gemeinsames Bühnenplakat, verhandeln Mengenrabatte mit Flyer- und Plakatverteilerfirmen und führen gemeinsame Events durch.

Zu fragen ist also: Wer lässt sich als sachverständiger Fürsprecher gewinnen, wer ist mit ähnlichen Themen befasst, mit welchen Personen und Einrichtungen gibt es gemeinsame Interessen?

Potenzielle Besucher und Nutzer, Publikum

Die Kulturnutzer sind die größte und wichtigste Adressatengruppe, für sie werden die Kulturprogramme gemacht. Für jede Kunstform, und sei sie noch so avantgardistisch, gibt es ein Potenzial von Interessenten, und es geht in der PR darum, dieses sehr gezielt zu mobilisieren.

Zu analysieren ist: Wen genau möchten wir im Sinne unserer Zielsetzung mit unseren Programmen erreichen? Wer ist also unser Ideal-Publikum und was wissen wir darüber? Welche Motive hat es für den Besuch? Worin bestehen die Unterschiede zwischen unserem tatsächlichen und unserem idealen Publikum? Wodurch lassen sich diese Unterschiede erklären? Auf welchem Wege informiert sich unser aktuelles und unser potenzielles Publikum über Kultur- und Freizeitangebote?

Nur mit Hilfe dieser Informationen lassen sich die gewünschten Nutzer gezielt ansprechen und z.B. Werbematerialien sinnvoll verteilen.

Grundsätzlich können folgende Kriterien herangezogen werden, um Publikum zu segmentieren:

- Soziodemografische Kriterien: Alter, Geschlecht, Einkommen, Bildung;
- Geografische Kriterien: Stadt/Stadtteil/Bezirk;
- Lebensstil-/Milieugruppen (als Anregung können die Sinus-Milieus dienen);
- Kultur-Verhalten (wer kommt zu welchen Gelegenheiten, wann und warum, unter welchen Umständen, wie gut ist er vorbereitet, wie oft kommt jemand);
- Informationsverhalten.

Je mehr Hintergrundwissen über die verschiedenen Besucher- und Nicht-Besuchergruppen, ihre Motive und ihr Informationsverhalten besteht, desto gezielter können die Mittel der PR eingesetzt werden. Wie sich Besucherforschungen durchführen lassen, wird im Unterkapitel Evaluation dargestellt.

Bei all ihren Mobilisierungsmaßnahmen sollte in der PR-Arbeit berücksichtigt werden, dass es sich bei einem größeren Teil des Publikums nicht um eine fachspezifisch interessierte Öffentlichkeit handelt, die aus intrinsischer Motivation, aus ausschließlichem Interesse für eine spezielle Kunstproduktion kommt. Vielmehr zeigen die eingangs zitierten Studien, dass der Kulturbesuch mit einer Vielzahl anderer Motive verknüpft sein kann, die in der Ansprache durch die PR mit berücksichtigt werden sollten. Diese reichen vom Interesse am jeweiligen Stoff, am Genre, an einem spezifischen Regisseur oder Schauspieler über Sympathie für den Aufführungsort oder einfach der Lust am Ausgehen mit Freunden bis hin zum Gefühl, dass man aus Prestigegründen bei einem Kulturereignis nicht fehlen darf.

Zu fragen ist also: Welche Anknüpfungspunkte gibt es zwischen den Interessen und der Alltagswelt der Zielgruppen und den angebotenen Programmen? Was könnte Menschen an unseren Programmen besonders interessieren? Aber auch: Welche Vorurteile könnten Menschen gegenüber unserer Kultureinrichtung haben? Was könnte sie vom Besuch abhalten? Wie können wir diese Vorbehalte gezielt entkräften?

Stammpublikum und Freundeskreise

Menschen, die sich einer Einrichtung fest verbunden fühlen, werden immer seltener. Laut diverser Umfragen sind die Kulturnutzer zunehmend unbeständiger geworden, wechseln zwischen E und U, Kultur und Sport, kündigen ihre Abonnements, buchen immer kurzfristiger. Umso mehr sollte man Stammnutzer pflegen. Ein breites Stammpublikum trägt auf vielfache Weise zur Auslastung und zur Mundpropaganda bei. Es identifiziert sich mit der eigenen

Einrichtung über eine einzelne Produktion hinaus. Stammbesucher fühlen sich dazugehörig, sind wichtige Multiplikatoren und eher als andere bereit, über eine einzelne »missglückte« Produktion hinwegzusehen. Ziel muss es darum sein, diese Gruppe in ihrem Zugehörigkeitsgefühl zu bestätigen und sie möglichst zu erweitern.

Zum potenziellen Stammpublikum gehören diejenigen, die ihre Adresse mitgeteilt haben, um regelmäßig über die Programme informiert zu werden. Diesen kann beispielsweise gemeinsam mit dem regelmäßigen Versand eines Programm-Flyers ein Brief geschickt werden, der über aktuelle Ereignisse, Diskussionen, Hintergründe der Einrichtung und der Programme informiert und sie persönlich anspricht. Erfahrungsgemäß wird damit die Verbindlichkeit der Beziehung und die Identifikation gesteigert und die Chance deutlich erhöht, dass Flyer auch gelesen und Programme besucht werden. Menschen möchten gerne dazugehören, ohne sich gleich fest verpflichten zu müssen. Die Bindung von Stammpublikum etwa in Form einer Kundenkarte, die Zusatznutzen zur Eintrittskarte bietet, ist ein weiteres Instrument. Auch die Einrichtung spezieller Clubs und Mitgliedschaften bietet sich an, die neben dem Besuch der Programme weitere Aktivitäten beinhalten, z.B. Diskussionen und Workshops, wie sie etwa der Kunstgesprächskreis für Senioren und der Art Club für junge Nutzer des Kunstmuseums Wolfsburg bieten.

Sollen regelmäßige Besucher noch enger an eine Kulturinstitution gebunden werden, lassen sich Freundeskreise und Förderkreise etablieren. Menschen, die sich hier engagieren, sind bereit, für eine Einrichtung regelmäßig Geld zu spenden oder aber ehrenamtliche Dienstleistungen zu erbringen, die u.a. auch in der Öffentlichkeitsarbeit liegen können. Im Gegenzug erwarten Mitglieder von Freundes- und Förderkreisen spezielle Benefits und/oder eine besonders enge Einbindung in die Institution. Hier hat PR die Aufgabe, die Mitglieder regelmäßig und bevorzugt über zukünftige Aktivitäten und Entwicklungen zu informieren, zu allen Premieren und Partys einzuladen und darüber hinaus eigene Veranstaltungen für die Fördermitglieder zu entwickeln, wie Hintergrundgespräche mit Intendanten und Künstlern, Sonderführungen durch Ausstellungsmacher etc. Wie eine Untersuchung des Kulturkreises der Deutschen Wirtschaft im BDI von 2006 zu Förderkreisen zeigt, haben Mitglieder von Freundeskreisen, neben der Wahrnehmung dieser exklusiven Benefits, ein zunehmendes Interesse daran, sich sinnvoll zu engagieren und Mit-Verantwortung zu übernehmen für »ihre« Einrichtung (vgl. www.freundeskreise-kultur.de). Dementsprechend sollten Kultureinrichtungen ihre Fördermitglieder ernst nehmen als Ratgeber und Unterstützer.

Um überhaupt Fördermitglieder zu gewinnen, bedarf es neben ansprechenden schriftlichen Informationen über die Vorzüge einer Mitgliedschaft vor allem persönlicher Gespräche mit besonders interessierten Nutzern, Multiplikatoren, VIPs. Hier gilt es bei Premierenfeiern, Ausstellungseröffnungen etc. ein offenes Ohr zu haben, um potenziell Engagierte wahrzunehmen und zu überzeugen.

Aufbau und Pflege von Verteilern

Um all die verschiedenen Teilöffentlichkeiten und Publikumsgruppen gezielt ansprechen zu können, bedarf es eines differenzierten Verteilersystems mit aussagekräftigen Datenbanken. Grundlage ist ein leistungsstarkes Computerprogramm für die Adressverwaltung.

Zwar sollten möglichst viele Mitarbeiter an der Recherche der Adressen beteiligt sein, weil jeder andere Kontakte beitragen kann. Für die laufende Aktualisierung der Verteiler und die Eingabe in den Computer muss jedoch eine Person verantwortlich sein. Dabei sollten nicht nur Adressen notiert werden, sondern zusätzliche Informationen über die Art des Kontakts: Zu welcher Zielgruppe bzw. Teilöffentlichkeit gehört die Person, an welchen Programmen bzw. Informationen ist sie besonders interessiert, wann gab es zuletzt einen persönlichen Kontakt etc.? Auf diese Weise erhält man eine aussagekräftige Datenbank und kann gezielt Kontakt aufnehmen.

Wie kommt man an die Adressen potenziell interessierter Förder und Publikum heran, wenn man ganz am Anfang der PR-Arbeit steht und Verteiler neu aufbauen muss?

Namen und Adressen von Politikern, Prominenten, Firmen, Multiplikatoren, anderen Kulturinstitutionen etc. lassen sich leicht per Internet und Telefon recherchieren. Diese Adressdatei wird dann durch neu hinzukommende Kontakte und Ansprechpartner fortlaufend erweitert.

Ein eigener Publikumsverteiler kann erst nach und nach aufgebaut werden, indem man etwa bei jeder Veranstaltung ein Buch auslegt, in das alle an Informationen Interessierte ihre Adresse einschließlich E-Mail eingeben können. Auch Aktionen wie etwa ein Preisausschreiben können zu vielen neuen Adressen führen, und natürlich können auch private Kontaktadressen der Mitarbeiter in den Verteiler aufgenommen werden. Inzwischen gibt es Direktmailing-Firmen, die Adressen verkaufen, doch diese dürften für Kulturinstitutionen in der Regel zu teuer sein, zumal kein gekaufter Verteiler den selbst erarbeiteten ersetzen kann. Mit Glück und guten Kontakten erhält man von einer artverwandten Institution oder z.B. dem städtischen Kulturamt einen Basispublikumsverteiler, der den Grundstock bilden kann für die eigene Recherchearbeit.

Database-Management

Wichtige zusätzliche Informationen über das Publikum werden hauptsächlich über die (Vorverkaufs-)Kassen gesammelt, die sämtliche Daten über einen Kartenkäufer sofort in ein aussagefähiges Datensystem eingeben sollten. Database-Management-Programme ermöglichen es, Daten von Kulturnachfragern auszuwerten, so dass eine Institution daraus sowohl allgemeine Erkenntnisse über ihre Nutzer ziehen kann wie auch Informationen über Programmvorlieben einzelner Nachfrager, die dann spezifisch informiert werden können.

Ein effizientes Database-Management ist die Grundlage für ein strategisches Kulturmarketing, das von der sehr genauen Segmentierung seiner Zielgruppen und deren Ansprache gemäß ihrer spezifischen Bedürfnisse abhängt. Database-Management geht über die Sammlung von Namen und Adressen hinaus. Grundlage sind differenzierte Informationen über Herkunft und Verhalten von Kulturnutzern, die nach Grunddaten, Reaktionsdaten und Aktionsdaten sortiert werden.

- Grunddaten sind z.B.: Name, Adresse, Bezirk des Wohnortes, Geschlecht, Alter, Familienstand, Beruf;
- Reaktionsdaten sind z.B.: verhaltensorientierte Merkmale wie Zeitpunkt der Buchung, Häufigkeit der Buchung, gebuchte Preiskategorien, Abonnement, Beschwerden oder Lob;
- Aktionsdaten sind: sämtliche von der Kultureinrichtung an den Adressaten gerichtete Aktivitäten wie Flyerversand, Einladungsbrief zur Premiere, Telefonat, um auf Beschwerde zu reagieren.

Die gesammelten Daten können nach verschiedenen Gesichtspunkten sortiert und ausgewertet werden, etwa um unterschiedliche Besucherprofile zu beschreiben. Diese Profile können für die Entwicklung zielgruppenspezifischer Programme und zielgruppenspezifischer Kommunikation genutzt werden, wie etwa die Erstellung eines spezifischen Angebotpakets für speziell an internationalen Gastspielen Interessierte, ein Rabattsystem für jüngere »Vielbesucher« oder das Angebot eines Premieren-Abos für diejenigen, die bevorzugt an Premieren als gesellschaftlichem Ereignis teilnehmen. Ablesen lässt sich an solchen Daten zum Beispiel auch, wann die Nutzer bevorzugt buchen und ob sich die PR dementsprechend eher auf den langfristigen Vorverkauf oder aber auf Last-Minute-Werbung konzentrieren soll.

Ein Database-Management ist die Grundlage für das so genannte **Direktmarketing**, das seit einigen Jahren in der Kommunikationsbranche als die effizienteste Form der Ansprache propagiert wird. Direktmarketing meint, dass es keinen Mittler zwischen einer Organisation und einem Kunden gibt, sondern diese in direkten Kontakt zueinander treten. Direktmarketing hat das Ziel, eine langfristige Beziehung zwischen Organisation und Kunden aufzubauen, indem es den Kunden bzw. das Publikum nicht als »Masse«, sondern als Individuum anspricht, auf spezifische Wünsche und Bedürfnisse eingeht und Reaktionen des einzelnen Nutzers in sein Handeln einbezieht.

3 Massnahmen-, Zeit- und Budgetplanung

PR verfügt über vielfältigste Instrumente, mit denen Kommunikationsprozesse angestoßen und in Gang gehalten werden können. Ihre Auswahl orientiert sich jedoch nicht nur an Zielen und Zielgruppen, sondern auch an der finanziellen wie personellen Ausstattung einer PR-Abteilung. Da Kultureinrichtungen meistens mit einem äußerst knappen PR- und Webebudget arbeiten, ist es notwendig, Maßnahmen auf das Wesentliche zu konzentrieren. Welche Maßnahmen prioritär sind, ergeben sich aus der PR-Strategie.

Ist die grundlegende Vorgehensweise klar, so können, entsprechend dem vorhandenen finanziellen Budget, die einzelnen Maßnahmen entwickelt und in einen zeitlichen Rahmen gebracht werden. Zu unterscheiden ist dabei in immer wiederkehrende Maßnahmen wie etwa die Erstellung und den Vertrieb eines monatlichen Programmflyers oder den regelmäßigen Versand eines Presse-Newsletters auf der einen Seite und zeitlich befristeten Aktionen und Kampagnen etwa für eine Sonderausstellung oder ein Festival auf der anderen Seite. Neben der Durchführung der Standardmaßnahmen, die die Kontinuität garantieren, sollte für jede neue Produktion bzw. Projekt neu überlegt werden, welche Maßnahmen dem inhaltlichen und ästhetisch-künstlerischen Charakter entsprechen, welche zusätzlichen Zielgruppen sich speziell für dieses Projekt interessieren könnten, wie diese erreicht werden, welche neuen Kooperationspartner und Multiplikatoren sich für bestimmte Inhalte anbieten. Hat man etwa Künstler aus Italien in seinem Programm, so ist eine Kooperation mit dem italienischen Kulturinstitut und der Botschaft denkbar, ebenso wie mit italienischen Restaurants, wo Programmankündigungen und Plakate ausgelegt werden könnten. Im Gegenzug werden die Betreiber zur Vorstellung/künstlerischen Präsentation eingeladen, womit man zugleich neues Publikum für sich gewinnen kann. Für eine Popliteratur-Lesereihe oder für eine Pop-Art-Kunstausstellung ist die Kooperation mit Nachtclubs denkbar, wie etwa das Beispiel des Kunstmuseums Wolfsburg zeigt. Um bei einer breiten Bevölkerung für ein großes Festival zu werben, könnte man die Geschäftshäuser einer Stadt bitten, ihre Schaufenster mit Motiven des Festivals zu gestalten. Um auf das Programm einer Jugendkunstschule aufmerksam zu machen, könnte diese Kunst-Mitmach-Aktionen im Rahmen von Schulfesten anbieten.

Das größte Problem in der PR vieler Kulturinstitutionen besteht darin, dass die Arbeit in Routine erstarrt. Methoden und Mittel, die einmal für gut befunden wurden, werden fraglos immer weiter angewandt. PR ist aber ein dynamischer Prozess, der ständig auf sich ändernde Rahmenbedingungen und neue künstlerische Programme reagieren muss. Hilfreich und anregend beim Entwickeln unkonventioneller Ideen kann es sein, Künstler einer Einrichtung in die Konzeption einzubeziehen.

Zeitplanung

Erfolgreiche PR hat viel mit Dramaturgie und dem richtigen Timing zu tun. Für jedes Thema, das öffentliche Aufmerksamkeit erreichen soll, muss man den richtigen Zeitpunkt finden: Ein Zeitpunkt, zu dem sich aktuelle thematische Anknüpfungspunkte bieten oder in dem es wenig Konkurrenz durch andere Ereignisse gibt. So würde es sich etwa anbieten, Aufmerksamkeit für ein Projekt kultureller Bildung zu erzielen, indem man es in den Kontext über aktuelle Diskussionen zu Bildungsreformen stellt. Ungünstig wäre es z.B., einen neuen Film über ein politisches Thema gerade dann bekannt zu machen, wenn eine Woche vorher ein anderer Film mit einem vergleichbaren Thema deutschlandweite Aufmerksamkeit erfahren hat – es sei denn, hier lassen sich gezielt Synergieeffekte herstellen. Viele, auch eher unspektakuläre Themen lassen sich im »Sommerloch« lancieren.

Timing meint auch, die richtigen Abstände zu finden, in denen Informationen gesendet werden. Soll das Interesse über einen längeren Zeitraum aufrecht erhalten werden, müssen Informationen wohl dosiert werden, soll ein eindeutiger Höhepunkt markiert werden, so muss in kurzer Zeit ein »Feuerwerk« an Presseinformationen und anderen Werbemitteln gestartet werden. Ein Zeitplan muss eine Vielzahl von thematischen, genrespezifischen, medienimmanenten und aktuellen gesamtgesellschaftlichen Bedingungen berücksichtigen.

Zeit- und Aktionsplaner einrichten

Damit keine der vielen einzelnen Maßnahmen und Aufgaben untergeht, sollte man im Computer einen für alle PR-Mitarbeiter zugänglichen Terminkalender einrichten, der mit der Maßnahmenplanung gekoppelt ist. Das ist besonders wichtig für die vielen Routineaufgaben, die termingenaues Arbeiten erfordern, wie etwa das regelmäßige Beschicken von Kultur- und Serviceredaktionen mit dem Veranstaltungskalender. Ein gutes Zeitmanagement ist eines der Erfolgsgeheimnisse wirksamer PR. Wenn etwa sämtliche Redaktionen zuverlässig zu ihrem Redaktionsschluss mit Informationen und Materialien beliefert werden, wenn Drucktermine eingehalten werden und Programmflyer jeden Monat zum gleichen Termin erscheinen, wenn alle Künstler ohne Nachfrage einen Pressespiegel erhalten, werden unnötige Reibungsverluste vermieden und es bleibt Energie für die kreativen Aufgaben.

Eine genaue Zeitplanung mit klaren Zuständigkeiten kann auch unnötige Kosten sparen, die man ansonsten für Boten in letzter Minute, für zusätzliche Anzeigen auf Grund von verpassten Redaktionsschlüssen oder zu spät ausgelieferten Flyern ausgeben müsste.

Neben einem Terminplaner empfiehlt sich ein Archivierungssystem im Computer, das ein rasches Finden von bereits gespeicherten Texten, Daten, Anzeigenvorlagen etc. ermöglicht.

Budgetplanung

PR kostet in jedem Fall Geld. Selbst wenn auf teure Werbemaßnahmen grundsätzlich verzichtet wird, wird es mindestens einen Programmflyer oder eine Website geben müssen, die über das Programm einer Einrichtung informiert, denn Kulturnutzer sind anspruchsvoller geworden und setzen solche grundlegenden Serviceleistungen voraus.

Wie viel Geld sollte man für die PR einplanen? Der Mitteleinsatz orientiert sich natürlich am insgesamt zur Verfügung stehenden Etat einer Einrichtung. Als Maßgabe werden Zahlen von fünf bis zehn Prozent des Gesamtbudgets genannt, das für die PR vorhanden sein sollte. Einen anderen Ausgabeschlüssel empfiehlt die so genannte »advertising to sales ratio«, das heißt, dass man die Ausgaben in das Verhältnis zu den voraussichtlichen Einnahmen setzt. Dabei sollten die PR Ausgaben ca. 12-15 Prozent der Einnahmen betragen (vgl. Hill/O'Sullivan 1995: 183).

Im Prinzip ist jedoch eine standardisierte Antwort auf die Frage nach dem idealen Etat nicht möglich. Ein großer Musicalkonzern, der auf sehr langfristigen Vorverkauf und überregionale Musicaltouristen als Besucher angewiesen ist, kommt ohne Fernseh- und Kinospots sowie bundesweite Plakatierung kaum aus. Er wird also einen erheblichen Teil seines Budgets in Werbung investieren müssen, um eine möglichst hohe Anzahl verkaufter Karten zu erreichen, von denen die gesamte Finanzierung abhängt. Eine traditionelle Hochkulturinstitution wie die Berliner Philharmoniker, die allein 75 Prozent ihrer Plätze fest über Abonnementen vergeben haben, ist dagegen kaum auf Werbung angewiesen.

Bestehen Unsicherheiten wie hoch der Etat zu veranschlagen ist, empfiehlt es sich, bei vergleichbaren Institutionen nachzufragen.

4 Herstellung und Vertrieb von PR- und Werbemitteln

PR-Mittel wie Imagebroschüren oder Flyer wenden sich nicht nur an potenzielles Publikum, sondern zusätzlich an andere Teilöffentlichkeiten, die sich aus unterschiedlichen Motiven für eine Kultureinrichtung interessieren und informiert werden sollen. Klassische Werbemittel wie etwa Anzeigen oder Trailer versuchen, zukünftige Kunden zum Kauf eines Kulturprodukts zu bewegen. Während Werbung möglichst einfach, knapp und pointiert beschaffen sein muss u.a. weil sie nur über begrenzten Raum verfügt, können PR-Mittel ausführlicher darstellen und umfassendere Informationen bieten.

Zwischen PR und Werbung lässt sich im Kulturbereich keine klare Trennlinie ziehen, denn jede Anzeige und jedes Plakat für eine bestimmte Veranstaltungsreihe ist zugleich Imagewerbung für die Kultureinrichtung als Ganzes, ein Flyer informiert zum einen über das inhaltliche Profil einer Einrichtung und wirbt zugleich ganz konkret für bestimmte Veranstaltungen um sein Publikum.

»Die Hälfte meiner Werbebotschaften ist zum Fenster herausgeschmissen – wenn ich nur wüsste, welche Hälfte!«, so benannte bereits Henry Ford das Problem mit der Werbung. Inzwischen geht man davon aus, dass nicht nur die Hälfte, sondern gut 90 Prozent der Werbemittel, die etwa in Form anonymer Hauswurfsendungen ankommen, unbesehen auf dem Müll landen.

Nach den Ergebnissen einer Expertenbefragung kommt ein Durchschnittskonsument in Deutschland pro Tag auf ca. 6000 Werbekontakte (vgl. www.imk.de). Das führt dazu, dass Informationen flüchtiger, bruchstückhafter, mit sehr viel weniger Beteiligung aufgenommen, wenn nicht sogar vollständig ignoriert werden. Der Rezipient hat gelernt, zu überhören, zu überblättern, zu übersehen, was ihn nicht interessiert. Umso höher werden die Ansprüche an die Originalität von Werbung und ihr Vermögen, den »Nerv« und das Lebensgefühl einer Zielgruppe zu treffen.

Ein komplexes Produkt wie Kunst und Kultur ist in der Regel für einen beschränkten Markt bestimmt. Je komplizierter das Produkt ist, umso gezielter, das heißt, inhaltlich wie formal auf bestimmte Zielgruppen zugeschnitten, müssen Werbung und PR sein. Insofern ist es wichtig, sich in der Erstellung und dem Vertrieb eigener Werbe- und PR-Mittel nicht zu »verzetteln«, sondern diese sehr genau im Sinne der Kommunikationsstrategie einzusetzen und sich, wann immer möglich, direkt an die relevanten Gruppen zu wenden. Das kann etwa bedeuten, dass es sinnvoller ist, statt in Tageszeitungen zu inserieren und Plakate in der ganzen Stadt zu verteilen, das Werbebudget in eine einzige Anzeige in einer Fachzeitschrift oder in ein Anschreiben an einen gezielten Interessentenkreis zu investieren.

Welche und wie viele PR- und Werbemittel braucht man, um seine relevanten Öffentlichkeiten und Zielgruppen gut zu informieren und professionell für sich zu werben?

Auch auf diese Frage gibt es natürlich keine Standardantwort, denn der Einsatz der Mittel ist abhängig von der Art der Kulturveranstaltung, den Zielgruppen und ihrem Informationsverhalten. Folgende PR- und Werbemittel werden sehr häufig in Kulturinstitutionen eingesetzt:

PR-orientierte Mittel mit einer informierenden und vermittelnden Funktion:

- Website
- Selbstdarstellung/Imagebroschüre
- Programm-Flyer
- Programmhefte/Kataloge
- Einladungskarten
- Eintrittskarten

Werbemittel, die vor allem der direkten Verkaufsförderung dienen:

- Plakate
- Postkarten
- Anzeigen
- Give-aways/Merchandising-Artikel

Entsprechend der so genannten AIDA-Formel, die bereits 1925 von E.K. Strong, einem der ersten Werbeexperten in den USA, entwickelt wurde, sollten Werbemittel so gestaltet werden, dass sie möglichst sämtliche der folgenden Ebenen der Ansprache erfüllen:

- Attention – Aufmerksamkeit
- Interest – Interesse
- Desire – Wunsch/Begehren
- Action – Handlung

Im Falle etwa einer Anzeige würden diese Stadien durch folgende Elemente berücksichtigt: Eine verblüffende Überschrift erregt die Aufmerksamkeit. Ein spannendes Foto interessiert für die weitere Beschäftigung. Der Anzeigentext befriedigt die dadurch entstandene Neugierde und erklärt, worum es geht und löst im besten Falle den Wunsch aus, dieses Produkt besitzen bzw. bei dieser Veranstaltung dabei sein zu wollen. Ein Coupon, eine Telefonnummer, eine Internetadresse sorgen dafür, dass der Wunsch sofort in die Tat umgesetzt werden kann.

Befragt danach, was für ihn Qualität in der Werbung ausmacht, benannte Othmar Severin, einer der Begründer des renommierten Art Director's Club folgende Kriterien: »Zeigt die Werbung die Relevanz des Produktes für die Käufer? Ist sie verblüffend und aufmerksamkeitsstark? Sind die Texte gut geschrieben? Lässt sich eine Kommunikationsidee identifizieren? Ist die Werbung kreativ im Sinne der Abweichung?« (Severin 2001: 25)

Kreative Werbung ist demnach gekennzeichnet durch die Abweichung von der Norm bei gleichzeitiger Erkennbarkeit eines kommunikativen Sinns, einer klaren Werbebotschaft. Werbung soll überraschen, witzig sein, mit Paradoxien spielen, sie soll verblüffen, soll Spaß machen. Im Textbereich arbeitet Werbung meistens mit kurzen Texten bzw. Slogans, die ein ganzes Paket von Assoziationen transportieren.

Noch wichtiger als Texte sind Bilder in der Werbung. Bilder haben für die Kommunikationswirkung eine zentrale Bedeutung. »Die emotionalen Reize der Wirklichkeit werden in der menschlichen Vorstellungswelt durch innere Bilder direkter und wirksamer repräsentiert als durch sprachliche Vorstellungen. Wer Gefühle vermitteln will, ist deswegen in erster Linie auf eindrucksstarke Bilder angewiesen [...] Bilder sind schnelle Schüsse ins Gehirn.« (Kroeber-Riel 2001: 115/117)

Bilder aktivieren im Allgemeinen stärker als Sprache, denn sie werden schneller aufgenommen und verarbeitet, sie sind assoziationsreicher. Bilder unterlaufen die gedankliche Kontrolle, sie sind glaubwürdiger und eignen sich besser zur Vermittlung emotionaler Eindrücke

Im Sinne der Einprägsamkeit des visuellen Erscheinungsbildes, des Corporate Designs einer Institution oder Produktion, ist es sinnvoll, Plakate, Postkarten sowie Anzeigen mit dem gleichen Grundlayout, Logo und Leit-Claim zu versehen.

In der Kombination von Texten und Bildern, die überraschen, ungewöhnliche Perspektiven zeigen, evtl. ironisch mit Kulturkonventionen spielen, die Spaß machen, zum Nachdenken anregen, kann Kultur-Werbung auf ihren Gegenstand Kunst vorbereiten.

Schreiben über Kunst und Kultur

Aussagekräftige Texte werden in der PR für die verschiedensten Anlässe gebraucht. Es beginnt mit informativen, unverwechselbaren Selbstdarstellungen, die das Profil einer Einrichtung darstellen, geht weiter mit prägnanten Kurztexten und Slogans für Plakate, Anzeigen und Postkarten, werbenden, anregenden und Erwartungen lenkenden Texten für Programmflyer, ausführlichen, inhaltlich in die Tiefe gehenden Texten für Programmbücher oder Kataloge bis zu Mitteilungen für die Presse, die sich an den Bedürfnissen und der Arbeitsweise von Journalisten orientieren müssen. Der Schreibstil und die Botschaften sollten immer mit der Corporate Identity der Institution übereinstimmen.

PR-Texte über Kunst und Kultur müssen auf motivierende Weise darstellen, was den Rezipienten ungefähr erwartet. Nur so können Besucher vor Enttäuschungen bewahrt werden, die durch falsche Erwartungshaltungen entstehen. Ankündigungstexte sollten künstlerische Produktionen sowohl in Kunstkontexte einordnen wie auch atmosphärisch einen ersten Einblick geben. Sie sollten einen Überblick schaffen über das Angebot einer Kulturinstitution und zugleich zum Besuch motivieren.

Besonders bei neuen Kunstformen, von denen die Öffentlichkeit noch keine Vorstellungen hat, stellen Ankündigungstexte eine große Herausforderung dar. Ein Grund dafür, warum sich Kulturbesucher meist eher für Vertrautes entscheiden (für die »Zauberflöte«, für Kunstwerke von Dalí und van Gogh oder für Ibsens »Nora«) statt für neue Kunstproduktionen, besteht darin, dass sie hier das Gefühl haben, zu wissen, worum es geht. Dem potenziellen Besucher müssen deshalb gerade bei unvertrauten Produktionen möglichst viele Informationen und Anknüpfungspunkte geboten und gute Gründe für eine positive Entscheidung bereitgestellt werden.

Grundsätzlich gilt für die Sprache in der PR: informativ, klar, verständlich, einfach, präzise, knapp. Wenn es jedoch darum geht, künstlerische Produktionen über Sprache zu vermitteln, muss noch mehr hinzukommen. Schreiben über Kunst zählt vermutlich zu den anspruchsvollsten Tätigkeiten in der PR und erfordert auf jeden Fall gute Kenntnisse des jeweiligen künstlerischen Genres und Einfühlungsvermögen in künstlerische Prozesse.

Für das nie ganz in Worte zu fassende von Kunst muss eine verständliche und zugleich dem Gegenstand angemessene Sprache gefunden bzw. »erfunden« werden. Neben Sachinformationen über eine künstlerische Produktion ist auch die »Atmosphäre« eines Textes, die der Kunstform entsprechen sollte, von Bedeutung für seine Wirkung. Für ein Kabarettprogramm muss ein anderer Sprachduktus gewählt werden als für einen Text über zeitgenössisches Tanztheater oder einen Text über klassische Musik.

Ein guter Text, der dem potenziellen Publikum Orientierungs- und Entscheidungshilfe ist, sollte zwei Dimensionen haben:

1. Information

Die wesentlichen Fakten, Hintergründe über ein Projekt, ein Stück, eine Ausstellung, einen Autor, beteiligte Darsteller, Musiker sollten knapp, verständlich und logisch gegliedert dargestellt werden, wobei es legitim ist, dabei prominente Namen in den Vordergrund zu stellen, denn das ist für die meisten Besucher ein wichtiger Attraktionsfaktor. Generell gilt es, für verschiedene Interessen Anknüpfungspunkte zu schaffen. Während für den einen die beteiligten Künstler/Schauspieler entscheidend für einen Besuch sind, ist es für den anderen eine spezifische Ästhetik, für den dritten ist es das Thema einer Produktion. Im Sinne der Vermittlungsfunktion von PR sollten, wenn möglich, Zusammenhänge zu aktuellen gesellschaftlichen Themen aufgezeigt werden.

2. *Animation*

Eine weitere Aufgabe des Textes besteht darin, künstlerische Produktionen so zu beschreiben, dass Leser »Lust auf Kultur« bekommen. Dabei muss man Worte finden, die der ästhetischen Form einer Produktion angemessen sind, die einen Eindruck von einer besonderen Ausdrucks- oder Inszenierungsweise vermitteln, die beim Lesen etwas von dessen Atmosphäre transportieren und dennoch konkret und verständlich sind.

Wie aber kann ein solcher Text gelingen, wenn doch in vielen Fällen der PR-Redaktion das »Produkt« selbst kaum bekannt ist, weil Texte Wochen vor einer Premiere oder Eröffnung geschrieben werden müssen oder weil es sich um Gastproduktionen handelt, die oftmals erst am Tag ihrer ersten Aufführung anzusehen sind? Gibt es keine Möglichkeit, eine Produktion selbst zu erleben und unmittelbar zu (be-)schreiben, indem man etwa an Proben oder Werkstattbesuchen teilnimmt, muss der Stoff aus anderen Quellen erschlossen werden. Einen relativ direkten Einblick geben Filme, CDs und Kataloge der aktuellen oder auch vorangegangener Arbeiten.

Sehr hilfreich sind auch (telefonische) Gespräche mit den beteiligten Künstlern, in denen diese nach ihren zentralen Motiven, Inhalten und künstlerischen Vorgehensweisen befragt und um ein besonders prägnantes Zitat gebeten werden.

Eine sprachlich ebenfalls sehr anregende Informationsquelle sind frühere Presserezensionen. In ihnen sind nicht nur Hintergrundinformationen über eine (Gast-)Produktion bzw. frühere Produktionen enthalten, sondern auch konkrete atmosphärische Beschreibungen dessen, was die besondere Ästhetik einer künstlerischen Arbeit ausmacht, sowie übergreifende Einordnungen in den jeweiligen Kunstkontext. Hier lassen sich Bausteine für den eigenen Text finden, die jedoch immer der eigenen Überarbeitung bedürfen.

In vielen Institutionen liefern die künstlerisch Verantwortlichen wie etwa die Dramaturgen oder Kuratoren eine Textvorlage, die jedoch in der Regel nicht einfach übernommen werden kann. Im Unterschied etwa zum Produktionsdramaturgen verfügt der PR-Verantwortliche oftmals über mehr Distanz, um aus einem Text das herauszufiltern, was ein unvorbereiteter Leser braucht. Zudem sollten alle Texte eines Flyers einen einheitlichen Sprachduktus haben, statt ein Durcheinander von Sprachstilen und Textarten zu liefern, die den schnellen Leser verwirren und eher abschrecken.

Auf keinen Fall sollte ein Text mit Superlativen werben (»eine sensationelle Aufführung erwartet Sie«), ebenso wenig wie Allgemeinplätze darin vorkommen sollten (»unbeschreiblich gut«, »ein wunderbarer Abend«, »ein spannendes Stück«), denn diese sagen nichts und entzünden die Phantasie der Leser in keiner Weise. Vorsichtig sollte man auch im Umgang mit Metaphern sein, die schnell zu Sprachklischees werden können. »Die faszinierend frische Mischung aus atemberaubenden Luftkünsten, betörender Jonglage, keckem Ballett sowie spritziger Comedy zaubert Bilder voller Magie«, so wirbt ein Flyer für ein Berliner Varieté-Programm in einer wilden »Jonglage« aus Bildern, die zum einen verbraucht sind, zum anderen nicht so recht zusammenpassen. Hier bedarf es kreativer Schreibleistung, um wirklich treffende, die Individualität der künstlerischen Produktion einfangende, neue Bilder zu finden.

Eine wichtige Voraussetzung für gute Texte über Kunst ist die Lust am Spiel mit Sprache, die zugleich jedoch ihren Gegenstand im Auge behalten muss und sich nicht so weit von den gängigen Sprachnormen entfernen darf, dass sie unverständlich wird. Grundsätzlich sollte man nur über das schreiben, was man selbst begriffen hat. Gerade beim Schreiben über Kunst neigen viele dazu, tiefgründig klingende Formeln zu übernehmen, die sich bei genauerer Analyse als »heiße Luft« entpuppen und das potenzielle Publikum eher in seiner Annahme bestärken, dass es mit dieser Art von Kunst ohnehin nichts anzufangen wisse.

Hilfreich sind Pressezitate, um sie dem Text als Empfehlung hinzuzufügen. Hat eine Produktion oder ein Regisseur eine gute Bewertung in einem für die Zielgruppe möglichst relevanten, am besten überregionalen Medium erfahren, so ist dies eine wertvolle Ergänzung des eigenen Textes, die optisch deutlich getrennt vorangestellt oder angefügt werden kann. Es ist immer besser, andere für sich sprechen zu lassen als sich selbst zu loben.

Zusammenfassend sollten folgende Regeln beim Schreiben über Kunst beachtet werden:

- genau beobachten und hören, sich intensiv mit einer künstlerischen Arbeit beschäftigen, bevor man schreibt;
- konkret und spezifisch schreiben, worum es genau geht;
- kurze Sätze verwenden, den Text auf Wesentliches konzentrieren;
- bildlich schreiben;
- sich beim Schreiben sein Publikum vorstellen, von dessen vermutlichen Erwartungen, Unsicherheiten und Informationsbedarf ausgehen.

Sollten in einer PR-Abteilung weder das nötige Schreibtalent noch entsprechend Zeit und Ruhe vorhanden sein, kann man auch einen Kulturjournalisten damit beauftragen, Basistexte zu schreiben.

Die PR-und Werbemittel im Einzelnen

Selbstdarstellung/Imagebroschüren

Eine Imagebroschüre, die über die allgemeinen Ziele und Aufgaben und das besondere Profil einer Einrichtung informiert, ist bei einer neuen Kulturinstitution in der Regel das erste Printmittel, das erstellt wird. Dabei bedarf es keineswegs einer Hochglanzbroschüre – diese könnte im Gegenteil für bestimmte Einrichtungen wie etwa ein Soziokulturelles Zentrum sogar unglaubwürdig wirken – auch gut kopierte Blätter in einer zum Corporate Design passenden Mappe können ausreichen. Eine solche Selbstdarstellung ist auf jeden Fall erforderlich für Anfragen von Politikern, Sponsoren, Multiplikatoren und Medien. Auf wenigen Seiten sollten prägnant Ziele und programmatische Leitlinien sowie die Geschichte einer Institution dargestellt bzw. vorangegangene Projekte kurz skizziert, außerdem die Organisationsstrukturen und die Örtlichkeiten kurz vorgestellt werden, wenn möglich, visuell unterstützt durch Fotografien.

Die wichtigsten Inhalte einer Selbstdarstellung:

- Ziele und Programmschwerpunkte;
- Daten und Hintergründe zur Entstehungsgeschichte der Einrichtung und evtl. auch des Ortes/Gebäudes;
- Auflistung oder Kurzbeschreibung vorangegangener Projekte und Produktionen;
- Ausschnitte aus verschiedenen positiven Presserezensionen;
- Ansprechpartner der verschiedenen Zuständigkeitsbereiche mit Telefon/E-Mail.

Programm-Flyer

Flyer bzw. Kurzbroschüren, die das Kulturprogramm einer Einrichtung ankündigen, sind häufig das zentrale Printmittel der PR. Sie erscheinen bei Einrichtungen mit kontinuierlichen Programmen gemäß der Programmwechsel in festen zeitlichen Rhythmen. Wie lange vor dem Start eines neuen Programms ein Flyer gedruckt vorliegen sollte, hängt von dem Informations- und Buchungsverhalten der zentralen Zielgruppen ab. Bei einem großen Konzerthaus mit einem vorwiegend älteren Publikum wird der Vorverkauf bereits einige Wochen vor einem Konzert beginnen; in einem Musikclub für ein junges

Publikum werden viele spontan an die Abendkasse kommen. Grundsätzlich sollte ein Flyer so früh wie möglich vorliegen, weil damit die Chancen des Vorverkaufs steigen.

Für die Produktion eines Flyers sollten gut drei Wochen Zeit vor der Drucklegung eingeplant werden. Nachdem sämtliche Daten, Fakten, Hintergrundinformationen und Abbildungen vorliegen, müssen die Texte geschrieben und danach meist noch mit den künstlerisch Verantwortlichen besprochen werden. Sämtliche inhaltlichen Veränderungen sollten in diesem Stadium vorgenommen werden und nicht erst dann, wenn die Texte bereits layoutet sind. Auch die Grafik benötigt meistens mehrere Tage für die Gestaltung von Texten und Bildern. Danach sollten die gestalteten Texte von mehreren Personen Korrektur gelesen werden, da sich, besonders bei den Daten, leicht Fehler einschleichen können. Nachdem die letzten Korrekturen von der Grafik eingearbeitet wurden, geht die Vorlage in den Druck. Für den Druck ist eine weitere Woche Zeit einzuplanen bis die Flyer zur Auslieferung vorliegen. Bei der Zeitplanung ist zu berücksichtigen, dass es mehrere Korrekturphasen gibt und dass Texte oftmals noch von Verantwortlichen freigegeben werden müssen.

Folgende Kriterien sollten bei der Flyererstellung beachtet werden:

- Übersichtlichkeit;
- Handlichkeit, an DIN-Normen orientierte Größe, die sich auch für den Versand und die Verteilung in Flyerständern eignet;
- ausgewogenes Text-Bild-Verhältnis;
- verständliche Informationen über Inhalt und Ästhetik einer Produktion;
- vollständige Aufführungsdaten und -zeiten;
- Kalendarium für den schnellen Überblick;
- vollständige Serviceinformationen: Kassentelefonnummern, Kartenpreise, Vorverkaufszeiten, Adresse der Institution und öffentliche Verkehrsverbindungen, Internet-Adresse.

Eine Möglichkeit, Teile der Flyer-Produktionskosten zu refinanzieren, bieten Anzeigenkunden. Diese sollten möglichst in irgendeiner Weise zum Profil der eigenen Institution passen und bereit sein, ihre Anzeige dem Corporate Design des Flyers anzunähern, um ein visuelles Chaos zu vermeiden. Wenn es neben den zahlenden Anzeigenkunden auch noch Sponsoren und Medienpartner gibt, die Anzeigenraum beanspruchen, muss dieser ohnehin wohldosiert vergeben werden, damit die eigentlichen Informationen nicht in Werbung untergehen. Zu bedenken ist darüber hinaus, dass die Anzeigenakquise sehr zeitintensiv ist und in der Regel nicht »nebenbei« erledigt werden kann.

Flyer-Vertrieb
Eines der wirksamsten PR-Instrumente ist bei den meisten Kulturinstitutionen der postalische Direktversand von Flyern an einen Verteiler von Stammpublikum. Dieser Personenkreis könnte, wie bereits oben angesprochen, zusätzlich zum Flyer einen Brief erhalten, der sie über Aktuelles informiert und ihnen das Gefühl einer stärkeren Zugehörigkeit vermittelt.

Eine hinreichende Zahl von Flyern sollte an Vorverkaufskassen und andere Kulturinstitutionen oder öffentliche Einrichtungen zum Auslegen versandt werden. In einigen Kommunen gibt es von der Kulturbehörde organisierte, kostenlose Verteiler, über die Flyer an die unterschiedlichsten Einrichtungen regelmäßig verteilt werden.

Kostenintensiv, aber in großen Städten unvermeidbar, sind professionelle Verteilerfirmen, die Flyer in bestimmten Rhythmen in eigenen Ständern in Kneipen, Bars, Restaurants, touristischen Einrichtungen, Fitnessstudios, Hochschulen etc. auslegen. Da Kulturinteressierte in der Regel zu den besonders mobilen, ausgehfreudigen Gruppen gehören, erreicht man sie gut an öffentlichen Orten wie Bars und Restaurants. Die Verteilerfirmen differenzieren ihre Dienstleistung zunehmend aus und man kann meist zwischen mehreren, zielgruppenspezifisch zusammengestellten Verteilern wählen.

Publikumszeitschrift
Ein Kundenmagazin, das über die eigenen Programme, über Hintergründe der Institution und ihrer Künstler in journalistischer und unterhaltsamer Weise berichtet, ist ein attraktives, jedoch auch sehr zeit- und kostenintensives PR-Medium. Eine solche Zeitschrift werden sich in der Regel nur sehr große Institutionen mit einem entsprechend großen Publikums- und Leserkreis leisten können. Ein Magazin zeichnet sich dadurch aus, dass es grafisch attraktiv gestaltet und von vielen Abbildungen begleitet ist und dass es über reine Programmwerbung deutlich hinausgeht. Die Artikel sollen zugleich informieren und unterhalten, sie sollen weniger streng kunstbezogene Hintergründe vermitteln und viel mehr über Themen berichten, die zwar im Zusammenhang mit der eigenen Einrichtung stehen, jedoch darüber hinaus von allgemeinem Interesse sein könnten. Ein Kundenmagazin sollte unbedingt regelmäßig erscheinen, so dass es sich empfiehlt, dafür einen festen Redakteur zu bestimmen. Die Herstellung eines Kundenmagazins kann zum Teil über Anzeigen finanziert werden, da dieses ein attraktives Werbeumfeld bietet.

Programmhefte/Kataloge
Programmhefte und Kataloge werden zum einen als Erinnerung, als Souvenir an ein Kulturereignis genutzt, das umso länger aufbewahrt wird, je attraktiver es gestaltet ist. Zum anderen sind sie aber auch ein wichtiges Medium

zur Vermittlung von künstlerischen Programmen. Sie können Zuschauer und Besucher kurz vor Beginn einer Aufführung auf ein Stück einstimmen und vor allem im Nachhinein durch vertiefende Informationen zu besserem und nachhaltigerem Verständnis beitragen. Insofern ist es sinnvoll, die Redaktion von Programmheften und Katalogen nicht alleine den Produktionsdramaturgen oder Kuratoren zu überlassen, sondern sie als Vermittlungsaufgabe der PR wahrzunehmen. Auch wenn die Inhalte in erster Linie Aufgabe der Fachwissenschaftler sind, sollte die PR an der Ideenentwicklung und der Redaktion beteiligt sein.

Folgende Aspekte sollten bei der Konzeption von Programmheften aus Sicht der PR berücksichtigt werden:

- Bietet der Text dem Publikum Interpretationshilfen?
- Bietet er Aussagen von beteiligten Künstlern zum Produktionsprozess?
- Bietet der Text Hintergrundwissen über die künstlerische Arbeit und Hintergründe über die beteiligten Künstler?
- Welche Transfers zu aktuellen öffentlichen Diskussionen lassen sich herstellen, wo gibt es Anknüpfungspunkte zum Alltag der Besucher?
- Gibt es Möglichkeiten, den Leser etwa mit Fragen, Aufgaben, Spielanleitungen o.Ä. zur stärkeren Eigenbeteiligung anzuregen?
- Entspricht die ästhetische Gestaltung dem Thema der künstlerischen Produktion?
- Ist der Preis für Programmheft oder Katalog so bemessen, dass er viele Abnehmer finden wird, stimmt das Preis-Leistungs-Verhältnis, gemessen an Erfahrungswerten?

Einladungskarten

Da Einladungen zu Eröffnungen und Premieren ein wichtiges Kontaktmittel zu VIPs und Multiplikatoren sind, gehören auch Einladungskarten zum Repertoire der PR-Mittel. Sie sollten nur sehr knapp die Veranstaltung ankündigen und zum Eröffnungstermin einladen und darüber hinaus den Hinweis enthalten, für wie viele Personen die Einladung gilt und die Angabe, bis wann und wo sich die Eingeladenen zurückmelden sollen, um ihre Teilnahme zu bestätigen.

Die Gestaltung der Karte muss zum Corporate Design einer Institution oder des speziellen Anlasses passen. Bei Institutionen, die häufig zu Premieren einladen, empfiehlt sich eine Standardkarte, die nur einmal in hoher Auflage gedruckt werden muss und in die dann jeweils ein Einleger mit den aktuellen Einladungen gelegt werden kann.

Bei der Anzahl der Einladungen ist zu berücksichtigen, dass erfahrungsgemäß nur ca. 20 Prozent der Eingeladenen zusagen und meistens eine zweite

Begleitperson mitbringen werden. Wenn es sich um eine Veranstaltung mit limitierten Plätzen handelt, muss eine ausreichende Anzahl für diesen Personenkreis vorab reserviert werden.

Eintrittskarten

Eintrittskarten werden von allen Besuchern angesehen und sollten deshalb über ihre engere Funktion hinaus auch als PR-Mittel genutzt werden. Neben den notwendigen Fakten sollte auf ihnen das Logo und evtl. auch ein Slogan präsent sein. Eine Möglichkeit, die oftmals von Institutionen der Bildenden Kunst genutzt wird, ist die künstlerische Gestaltung der Eintrittskarte als eine Art Give-away, die dazu auffordert, die Karte als Souvenir aufzubewahren. Auf ihrer Rückseite bieten Eintrittskarten eine sehr wirkungsvolle Werbefläche, die nicht nur für die eigene Imagewerbung genutzt, sondern auch an Anzeigenkunden verkauft oder aber an Sponsoren und Medienpartner vergeben werden kann.

Plakate, Transparente

Obwohl die Wirksamkeit von Plakaten umstritten ist, gibt es kaum eine größere Veranstaltung ohne ein eigenes Plakat. Plakate gelten im Kulturbereich als ein wichtiger Imageträger. Weder Kulturproduzenten noch Geldgeber und Sponsoren wollen auf ein Plakat als öffentliche Demonstration ihres Engagements verzichten.

Plakate können Aufmerksamkeit erregen, neugierig machen, Präsenz zeigen, bereits informierte potenzielle Besucher mobilisieren. Sie reichen nicht als alleiniges Informations- und Werbemedium aus, sondern haben eher eine unterstützende Funktion. Sie können nur bedingt Inhalte vermitteln, denn sie enthalten nur minimale Textinformationen und wirken vor allem emotional über das Bild. Sie werden meist nur flüchtig wahrgenommen und müssen in einer hohen Dichte gehängt werden, um in der Bilderflut des öffentlichen Raums überhaupt aufzufallen. Auch Plakate können sowohl für die konkrete Programmwerbung wie auch für die Imagewerbung einer Institution eingesetzt werden.

Ein gutes Beispiel für eine ebenso umstrittene wie erfolgreiche Image-Plakatwerbung ist die von der Agentur Satchi&Satchi für das Londoner Victoria and Albert Museum gestaltete Kampagne: »Victoria and Albert Museum – An ace caff with quite a nice museum attached« – »Ein tolles Café mit einem recht netten Museum dabei« – so der Slogan der Plakate, der offensiv und ironisch mit dem »Nebennutzen« eines Kulturbesuchs spielt, der hier zum eigentlichen Kernnutzen erhoben wird. Diese Kampagne provozierte bewusst Kontroversen und sorgte damit für großes Aufsehen. Indem eine Kampagne zum »Stadtgespräch« wird, erhöht sich ihre Aufmerksamkeitswirkung erheblich, ohne dass dafür zusätzliche Budget-Mittel notwendig sind.

Besonders bei Werbemaßnahmen, bei denen nur wenig Raum für Erklärungen zur Verfügung steht, sind originelle und verblüffende Slogans, die eine Produktion oder eine Einrichtung in neuem Licht zeigen, von zentraler Bedeutung für die Wirkung.

Bei der grafischen Gestaltung eines Plakates sind folgende grundsätzliche Fragen zu berücksichtigen:

- Ist das Plakat auch unter erschwerten Wahrnehmungsbedingungen identifizierbar?
- Ist das Plakat lesbar, die Information für die Zielgruppe verständlich?
- Lässt das Plakat keine Verwechslung zu, ist es einer Institution zuzuordnen, ist das Logo enthalten?
- Hat das Plakat charakteristische und einprägsame Merkmale, so dass es vom Betrachter aus dem Gedächtnis beschrieben werden kann?

Vertrieb von Plakaten
Plakate werden als erstes im und am eigenen Haus gehängt. Bei herausgehobenen Veranstaltungen empfiehlt sich zusätzlich mit größeren **Bannern** außen an der Spielstätte zu werben. Gemeinsam mit dem Flyerversand sollten Plakate an alle Vorverkaufsstellen, Touristenbüros o.Ä. geschickt werden ebenso wie an andere Institutionen mit ähnlichen Zielgruppen, die bereit sind, die Plakate kostenlos zu hängen.

Um jedoch eine breitere Öffentlichkeit zu erreichen, müssen Plakate darüber hinaus durch spezielle Verteilerfirmen im öffentlichen Raum gehängt werden. Da wildes Plakatieren Ärger und Geldstrafen verursachen kann, empfiehlt sich hier, ebenso wie bei der Flyerverteilung, die Zusammenarbeit mit Verteilerfirmen.

Plakathängungen werden vor allem für folgende Orte angeboten:

- Litfasssäulen
- U-Bahnen
- Bauzäune
- Kneipen
- Geschäfte
- Kultur- und Bildungseinrichtungen

Dabei ist zu bedenken, dass die Kosten etwa für Kneipenhängungen erheblich unter denen für U-Bahnhängungen liegen, ebenso wie die Plakatierung an Bauzäunen preiswerter ist als an Litfasssäulen. Für welche Orte man sich entscheidet, hängt wiederum vom Wohnort sowie dem Mobilitäts- und Informationsverhalten der zentral anzusprechenden Zielgruppen ab und natürlich von der Höhe des Budgets.

Plakate können darüber hinaus auch als beleuchtetes **City Light Poster** erscheinen, als **Floor Grafics** mit einer speziellen Lasertechnik am Boden werben oder sogar mobil in Form von **Plakatierung von Transportmitteln** wie Taxen und Busse. Wenn für diese kostspielige Form der Plakatierung auf öffentlichen Verkehrsmitteln kein Budget vorhanden ist, lassen sich auch eigene PKWs oder Tourenbusse plakatieren.

Postkarten

Postkarten sind in gewisser Weise kleine Plakate für den individuellen Gebrauch, die über ihren Wert als Werbeträger hinaus auch einen konkreten Nutzwert für ihre Besitzer haben können. Ähnlich wie ein Plakat sind sie nicht nur ein Informationsmedium, sondern vor allem Assoziationsträger und Erinnerungshilfe. Auch sie können sowohl als Imagewerbung für die Institution wie auch für die Programmwerbung genutzt werden. Indem jemand die Postkarte an Freunde und Bekannte versendet, zeigt er seine Identifikation mit der Institution, ihren Programmen oder der implizierten Botschaft, die vielleicht eigene Befindlichkeiten eines Absenders auf den Punkt bringt. Dafür ist es wichtig, dass die Postkarte tatsächlich mehr als eine Programmwerbung ist. Am ehesten gelingt dies mit einem starken Bild, verknüpft mit einem originellen, sinnfälligen Slogan. Auf der Postkartenrückseite sollten nur die wichtigsten Daten einer Produktion, die Adresse und Telefonnummer des Veranstaltungsortes genannt werden, damit ausreichend freier Platz bleibt, sie als Postkarte zu nutzen.

Vertrieb von Postkarten

Postkarten können im eigenen Haus ausgelegt oder auch als Instrument der »Mundpropaganda« für das Publikum kostenlos verschickt werden. Sie können als Gruß der Institution (z.B. zu Weihnachten) an wichtige Zielgruppen gesendet oder dem Flyerversand beigelegt werden. Postkarten können aber auch über professionelle Firmen in eigens dafür in Kneipen aufgestellten Boxen verteilt werden. Meistens bieten diese Firmen zugleich auch den Druck der Postkarten an.

Anzeigen

Anzeigen in Printmedien sind zwar zumeist kostspielig, erreichen aber auf Grund ihres Vertriebs in einem Massenmedium potenziell die Gesamtleserschaft dieses Mediums und bieten im Gegensatz zu redaktioneller Vorberichterstattung eine Abdruckgarantie. Eine Anzeige hat gegenüber einem

Plakat den Vorteil, dass sie länger und gründlicher wahrgenommen werden kann, insbesondere dann, wenn sie nicht in einer Tageszeitung, sondern zum Beispiel in einem Veranstaltungsmagazin geschaltet wird. Im Idealfall würde man mit einer Anzeige auf der »U4«, also der Rückseite eines monatlich erscheinenden Veranstaltungsmagazins, für mehrwöchige Präsenz in den Wohnzimmern potenzieller Kulturnutzer sorgen. Es kann im Einzelfall durchaus sinnvoll sein, sämtliche verfügbaren finanziellen Mittel in die Anzeigenschaltung zu investieren und ganz auf Plakate zu verzichten, wenn dadurch ohne große Streuverluste die avisierte Zielgruppe am besten erreichbar scheint. Preisgünstiger sind so genannte »Stopper«, das sind kleine herausgehobene Textanzeigenblöcke auf den täglichen Terminkalenderseiten der Veranstaltungsmagazine. In den Tageszeitungen gibt es meist eine spezielle Seite für kleine Textanzeigen zu kulturellen Veranstaltungen.

Zu unterscheiden ist zwischen nicht gestalteten reinen Textanzeigen und gestalteten Bild-Text-Anzeigen, die von einer 16tel bis zu einer ganzen Seite reichen können. Reine Textanzeigen verwendet man eher für kurzfristige Ankündigungen, wie etwa, dass es für den Abend oder die nächsten Tage noch Karten gibt, während sich für langfristig vorankündigende Anzeigen, die über die Programmwerbung hinaus auch Imagewerbung für die Institution sein sollen, im Corporate Design gestaltete Anzeigen empfehlen.

Da für eine breit gestreute Werbung in den seltensten Fällen das Budget reicht, ist es wichtig, die bestmögliche Platzierung für die Werbebotschaft zu finden. Die Anzeigenplanung ist eine komplizierte Aufgabe, bei der genau überlegt werden muss, über welches Medium sich die zentrale Zielgruppe vor allem informiert; ob man lieber langfristig im Vorfeld schaltet, um den Vorverkauf anzukurbeln, oder eher kurzfristig, da die Zielgruppe eher zu den Spontanbesuchern gehört. Ist es sinnvoller, in eine halbseitige Anzeige in einem Stadtmagazin zu investieren oder lieber in mehrere kleine Anzeigen im Kulturkasten einer Tageszeitung, oder sollte man stattdessen nur eine Anzeige in einer Fachzeitschrift schalten? Grundlage für diese Entscheidung ist eine genaue Kenntnis der Leserprofile und Reichweiten der verschiedenen Medien. Die Medien versenden auf Nachfrage ihre Mediadaten, die auch die Preise für Anzeigen enthalten. Bei vielen Zeitungen und Zeitschriften gibt es übrigens auf diese Preise einen so genannten Kulturrabatt, der bis zu 25 Prozent unter dem Normalpreis liegen kann, es lohnt sich also auf jeden Fall zu verhandeln.

Neben Tageszeitungen, Veranstaltungsmagazinen und Fachzeitschriften können überregional agierende Kulturveranstalter bei der Auswahl von Anzeigenraum auch Publikumszeitschriften berücksichtigen. Dabei ist die richtige Platzierung in einem thematisch verwandten redaktionellen Umfeld von entscheidender Bedeutung für die Aufmerksamkeitswirkung einer Anzeige. Erweist sich ein bestimmtes Medium als besonders geeignet, um die eigenen

Zielgruppen zu erreichen, so ist es bei regelmäßiger Anzeigenschaltung sinnvoll, diese immer an der gleichen Stelle zu platzieren. Dadurch wird dem Leser und Interessenten die Zugänglichkeit erleichtert; er weiß, an welcher Stelle er Veranstaltungshinweise über eine bestimmte Institution finden kann.

Das zeitaufwändige Geschäft der Anzeigenschaltung und -überwachung kann an eine Grafik- oder Werbeagentur abgegeben werden, ohne dass dadurch Mehrkosten entstehen. Agenturen erhalten in der Regel von den Printmedien, in denen sie Anzeigen schalten, einen Agenturrabatt, der Kultureinrichtungen nicht eingeräumt wird. Die Agentur kann dann ihre Tätigkeit aus der Differenz zwischen Angebotspreis für den Werbekunden und Anzeigenpreis für die Agentur finanzieren.

Give-aways und Merchandising-Produkte

Give-aways und Merchandising-Produkte sind wichtige Werbe- und Imageträger. Gegenüber anderen Werbemitteln haben sie den Vorteil, einen zusätzlichen Gebrauchswert zu bieten und dadurch länger aufbewahrt zu werden. Merchandising-Produkte werden im Kontext von Kulturinstitutionen verkauft, Give-aways sind Geschenke, die zugleich für eine Einrichtung oder ein Programm werben.

Geschenkartikel und Souvenirs, die sich auf eine Kulturproduktion beziehen, wurden erstmals im Filmmarketing eingesetzt. Bereits ab 1930 entstand um die Walt-Disney-Produktionen herum eine eigene Spielzeugindustrie. Inzwischen dient Merchandising auch in vielen anderen Kulturbereichen als Instrument der PR und Besucherbindung ebenso wie als zunehmend bedeutsame Einnahmequelle.

Neben dem Einsatz bei internationalen »Blockbuster«-Produktionen im Filmbereich, wird Merchandising besonders häufig von Museen genutzt. Museumsshops mit Produkten, die sich im weitesten Sinne auf die Ausstellungen beziehen, gelten inzwischen auch in Deutschland als wichtiger Bestandteil der Gesamtphilosophie eines neuen Typus des besucherfreundlichen und erlebnisorientierten Museums. Ein weiterer Kulturbereich, in dem Merchandising-Artikel eine wichtige Einnahmequelle darstellen, sind die Musicals. Eine Besucherbefragung bei Stella Musical aus dem Jahre 1998 ergab, dass 42 Prozent der Musicalgäste ein Erinnerungsstück im Souvenirshop erstanden. Laut Stella erfüllen Merchandising-Artikel für Musicals vor allem folgende Funktionen: »Sie bestätigen als Erinnerungsstücke den Erlebniswert des Musicalbesuchs im Sinne des Nach-Kauf-Marketings noch einmal aufs Neue (wenn die Melodien von der Phantom-CD immer wieder neu die Bühnenszenen vor dem inneren Auge lebendig werden lassen); sie unterstützen die Mundpropaganda (wenn das Cats-Programmheft nach dem Besuch zu Hause herumgereicht wird); und sie tragen insgesamt zur Erhöhung der Markenbekanntheit bei (wenn etwa die Starlight-Express-T-Shirts getragen werden).« (Rothärmel 1999: 110/113)

Auch Kulturinstitutionen, die zu klein sind, um Merchandising-Lizenzen zu vergeben und in großem Stile Produkte entwickeln und verkaufen zu lassen, können in Eigenregie Artikel erstellen, die sie zum Verkauf oder als Geschenk anbieten. Solche Artikel können zum Beispiel sein: künstlerisch gestaltete Plakate, Streichholzschachteln, Kugelschreiber, T-Shirts, Mützen, Tüten, Aufkleber, Bügelbilder oder CDs mit Ausschnitten aus den Programmen.

Indem eine Kultureinrichtung solche Imageartikel verteilt, reklamiert sie für sich einen gewissen Kultstatus. Sie setzt darauf, dass sich Nutzer so sehr mit ihr identifizieren, dass sie bereit sind, Symbole dieser Einrichtung »weiterzutragen«. Das gilt vor allem für Give-aways ohne Gebrauchswert wie etwa Aufkleber, die eine hohe Identifikation bei denjenigen erfordern, die beispielsweise ihr Auto damit »schmücken« und sich damit deutlich als »Sympathisant« zu erkennen geben.

Diese Give-aways oder auch Verkaufsartikel sollten in einem sinnfälligen Zusammenhang zu den künstlerischen Produktionen und dem Stil des Hauses stehen. Sie müssen unverkennbar auf das spezifische Profil und die spezifischen Programme verweisen, um als PR-Mittel Wirksamkeit zu haben.

Während es sich bei Give-aways empfiehlt, sie auch außerhalb der eigenen Einrichtung zu verteilen, zum Beispiel bei Stadtfesten oder in Kneipen, lassen sich Merchandising-Artikel als Verkaufsprodukte am besten in unmittelbarem Zusammenhang zu einer kulturellen Veranstaltung verkaufen. »Für das Merchandising muss eine klare Abhängigkeit des wirtschaftlichen Erfolgs von der Qualität des Musicalerlebnis festgehalten werden. Nur die begeisterten und besonders zufriedenen Besucher kaufen nach dem Musicalbesuch ein Souvenir für sich und ihre Begleiter«, so das Fazit der Stella Musical GmbH (Rothärmel 1999: 113).

Ein sehr erfolgreiches Merchandising-Produkt, das zugleich Nachweis bürgerschaftlichen Engagements in Form einer Spendentätigkeit ist, hat die Stiftung Elbphilharmonie in Hamburg unter dem Titel »Geben Sie der Elbphilharmonie Ihren Namen« entwickelt. Jeder, der eine bestimmte Summe für den Bau der neuen Philharmonie spendet, erhält dafür auf Wunsch ein individuelles, gedrucktes Plakat, auf dem sich unter einer künstlerisch gestalteten Abbildung des geplanten Phihmarmoniegebäudes der eigene Name befindet, ironisch betitelt als »Die X Y Philharmonie«. Auf diese Weise lässt sich »die eigene Verbundenheit mit dem Zukunftsprojekt in den eigenen vier Wänden oder im Büro auf originelle Weise zum Ausdruck bringen«, so der Informationsflyer der Stiftung Elbphilharmonie.

5 Kultur-PR im Internet

Die Kommunikation über das Medium Internet ist inzwischen selbstverständlich geworden. Die Internet-Nutzung ist in den letzten Jahren steil angestiegen und erreichte 2008 fast 70 Prozent der erwachsenen Bevölkerung in Deutschland ab 14 Jahre (ARD/ZDF 2008). Insofern dürfte es für jede Kultureinrichtung unerlässlich sein, nicht nur über E-Mail schnell, unkompliziert und preiswert zu kommunizieren, sondern auch in Form einer eigenen Website im Netz präsent zu sein.

PR im Internet muss integrativer Bestandteil der gesamten Kommunikationsstrategie sein. Sie kann andere Formen der PR-Arbeit nicht ersetzen, sondern ist eines von vielen Mitteln, jedoch mit eigenen Gesetzmäßigkeiten.

Generell zeichnet sich PR im Internet durch folgende Merkmale aus:

- Aktualität
- Geschwindigkeit
- unbeschränkte Zugänglichkeit
- Interaktivität

Durch die nahezu zeitgleiche Übertragung von Informationen kann und muss PR im Netz immer auf dem aktuellsten Stand sein. Die hohe Geschwindigkeit der Kommunikationsübertragung an viele verschiedene Adressaten parallel ermöglicht eine effiziente und zugleich kostengünstige Verbreitung von Botschaften. Adressaten können über News-Gruppen direkt miteinander kommunizieren und sich so wortwörtlich vernetzen. E-Mail-Dokumente können direkt weiter verarbeitet werden. Über ihre Website kann eine Institution rund um die Uhr präsent und für jeden Internetnutzer zugänglich sein. Spielpläne können jederzeit abgerufen werden, Karten können ohne Beschränkung von Kassenöffnungszeiten gekauft werden. Über Fotos und Multimediainhalte, wie z.B. einen virtuellen Rundgang durch eine Kultureinrichtung, kann Interesse für einen »realen« Besuch geweckt werden.

Zugleich unterstützt das Internet in optimaler Weise den Dialogcharakter von PR, denn es ist auf Interaktivität angelegt. Der Nutzer einer Website muss selbst aktiv werden und entscheiden, was er erfahren und wie sehr er in die Tiefe gehen möchte. Über E-Mail kann er direkt Feedback geben.

Nicht zuletzt bietet das Internet auch einfache Möglichkeiten zur »Erfolgsmessung«, indem Nutzerkontakte gezählt werden und kritische Anmerkungen etwa in einem elektronischen Gästebuch auch qualitativ ausgewertet werden können.

Aufgabenbereiche der Internet-PR-Arbeit sind:

- Recherche im Netz
- E-Mail-Kontakte/Newsletter
- Website
- Internetblogs

Recherche im Netz

Hintergrundinformationen über Künstler, Tourneedaten, Rezensionen oder Spielpläne der Konkurrenz lassen sich über Online-Recherche schnell herausfinden und weiterverarbeiten ebenso wie Multiplikatorenkontakte, Informationen über potenzielle Sponsoren, Ansprechpartner bei den Medien etc. schnell und aktuell zugänglich sind.

E-Mail-Kontakte/Newsletter

Via E-Mail lässt sich kostengünstig und sehr gezielt mit den verschiedenen Zielgruppen einer Einrichtung kommunizieren. Teil des Database-Managements sollte es darum sein, E-Mail-Verteiler zu den unterschiedlichen Interessengruppen anzulegen. An das Ende jeder ausgehenden Nachricht gehört eine E-Mail »signature« mit vollständigen Institutionen- und Kontaktangaben. Bei E-Mail-Aussendungen ist zu beachten, dass große Dateianhänge niemals ungefragt versandt werden sollten, denn sie können gesamte Computereingänge lahmlegen und den Adressaten sehr verärgern. Selbstverständlich fordert das Medium mit seinem Anspruch auf Aktualität eine schnelle und zuverlässige Beantwortung eingehender E-Mails.

Das Internet ist grundsätzlich ein Pull-PR-Medium, das heißt, Informationen müssen von den Zielgruppen aufgesucht und aktiv abgerufen werden. Um es jedoch auch als Push-Medium zu nutzen, kann man einen E-Mail-Newsletter anbieten, der über aktuelle Veranstaltungen sowie Entwicklungen der Einrichtung informiert und zum Beispiel »Last-Minute«-Angebote macht.

Die eigene Website

Die Konzeption und technische Erstellung einer Website ist zeitintensiv und je nachdem, wie viel eigenes computertechnisches Know-how vorhanden ist und wie viel von außen eingekauft werden muss, auch mit einigen Kosten verbunden.

Dennoch ist die Darstellung einer Institution im Netz inzwischen unerlässlich, nicht nur um für diverse Teilöffentlichkeiten erreichbar zu sein, sondern auch aus Imagegründen. Der Vorteil der Website: Das Netz bietet in gewisser Weise allen Einrichtungen, ob groß oder klein, die gleichen Präsentationschancen. Durch die geschickte Verknüpfung der Einrichtung mit unterschiedlichen Suchbegriffen lassen sich auch Zufallsnutzer auf die eigene Website ziehen.

Folgende Prinzipien sollten bei der Konzeption der Website berücksichtigt werden:

- **Authentizität**
  Die Internetseite muss in das Gesamtprofil der Einrichtung passen. Die Identität muss sich sowohl in der visuellen Gestaltung wie in der Sprache und der Struktur widerspiegeln. Beispielhaft dafür ist etwa die Website des Literaturhauses München, die sich in ihrer Gliederung an den unterschiedlichen Sparten des Hauses orientiert und in ihrem Design genau der Corporate Identity des Hauses entspricht. Sprachlich findet sich eine anregende Mischung aus literarischer Sprache, die mit Worten spielt, Spaß macht, dem Gegenstand Literatur entspricht, und informierender Sprache, die schnell die gewünschten Informationen liefert.

- **Übersichtlichkeit**
  Ein wesentliches Merkmal des Internets ist, dass man von jedem Punkt aus überall hingelangen kann. Der Nutzer muss durch eine gut durchdachte und übersichtliche Benutzerführung gelenkt werden, damit er die Orientierung nicht verliert. Es muss immer deutlich sein, auf welcher Seite man sich gerade befindet, und alle wichtigen Verbindungen sowie die Markierung zur Startseite sollten immer erkennbar sein.

- **Prägnanz**
  Informationen sollten auf das Wesentliche reduziert werden, möglichst knapp formuliert und von aussagekräftigen, schnell zu erfassenden grafischen Darstellungen unterstützt werden. Lange Textwüsten müssen auf jeden Fall vermieden werden, denn am Computer können nur kurze Texte erfasst werden. Komplexere Darstellungen sollten zum Ausdrucken als PDF-Datei angeboten werden. Auf langwierige Eingangsfilme sollte man verzichten.

- **Aktualität**
  Eine Website sollte immer auf dem neusten Stand sein. Nichts ist peinlicher als veraltete Spielpläne und Pressemitteilungen vom vergangenen Jahr. Nur wenn sie immer aktuelle Informationen erwarten können, werden Nutzer motiviert, öfter auf eine Website zu gehen.

- **Kontaktmöglichkeit**
  Die Möglichkeit zur unkomplizierten Kommunikation sollte angeboten werden. Dazu kann man eine unmittelbar durch Anklicken aktivierende E-Mail-Adresse veröffentlichen oder mit einem Kontaktformular arbeiten, mit dem zum Beispiel ein Newsletter abonniert werden kann. Selbstverständlich müssen alle eingehenden E-Mails täglich beantwortet werden. Zugleich sollten aber auch Adresse und Telefonnummern sowie persönlich ansprechbare Mitarbeiter angegeben werden. Nicht zuletzt sollte die Möglichkeit genutzt werden, das Team mit einem Foto vorzustellen, denn das schafft Nähe und Vertrauen.

- **Service und Zusatznutzen (Added Value)**
  Eine Website wird attraktiv, wenn sie über den reinen Informationswert hinaus zusätzlichen Nutzen und Service anbietet. Selbstverständlich sollten Karten online gebucht werden können. Ebenso selbstverständlich sollte es sein, vorbereitende Kurzinformationen über ein Stück, eine Ausstellung etc. zum Ausdrucken bereitzustellen. Das Medium bietet außerdem die Möglichkeiten, bewegte Bilder und Töne direkt einzubringen, indem etwa eine virtuelle Ausstellung, ein Rundgang durch das Haus oder ein Musikstück präsentiert werden. Interviews mit Künstlern oder auch mit Kulturpolitikern können das Informationsbedürfnis ergänzen. Darüber hinaus könnte man etwa Postkarten zum Ausdrucken oder zum elektronischen Verschicken anbieten, man könnte eine Art Infodienst erstellen etwa zu kulturpolitischen Themen oder ein virtuelles Diskussionsforum bzw. ein Gästebuch im Netz anbieten. Je nach Zielgruppe können auch Preisausschreiben und Gewinnspiele angeboten werden. Diese sind auch als »Feedback-Instrumente« nutzbar.

- **Feedback und Nutzerbefragung**
  Im Sinne der Dialogorientierung des Netzes sollte die Website auf jeden Fall auch Bereiche vorsehen, wo die Nutzer sowohl ihre Meinung zur Nutzerfreundlichkeit der Website wie auch zu Programmen und Service der Institution mitteilen können. Auf diese Weise können wertvolle Hinweise zur Evaluation gewonnen werden.

Sehr hilfreich und anregend für die Konzeption der eigenen Website kann ein Netzbesuch bei anderen Kultureinrichtungen sein.

Für die erstmalige Gestaltung und Einrichtung einer Website wird in der Regel ein Webdesigner beauftragt, der die eigene Konzeption technisch umsetzt. Zu beachten ist, dass eine leicht zu bedienende Eingabe-Software installiert wird, die die schnelle, unkomplizierte Aktualisierung durch die PR-Abteilung ermöglicht.

Um die eigene Website bekannt zu machen, muss sie nicht nur mit prägnanten Stichwörtern in allen etablierten Suchmaschinen registriert werden, sondern zusätzlich sollten mit verwandten Institutionen, Medienpartnern, Förderern, Sponsoren, Tourismusverbänden etc. im Netz wechselseitige »Links« vereinbart werden. Selbstverständlich sollte auch außerhalb des Netzes für den Online-Auftritt geworben werden, zum Beispiel auf allen Programm-Flyern und Plakaten.

Web Blogs und Internetforen

Um die interaktiven Möglichkeiten des Internets zu nutzen, um in Kontakt mit neuen Öffentlichkeiten zu kommen und Informationen in bestimmte interessierte Szenen hinein sehr schnell verbreiten zu können, kann es auch sinnvoll sein, in vorhandenen Blogs zu kommunizieren bzw. eigene Blogs zu starten. Auf den vorhandenen Blogplattformen lassen sich über den Webbrowser unkompliziert eigene Blogs einrichten (www.blogverzeichnis.eu verzeichnet die wesentlichen bestehenden Blogs in Deutschland).

Einerseits können Blogs als Monitoring-Instrument genutzt werden, um Meinungen und Stimmungen frühzeitig zu erkennen, andererseits als direktes Kommunikationsinstrument, um interessante Informationen - keine Werbebotschaften - einer breiten Masse zur Verfügung zu stellen. Dabei ist zu bedenken, dass sich die Kommunikation in Blogs nur bedingt kontrollieren lässt und von den Reaktionen und Ideen der Blog-Nutzer lebt. Nur wenn die ins Netz gestellten Informationen von Wert für die Nutzer sind, können sie die PR einer Kultureinrichtung oder eines Projekts unterstützen. Dann aber lassen sich über das Internet als ein Dialogmedium jenseits traditioneller Kommunikations- und Vertriebswege, die zumeist große Budgets erfordern, sehr schnell und kostenlos Interessenten und »Fans« mobilisieren.

Auf Plattformen wie »YouTube« können Videos von künstlerischen Produktionen eingestellt werden, um damit Interesse bei neuen Nutzergruppen zu erreichen. Eine Seite wie »MySpace« bietet sich vor allem für Musikproduktionen an. Selbst international bekannte Künstler nutzen diese Seite, weil hier eine direkte Kommunikation mit den Fans stattfindet. Auf »Second Life« haben immer mehr kulturelle Einrichtungen wie etwa Museen einen virtuellen Ableger ihres Hauses eingerichtet.

Deutschlandweite Kontaktnetzwerke (»Social Networking«) wie etwa »StudiVz« können genutzt werden, indem man als Einzelperson Informationen über kulturelle Projekte in Freundesnetzwerke einbringt, wobei auch hier gilt, dass dieser sehr schnelle und effektive Weg, viele Menschen zu erreichen, nur dann funktioniert, wenn die eingebrachten Informationen für die Nutzer der Netzwerke von persönlichem Wert und Interesse sind.

6 PR-Aktionen

Vermittlungsaktionen

Die vorliegenden Studien zur Kulturnutzung machen deutlich, dass es sie auch nach vierzig Jahren »Neuer Kulturpolitik« noch gibt: die Schwellenängste. Viele Menschen sind davon überzeugt, dass sie einen bestimmten Grad an intellektueller Bildung bräuchten, um Kunst zu verstehen und meiden diese deshalb. PR sollte also auch dazu beitragen, Zugangs- und Vermittlungshilfen zu entwickeln, die Berührungsängste abbauen, notwendiges Hintergrundwissen einbringen und Anregungen geben, auf welche Weise man sich einer bestimmten kulturellen Produktion annähern könnte.

Sicherlich ist es sehr schwierig, entschiedene Nicht-Kulturbesucher zu überzeugen. Dennoch gibt es Möglichkeiten, zumindest auf die »Unentschlossenen« und natürlich vor allem auch auf das »Nachwuchspublikum« zuzugehen, um diese zum Besuch zu motivieren. Hierbei kann Multiplikatorenarbeit etwa in Form von Projekten in Kooperation mit Schulen, Jugendkunstschulen, Kindergärten, Volkshochschulen hilfreich sein. Künstler können in Schulen über ihre Arbeit berichten und Workshops anbieten, Schulklassen zu Proben eingeladen werden, Volkshochschulen können animiert werden, parallel zu eigenen Kunstprogrammen Kurse anzubieten.

Doch auch dann, wenn Besucher den Weg in eine Kultureinrichtung bereits gefunden haben, sollte man nicht damit aufhören, ihnen Zugangshilfen anzubieten. Ein Kulturnutzer kann nur dann an eine Institution gebunden werden, wenn er begeistert, angeregt und erfüllt aus einer Kulturveranstaltung kommt, wenn es zu einem geglückten Dialog zwischen ihm und dem »Kunstwerk« gekommen ist. Darum sollte PR sich auch für den Rezeptionsprozess mitverantwortlich fühlen. Aktionen, die diesen unterstützen, sind zum Beispiel Publikumsgespräche mit Künstlern, einführende Vorträge oder Filmreihen, Führungen und natürlich auch leicht verständliche Informationsblätter bzw. -tafeln sowie Kurzführer.

Wirkungsvoll sind auch von Museums- oder Theaterpädagogen durchgeführte thematische Workshops, in denen die Teilnehmer durch eigene künstlerische Aktionen eine Kunstproduktion unmittelbar begreifen können. Hier ist es wichtig, niedrig-schwellige Angebote zu machen, also etwa einen Einsteiger-Workshop anzubieten, der nur über ein bis zwei Stunden geht und zunächst nur geringe Anforderungen an die eigene Kreativität stellt. Entscheidend für den Erfolg ist natürlich auch, wie und wo solche Vermittlungsangebote publik gemacht werden. Warum nicht mal ein eigenes Plakat für ein Vermittlungsprogramm, warum nicht dafür eine prominente Stelle im Flyer?

Bei jedem neuen künstlerischen Programm sollte darüber nachgedacht werden, welche Mittel und zusätzlichen Anstöße das Verständnis fördern könnten.

Diskussionsveranstaltungen

Für die Selbstdarstellung einer Institution sehr bereichernd können kultur- oder gesellschaftspolitische Diskussionsveranstaltungen sein. Diese dienen nicht nur dazu, ein Haus zu beleben, sondern tragen auch dazu bei, sich aktiv in gesellschaftliche Diskussionsprozesse einzubringen, und sie bieten nebenbei spannende Kommunikationsanlässe über die künstlerischen Programme hinaus. Kultureinrichtungen können damit auf kulturpolitische Meinungsbildungsprozesse Einfluss nehmen, können zu mehr Transparenz politischer Entscheidungen und möglicherweise langfristig auch zu mehr Qualität beitragen. Dabei sollte es nicht darum gehen, sich über die eigene »ungerechte Behandlung« durch die Politik zu beklagen, sondern darum, tatsächlich Diskussionen von allgemeinem Interesse mit verschiedenen Partnern zu initiieren.

Outreach – Mobile Aktionen außerhalb der eigenen Kultureinrichtung

Um eine breitere Öffentlichkeit auf sich aufmerksam zu machen, kann es sinnvoll sein, außerhalb des eigenen Hauses nicht nur in Form von Flyern und Plakaten, sondern auch mit Kulturangeboten präsent zu sein. Beispiele dafür sind Musik- und Theatervorführungen oder Kunstaktionen an kunstfremden Orten, auf Marktplätzen, vor Schulen, vor großen Bürogebäuden, in Krankenhäusern. Eine sehr wirkungsvolle PR-Aktion gelang zum Beispiel einem Berliner Varieté mit einem Promotion-Stand an mehreren Samstagen im Möbelhaus Ikea. Das Varieté bot Schmink- und Zirkusspiel-Aktionen für Kinder an, verteilte Give-aways und Programmflyer und verkaufte »nebenbei« Eintrittskarten. Das Schauspielhaus Bochum hatte einen Auftritt mit einem popmusikalischen Ausschnitt aus einer ihrer Inszenierungen beim Unifest Bochum und erreichte damit sehr wirkungsvoll 20.000 junge Menschen, von denen einige später ins Theater gingen. Ein Kinderkulturzentrum könnte zum Beispiel mit einem Informationsstand und Mitmachaktionen an Schulfesten teilnehmen; eine Bibliothek könnte einen Lesebus in Wohngebiete aussenden, ein Museum könnte mit einer Plakatausstellung auf einem öffentlichen Platz präsent sein. Ein Literaturhaus könnte mit Lesungen und Aktionen zum kreativen Schreiben in Krankenhäuser gehen, ein Kunstverein könnte im Foyer einer Hochschule eine Installation aufstellen.

Darüber hinaus bietet es sich an, PR-Aktionen in Warte-Situationen zu positionieren, in denen Menschen unfreiwillig Zeit verbringen müssen: in Warte-Schlangen vor Ämtern oder vor Kultureinrichtungen, in U-Bahnen und an Bus-Haltestellen.

Ziel solcher Aktionen ist es, potenzielle Interessenten in direkten Kontakt mit dem eigenen Kulturangebot zu bringen und Menschen dabei an ihren Alltagsorten »abzuholen«.

Kulturinstitutionen als multifunktionale, zugängliche Freizeitorte

Eine weitere, eher indirekte Form der Vermittlung besteht darin, das eigene Haus zu einem gastfreundlichen, offenen Ort machen. Ein Ort, der einlädt, über das Kernprogramm hinaus zu bleiben, Künstlern informell zu begegnen, in Katalogen oder Programmheften zu lesen, Kaffee zu trinken, andere Besucher kennen zu lernen, in die spezifische Atmosphäre einer Kultureinrichtung einzutauchen. Faktoren, die dies begünstigen, sind ein möglichst ganztägig geöffnetes Café/Restaurant, evtl. ein Shop, zusätzliche Veranstaltungen über das Kernangebot hinaus wie Podiumsdiskussionen, Diashows, Musikvorführungen, ein Marktplatz im Foyer, eine Weinprobe, eine Party. Wenn sich neben intrinsischem Kunstinteresse auch andere Bedürfnisse ausleben lassen, erhöht das die Attraktivität und Zugänglichkeit einer Kultureinrichtung.

Tag der offenen Tür/Blick hinter die Kulissen/Publikumsfeste

Über die kontinuierlichen Informations- und Werbemedien hinaus bedarf es manchmal spektakulärer PR-Mittel, um eine breitere Öffentlichkeit auf sich und sein Programm aufmerksam zu machen. Gerade weil es notwendig ist, neben der Werbung für die Programme auch das Image der Institution zu festigen, kann ein Tag der offenen Tür, ein Blick hinter die Kulissen sehr wirkungsvoll sein und das Verständnis für und Vertrauen in eine Institution bei einer breiteren Öffentlichkeit erhöhen. Neben Führungen durch das Haus, besonders an sonst nicht öffentlich zugänglichen Stellen, sowie Kurzvorträgen zu Geschichte, Zielen und Programmpolitik, kann man kleine Auftritte, Mitmachaktionen, Themencocktails im Hof, Tanz im Ausstellungssaal, eine Disco auf der Bühne etc. anbieten. Diese populären Sonderaktionen sollten genutzt werden, um potenzielle Besucher auch für die »alltäglichen« Programme zu begeistern. Mittel dafür können zum Beispiel attraktives schriftliches Informationsmaterial und Verlosungsaktionen für Eintrittskarten oder aber Rabattaktionen sein sowie vor allem die persönliche, direkte Ansprache durch motivierte Mitarbeiter.

Beispiel für eine sehr gelungene Aktion ist die viermal im Jahr stattfindende Kunstrallye durch die Staatsoper Berlin. Aufgeteilt in verschiedene Wettbewerbsteams können 100 Leute in einer Rallye durch das Haus sämtliche Abteilungen kennen lernen, Kostüme anprobieren, bekannte Arien anstimmen, Musikinstrumente stimmen, Kulissen bauen. Diese Veranstaltungen sind regelmäßig ausgebucht und ziehen Teilnehmer von acht bis 80 Jahren an, die gemeinsam die Oper als einen höchst lebendigen und zugänglichen Ort erleben.

Event-PR

Events fördern nicht nur die Medienberichterstattung. Sie sind, wie die Ergebnisse des Kulturbarometers zeigen, bei Menschen unterschiedlicher Alters- und Bildungsgruppen eines der beliebtesten Formate der Kulturrezeption. Viele Menschen erreicht man eher mit spektakulären Aktionen, mit außeralltäglichen Ereignissen, die Spaß und Kommunikation versprechen, als mit dem Angebot kontemplativer Kulturrezeption.

Events können eingesetzt werden, um

- Aufmerksamkeit bei Medien und breiter Öffentlichkeit zu schaffen;
- neue Besuchergruppen zu gewinnen, Schwellenängste abzubauen;
- Stammbesucher, Freundeskreis und VIPs auf besondere Weise zu pflegen.

Events sollen Aufmerksamkeit für Kunst und Kultur schaffen und zu ihrer Vermittlung beitragen. Neben populären Events, die eine Einrichtung für neue Besuchergruppen öffnen sollen, werden Events auch gezielt eingesetzt, um etwa Freundeskreisen oder bestimmten Multiplikatorenkreisen Anreize für ihre Unterstützung zu bieten.

Events im Kulturbereich haben den großen Vorteil, dass die ästhetischen Ereignisse nicht künstlich kreiert werden müssen, sondern als »Kernprodukt« vorhanden sind, für das nun ein populärer, das Publikum aktivierender Rahmen geschaffen wird. Events im Kulturbereich dienen nicht dem Zweck, wie bei der Promotion für Konsumgüter, ein eigentlich ausdrucks- und emotionsloses Produkt erlebbar und verkaufbar zu machen, sondern ihr zentrales »Produkt« ist meistens zugleich Kern des Events.

Angesichts der Flut der als Events titulierten Verkaufsveranstaltungen von Möbelhäusern, Baumärkten und Sparkassen gilt es umso mehr, hochwertige

Events zu schaffen, die der Kunst und ihren Inhalten und den Leitideen der eigenen Einrichtung gerecht werden.

Wie gestaltet man einen Kultur-Event, der in der Lage ist, Menschen mitzureißen und möglichst dauerhaft an eine Einrichtung zu binden?

Als zentrale Erfolgskriterien haben sich erwiesen:

- **Glaubwürdigkeit**
  Der Event darf nicht von außen aufgesetzt und fremdbestimmt sein, er muss von möglichst allen Mitarbeitern einer Einrichtung mitgetragen und mitgestaltet werden, und er muss zur Einrichtung passen. Ein zeitgenössisches Tanztheater sollte kein Bierfest mit Blaskapelle als Rahmen wählen, um einen Extremfall zu skizzieren.

- **Integration in die Kommunikationsstrategie**
  Der Event muss organischer Teil aller anderen Werbe- und Vermittlungsmaßnahmen sein. Er muss sowohl inhaltlich wie formal die Markensymbolik der Institution einschließlich ihres Corporate Designs einbinden.

- **Originalität**
  Damit ein Event als außergewöhnlich und herausragend empfunden werden kann, muss er einen hohen Neuigkeitsgrad haben, muss originell sein in seinen Darstellungsformen und sich von den Erlebnisangeboten der Konkurrenz abheben. Neben dem ästhetischen Ereignis tragen vor allem Kontextverschiebungen etwa in Form eines ungewöhnlichen Ortes oder ungewöhnlicher Besuchs-Zeiten zum Erlebnisgehalt eines Events bei.

- **Dramaturgie/durchgängiger Erlebnisspannungsbogen**
  Ein Event muss durchgängig gestaltet sein und dabei vom Einstieg über Höhepunkt bis zum Abschied mit Give-aways einer Dramaturgie folgen, die sich in die Teilnehmer hineinversetzt und sie gut betreut. Eine Event-Dramaturgie besteht aus einem »Teaser«, der bereits im Vorfeld Spannung bei den potenziellen Teilnehmern aufbaut etwa durch den Versand origineller und unkonventioneller Einladungskarten, dem Event selbst und den »Follow-up-Maßnahmen«, die nach dem Event für die nachhaltige Verankerung sorgen, etwa durch den Versand eines persönlichen Dankesschreibens mit einem Foto, das den Event dokumentiert.

- **Gesamterlebnis**
  Ein Event sollte sämtliche Sinne ansprechen und etwas zum Sehen, Hören, Riechen, Fühlen und Schmecken gleichermaßen bieten. Ein Event sollte

möglichst interdisziplinär angelegt sein, also verschiedene ästhetische Ausdrucksformen zusammenbringen, die sich in ihrer Wirkung gegenseitig unterstützen können.

- **Aktivierung der Teilnehmer und Unmittelbarkeit**
  Ein Event wird nur dann bleibende Erinnerungen auslösen, wenn er den Teilnehmern ermöglicht, sich selbst einzubringen, aktiv teilzuhaben. Dafür darf es zwischen Darstellern und Publikum keine als unüberwindbar empfundene Barriere geben, wie sonst oftmals bei der Kulturrezeption üblich, sondern die Event-Teilnehmer müssen sich unmittelbar einbezogen fühlen.

- **Gruppenerlebnis**
  Ein Event muss Raum und Zeit für Kommunikation zwischen den Mitgliedern der (Zufalls-)Gruppen lassen, damit diese sich kennen lernen und für einen kurzen Zeitraum zu Gemeinschaften werden können.

- **Nachhaltigkeit**
  Damit Events keine Eintagsfliegen bleiben, sollte man sie nutzen, um in persönlichen Ansprachen Interesse für die ständigen Programme zu wecken, Informationsmaterialien zu verteilen, zu Folgeveranstaltungen einladen und die Event-Besucher um ihre Adressen bitten, um sie später noch mal gezielt ansprechen zu können.

Events können die emotionale Bindung an eine Kultureinrichtung verstärken und dazu beitragen, langfristige Beziehungen aufzubauen.

Events sollen nicht unbedingt möglichst viele, sondern die passenden Menschen ansprechen. Zu fragen ist also vorab: Was soll eigentlich bei wem erreicht werden?

Danach richten sich die Ideen und Maßnahmen. Reicht das eigene Budget nicht aus, ist es bei Events relativ aussichtsreich, Sponsoren für Sachleistungen zu finden, wie etwa ein Restaurant oder Hotel, das ein Buffet zur Verfügung stellt und im Gegenzug für sich wirbt.

Ideen und Adressen von Dienstleistern, die für ein Event nützlich sein könnten, vom Heißluftballon bis zu Kinderspielaktionen, finden sich in örtlichen Branchenverzeichnissen. Da sich wirkungsvolle Events jedoch vor allem durch ihre Einzigartigkeit auszeichnen, sollte man weitestgehend auf vorgefertigte Bestandteile verzichten und selbst kreativ werden.

Dabei können folgende Fragen als Anregung dienen:

- Worin besteht das Ereignispotenzial unserer Einrichtung?
- Welche sonst verschlossenen Bereiche könnten wir öffnen?
- Welche Gewohnheiten und Erwartungshaltungen könnten wir brechen (indem zum Beispiel eine Hochkulturbühne zur Disco wird, eine Operndiva Cocktails mixt, Intendanten Fußball spielen etc.)?
- Wie können wir zwischen künstlerischer Produktion und Besuchern Nähe schaffen?
- Wie können wir Kommunikation unter den Besuchern herstellen?
- Wie können wir angenehme Rahmenbedingungen herstellen?
- Welche Art von Essen und Getränken können wir anbieten, die zu den Inhalten unserer Einrichtung oder den künstlerischen Beiträgen passen?
- Wie können wir den Event durch ungewöhnliche Werbe- und PR-Maßnahmen im Vorfeld so ankündigen, dass bereits die Werbung Event-Charakter hat und dem Event in seiner Originalität entspricht?
- Wie können wir den Event nutzen, um die Besucher zu Stammnutzern zu machen, was können wir während des Events an Informationen über unsere Programme bieten?
- Wie kann es uns gelingen, den Kontakt zu den Event-Besuchern zu halten?

Nach der Konzeption des Events empfiehlt es sich, einen detaillierten chronologischen Ablaufplan zu erarbeiten, der die einzelnen Programmpunkte und die zeitlichen Abläufe festlegt. Dadurch werden mögliche Fehlerquellen rechtzeitig erkannt.

Die Realisierung eines Events bedeutet einen großen Kraftakt für eine Kulturinstitution. Sie kann nur dann gelingen, wenn sämtliche Mitarbeiter einbezogen und motiviert sind, das Konzept aktiv zu unterstützen.

PR-Kampagnen

Der Begriff Kampagne heißt übersetzt »Feldzug«, und tatsächlich haben Kampagnen etwas von modernen Feldzügen mit dem Ziel, breite Aufmerksamkeit für eine Sache oder eine Idee zu erlangen. Kampagnen sind konzentrierte Kommunikationsoffensiven, um einer möglichst breiten Öffentlichkeit ein bestimmtes Thema nahe zu bringen. »Kennzeichen von PR-Kampagnen ist, dass sie Wirklichkeit dramatisch inszenieren, und dies in der Regel in medienadäquater Form. Unter PR-Kampagnen werden dramaturgisch angelegte, zeitlich befristete kommunikative Strategien zur Erzeugung öffentlicher Aufmerksamkeit verstanden, die auf ein Set unterschiedlicher kommunikativer

Instrumente zurückgreifen.« (Röttger 2001: 15) Kampagnen dienen der Kommunikation einer Botschaft an Teilöffentlichkeiten, über die Zielgruppe einer Institution im engeren Sinne hinaus. So setzte etwa die »Bundesvereinigung kulturelle Jugendbildung« Kampagnen zur Wahrnehmung und Wertschätzung kultureller Jugendbildung in einer breiten Öffentlichkeit ein.

Kampagnen sind immer temporär, sie können in mehreren Wellen aufgebaut sein, sind jedoch in der Regel kurz aber intensiv im Sinne eines größtmöglichen »Werbedrucks«. Sie bedienen möglichst viele Kommunikationskanäle gleichzeitig, setzen etwa Plakate, Anzeigen, Postkarten, Flyer, Internet, öffentliche Auftritte und Medienarbeit parallel im so genannten »Medien-Mix« ein. Kampagnen erfordern eine klare Strategie und einen genauen Ablaufplan. In einem Mediaplan wird festgelegt, mit welchem Medium in welcher Region in welchem Zeitraum welche Teilöffentlichkeiten angesprochen werden sollen. Vor allem aber erfordern Kampagnen eine klare Botschaft. Texte und Bilder einer Kampagne müssen möglichst eingängig und verständlich und zugleich interessant und verblüffend sein, damit sie in der Informations- und Werbeflut von einer breiten Öffentlichkeit wahrgenommen werden.

Eine erfolgreiche Kampagne mit dem Ziel der Abonnentenwerbung gelang dem Nationaltheater Mannheim 2007. Unter dem Slogan »Gelangweilt vom Leben? Ein Abo hilft! Nationaltheater Mannheim« sah man in verschiedenen Motiven Menschen in surrealen Situationen vor ihrer Waschmaschine, beim Bügeln, im Büro. Die Motive tauchten überall in Mannheim auf, auf Plakaten, Postkarten, in Zeitungsanzeigen, als Intro auf der Homepage und auf Riesentransparenten und machten das Theater zum Stadtgespräch. Anknüpfend an diese Kampagne wurde zwei Monate später eine Weihnachts-Abonenntenwerbung entwickelt mit dem Slogan »Gelangweilt vom Schenken? Ein Weihnachtsabo hilft!«, dazu wurde eine junge Frau gezeigt, die gelangweilt am Küchentisch Goldfische in Geschenkpapier einwickelt. Über diese Kampagne wurden 400 neue Abos verkauft.

Eine Aktion zwischen Kunst, Event-PR und Guerilla-Marketing war der »Pink-River«, der im Rahmen der PR Kampagne für das Dubliner Musik/Theater/Performance Fringe Festival inszeniert wurde. Indem das PR-Team den Fluss in Dublins Innenstadt passend zum Festival-Motto über Nacht pink einfärbte, wurde nicht nur eine temporäre (biologisch unbedenkliche) Kunstaktion im öffentlichen Raum geschaffen, sondern das Festival wurde zum stadtweiten Thema. »This year the Fringe is all about making Dublin city visible in new ways to both those who live here and visitors alike. We want to invite people to pause in the middle of their busy day and experience something, like the river Liffey, in a fresh light.« So dazu ein Zitat aus der Pressemitteilung. Mit nur 2000 Euro Materialkosten konnte laut PR-Leitung des Festivals ein Gegenwert von ca. 40.000 Euro an Medien-Publicity geschaffen werden.

Guerilla-Marketing

Der Begriff des Guerilla-Marketings bezeichnet solche PR-Aktionen, die auf unkonventionelle, z.T. subversive Weise mit geringem Budget hohe Aufmerksamkeit erreichen. Warum nicht einfach mal Straßenzüge mit Luftballons versehen; Zettel und Give-aways hinter Autoscheibenwischer und auf Fahrradträger stecken, mit Graffitis auf dem Bordstein werben?

Taktik des Guerilla-Marketing ist »der Angriff aus dem Hinterhalt«, das Unterlaufen von Erwartungen, indem z.B. unerwartete (emotional aufgeladene) Botschaften an unerwarteten Orten auftauchen, indem Fremdveranstaltungen großer Institutionen für die eigene Werbung und PR mitgenutzt werden, indem man etwa vor Vorstellungsbeginn eigene Flyer verteilt.

Damit eignet sich Guerilla-Marketing besonders für (kleinere) Kultureinrichtungen, die ihren, in der Regel geringen Werbeetat mittels kreativer, aus dem Rahmen fallender Maßnahmen kompensieren müssen.

Audience Development

Ein strategisches Audience Development nutzt die unterschiedlichen Kommunikations-, Marketing- und Vermittlungsformen, um ganz gezielt spezifische neue Nutzergruppen anzusprechen und zu motivieren und bereits vorhandene zu binden.

Während es zu Beginn darum geht, bei bestimmten Zielgruppen Aufmerksamkeit zu schaffen durch Kommunikations- und Informationsformen, die anregen und auffordern (PR), besteht der nachfolgende Schritt darin, Programmformate und Rahmenbedingungen zu schaffen, die interessant, angenehm und einladend sind (Marketing). Damit der Prozess der Besucherentwicklung nachhaltig ist und bei Menschen langfristiges Interesse an der Arbeit einer Kulturinstitution sowie an Kunst generell entstehen kann, werden in einem weiteren Schritt in engem Dialog mit den jeweiligen Zielgruppen Angebote entwickelt, die Beziehungen zwischen Kunst und Rezipient herstellen, Hintergründe vermitteln, Besucher aktivieren, eigene Ideen zu entwickeln (Vermittlung).

Voraussetzung für Audience Development ist Wissen über die Zielgruppen, die man erreichen möchte und Interesse an ihrem Feedback einschließlich der Bereitschaft, bestimmte Aspekte der bisherigen Programmgestaltung zu verändern. Audience Development lebt davon, dass Kultureinrichtungen und ihre kulturellen Angebote mit den Augen der potenziellen Besucher gesehen werden. Im Dialog mit diesen werden Maßnahmen entwickelt, die helfen, Zugänge zu schaffen und Beziehungen aufzubauen. Dazu bedarf es vor allem bei bislang wenig kunstaffinen Gruppen einer intensiven Zusammenarbeit mit Multiplikatoren.

Audience Development ist immer ein längerfristiger Prozess, der auf der kulturbetrieblichen Ebene die Bereitschaft voraussetzt, potenzielles Publikum grundsätzlich in sämtlichen programmatischen Überlegungen zu berücksichtigen.

7 Virales Marketing als gezielte Förderung von Mundpropaganda und Networking

Immer wieder wird nachgewiesen: Die so genannte Mundpropaganda ist das mit Abstand wirkungsvollste PR-Instrument in der Kultur. Jeder begeisterte Besucher erzählt im Schnitt drei anderen Menschen von seinen Erfahrungen, und persönliche Empfehlungen gelten gerade im Kulturbereich mit seinen vorab nie genau berechenbaren Produktionen als bester Garant für Qualität.

Hieran wird noch einmal deutlich, dass ein gutes künstlerisches Produkt bzw. kulturelle Dienstleistung die beste PR ist und die Qualitätssicherung im Kulturbereich immer im Mittelpunkt aller Überlegungen stehen muss. Nur zufriedene, mehr noch begeisterte Besucher garantieren auf Dauer den Erfolg eines Programms.

Der informelle Prozess der Mundpropaganda lässt sich jedoch auf der Grundlage eines überzeugenden Produkts durchaus mit gezielten PR- Maßnahmen unterstützen und stimulieren. Unter dem Begriff »Virales Marketing« gab es dafür in den letzten Jahren einige eindrucksvolle Beispiele: So etwa der Film »Blair Witch Projekt«, eine Low Budget Produktion, der es ausschließlich über gezielt gesteuerte Mundpropaganda im Internet gelang, ein Kinohit zu werden, oder neue Popgruppen, die über Videos auf »YouTube« bekannt wurden.

Virales Marketing basiert darauf, dass sich eine Botschaft über Netzwerke und persönliche Empfehlungen wie ein Virus weiterverbreitet. Dies wird vor allem durch das »Netzwerkmedium« Internet forciert.

Dabei benennt Oetting, einer der Experten für Virales Marketing, u.a. folgende Regeln:

- »Virales Marketing basiert auf echtem Mehrwert.«
  Nur solche Angebote, die tatsächlich sehr gut sind, die einen Neuigkeitswert haben, die möglichst Erwartungen übertreffen, sind für virales Marketing geeignet.

- »Virales Marketing muss persönlich sein.«
  Es setzt auf Beziehungsaufbau zu seinen Nutzern, statt auf Floskeln und Werbung.

- »Virales Marketing lebt von Partizipation und von Insiderwissen.«
  Diejenigen, die eine Produktion weiterempfehlen sollen, müssen die Möglichkeit haben, sich aktiv einzubringen, mit abzustimmen etc., um sich identifizieren zu können.

- »Virales Marketing basiert auf Ehrlichkeit.«
  So ist es etwa unklug, in versteckter Mission in Foren und Blogs sein eigenes Produkt als vermeintlicher Nutzer anzupreisen. Betrug wird meistens entdeckt und widerspricht dem Prinzip von PR, das auf Vertrauensaufbau setzt (vgl. Oetting 2008).

Konkret könnten Maßnahmen des viralen Marketings darin bestehen, dafür zu sorgen, dass bereits die ersten Veranstaltungstage eines neuen Programms trotz noch nicht vorhandener Rezensionen vor vollem Haus stattfinden. Abgesehen davon, dass dies auf allen Seiten die Stimmung erheblich steigert, erhöht es die Chancen auf einen »Schneeballeffekt«. Lässt sich eine Veranstaltung nicht mit Kaufpublikum füllen, müssen Freikarten eingesetzt werden. Für deren gezielte Verteilung sollte ein E-Mail- und Telefonverteiler von Personen erstellt werden, die eine besondere Bindung an das Haus haben, die auch kurzfristig gerne zu einer Veranstaltung kommen und als gute Multiplikatoren gelten können. Eingeladene fühlen sich zumeist sehr geehrt und sind danach gerne bereit, eine Empfehlung für das Programm auszusprechen.

»Empfehlen Sie uns weiter, wenn es Ihnen gefallen hat!« – diese Bitte lässt sich durchaus in einer Ansage vor oder nach einer Veranstaltung anbringen. Durch das Angebot, Empfehlungspostkarten des Publikums auf Kosten des Hauses zu versenden, lässt sich der Vorgang der Empfehlung von »Freund zu Freund« forcieren. Mundpropaganda wird verstärkt durch jede Form der persönlichen Ansprache durch die Mitarbeiter, die Betreiber oder die Künstler. Bereits eine gastfreundliche Ansage vor Beginn einer Veranstaltung kann die Bereitschaft der Besucher stark erhöhen, sich zu identifizieren und über eine Einrichtung zu reden. »Sie müssen die Leute verblüffen und ihre Erwartungen übertreffen, damit sie zu reden anfangen«, empfiehlt Godfrey Harris (Harris 1999: 35). Neben einem kulturellen Programm, das die Erwartungen positiv übertrifft, können das auch unerwartete Serviceleistungen sein. Mundpropaganda bewirkt die Vervielfachung der eigenen PR-Leistungen und sollte darum bewusst befördert werden durch den Einbezug potenzieller Fürsprecher, die um ihre Unterstützung gebeten werden sollten.

Noch weiter geht die Idee des »Open Source Marketing«, bei der die (potenziellen) Nutzer eines Produkts ansatzweise in den Herstellungsprozess einbezogen werden und sich damit mitverantwortlich fühlen für seine Verbreitung. »Nichts ist überzeugend, als wenn Dein bester Freund Dir sagt: ›Kauf das!‹ Und je mehr Leute du an einem Produkt beteiligst, desto mehr werden versuchen, ihre besten Freunde zu überzeugen. Das ist besser als jede 20-Millionen-Dollar-Kampagne.« So der australische Unternehmer Liam Mulhall, dem es gelang, eine neue Bier-Marke sehr erfolgreich zu positionieren, ausschließlich durch 16.000 Markenbotschafter, die er durch einen Community Log als Beteiligte gewonnen hatte (vgl. Runge 2008 : 70). Möglicherweise bietet der Kultursektor noch sehr viel mehr Potenzial für potenzielle Nutzer, sich am Herstellungsprozess zu beteiligen und Einfluss zu nehmen, denn Kunst und Kultur sind per se auf Beteiligung angelegt.

»Das Unternehmen XY besitzt etwas, das Kunden, Mitarbeitern, Partnern, Freunden hilft. Das nehmen sie wahr und werden darüber sprechen – und es hat nichts mit den Werbe-Unterbrechungen zu tun, die wir aus der alten Medienwelt gewohnt sind und hassen. [...] Statt über sich selbst zu reden, sollten Firmen Orte schaffen, an denen ich Erfahrungen machen kann.« (Ebd.: 65)

Beschwerdemanagement

Während ein zufriedener Kunde durchschnittlich drei Personen von seinen Erfahrungen berichtet, sind es bei einem unzufriedenen gleich elf, so fanden die Marketingexperten Kotler und Armstrong heraus (vgl. Hill/O´Sullivan 1995: 38). Das zeigt einmal mehr die Notwendigkeit, auf Beschwerden angemessen einzugehen und sich mit ihnen auseinanderzusetzen, statt sie zu ignorieren. Menschen möchten in ihrer Kritik ernst genommen werden, und sie erwarten zu Recht eine Reaktion. Häufig landen mündliche Beschwerden bei dem oftmals ohnehin überforderten Kassen- und Servicepersonal und werden dort mehr oder weniger freundlich zurückgewiesen; schriftliche Beschwerden finden sich oftmals in nicht zur Kenntnis genommenen Gästebüchern oder Briefen an die Geschäftsführung, für die sich keiner zuständig fühlt.

Sämtliche Mitarbeiter eines Hauses sollten verpflichtet werden, jede Beschwerde freundlich und interessiert entgegenzunehmen, Namen und Adressen zu notieren und möglichst sofort an die PR-Stelle weiterzugeben, damit diese sich persönlich mit den Betroffenen in Verbindung setzen kann. Sicherlich lassen sich nicht sämtliche Probleme durch ein Gespräch lösen, gerade wenn es sich um Beschwerden über künstlerische Programme handelt, und auch bestimmte Mängel im Service lassen sich nicht immer kurzfristig ausräumen. Dennoch kann in persönlichen Gesprächen ausgedrückt werden, dass die Kritik ernst genommen wird, dass jeder Besucher wichtig ist, und es können Hintergründe vermittelt werden, warum eine Institution so und nicht anders handelt. In berechtigten Fällen kann man Kompensationsleistungen wie etwa eine Freikarte anbieten. Eine Beschwerde, die ernst genommen wird, die zu persönlichen Gesprächen zwischen einer Kultureinrichtung und einem Besucher führt, kann im besten Falle den Effekt haben, dass Unzufriedenheit in Verständnis umgewandelt und die Bindung an eine Institution gestärkt wird.

Networking

Eng verknüpft mit der Idee der PR durch Empfehlung anderer ist die Strategie, die vorhandenen Netzwerke aller Mitarbeiter zu nutzen und gezielt auszubauen. Organisation und Individuen können nicht ohne Unterstützung anderer existieren und sich entwickeln. Sie brauchen strategische Allianzen, Kooperationspartner, ein Kontaktnetzwerk für Beratung und Informationstransfer.

Netzwerke sind flexible, nicht hierarchische Kontaktstrukturen, in denen alle gleichberechtigt und eigenverantwortlich miteinander kommunizieren auf der Grundlage gemeinsamer Interessen und Vertrauen. Das Potenzial des persönlichen Netzwerkes unterschätzt man häufig, so dass es sich lohnt, gezielt darüber nachzudenken, welche Kontakte man bereits hat, die in irgendeiner Weise für die Unterstützung und Kommunikation der eigenen Ziele hilfreich sein könnten.

Networking lebt vom Geben und Nehmen. Nur wer andere mit Wissen und Kommunikationsleistungen unterstützt, kann selbst Unterstützung erwarten, nur wer selbst dazu beiträgt, Menschen und Institutionen zusammenzubringen, kann von den Netzwerken anderer profitieren. Insofern kann eine sinnvolle Aufgabe der PR auch darin bestehen, Zusammentreffen verschiedener Partner und Multiplikatoren zu organisieren, etwa in Form eines Stammtisches von Kultur-Journalisten und Kultur-PR-Referenten.

8 Presse- bzw. Medienarbeit

Presse- oder Medienarbeit ist im Kulturbereich sehr häufig deutlicher Schwerpunkt der PR-Arbeit. Gründe dafür liegen auf der Hand: Medienarbeit kostet kaum Geld und kommt außerdem in der Öffentlichkeit als »glaubwürdig« an. Statt Eigenwerbung zu betreiben, werden Empfehlungen durch Experten ausgesprochen. »Insgesamt 71 Prozent der Konsumenten konsultierten die Kritiken, bevor sie sich für ein Stück entscheiden. Offensichtlich ist eine große Anzahl von Konsumenten bei der Wahl ihrer kulturellen Aktivitäten für Zeitungskritiken empfänglich«, so das Ergebnis einer amerikanischen Marketingstudie. (Colbert 1999: 188)

Auf der anderen Seite sind die Medien ihrerseits sehr viel williger, über

Kunst und Kulturveranstaltungen zu berichten als über Konsumprodukte. Kultur genießt einen Vertrauensvorschuss und Kulturberichterstattung fällt unter »Serviceleistungen« für den Leser. Zugleich ist aber nicht zu leugnen, dass Kultur immer noch ein Minderheitenthema ist und von deutlich weniger Menschen gelesen wird bzw. zu den Sendungen mit den geringsten Einschaltquoten gehört. Bei Sparzwängen etwa auf Grund von Anzeigeneinbußen werden in der Regel zuerst die Kulturteile der Medien reduziert

Eine Analyse der ARD/ZDF Medienkommission aus den 90er Jahren (aktuelle Analysen gibt es bislang nicht) ergab für die Kulturberichterstattung in den Printmedien folgendes Ergebnis: Bei den Tageszeitungen nimmt Kultur einen durchschnittlichen Gesamtanteil von nur 13 Prozent ein, der sich, wenn man nur den journalistischen Teil rechnet, abzüglich von Werbe- und Serviceteilen, sogar auf sechs Prozent reduziert (vgl. Bernward 1992: 169). Aktuell ist eine abnehmende Tendenz zu beobachten, denn die Printmedien haben unter rückläufigem Anzeigenvolumen zu leiden. In der Kulturberichterstattung überwiegen die kurzen Präsentationsformen wie Meldungen, Kurzberichte, Kulturnotizen. Interessant für die PR-Arbeit ist, dass sich die Berichterstattung zu weiten Teilen aus Pressemitteilungen und Agenturmaterial speist. Rund 70 Prozent der Medieninhalte werden durch die PR geliefert, das heißt, Artikel in den Medien basieren zunehmend auf PR-Arbeit, nehmen ihre Inhalte viel mehr aus Pressemitteilungen denn aus eigener Recherche (vgl. Merten 2000).

Positiv formuliert: Journalisten sind ebenso an guten Informationen interessiert, wie Kulturschaffende ein Interesse daran haben, in den Medien zu erscheinen. Diese Einsicht hilft, sich weniger als Bittsteller, sondern viel mehr als Kooperationspartner zu fühlen. Und sie hilft zugleich bei der Auswahl dessen, was man den Medien anbietet. Wo gibt es gemeinsame thematische Interessen? Ist das wirklich eine spannende Information für die Leser einer bestimmten Zeitung, oder gibt es einen anderen Aufhänger, einen anderen thematischen Anknüpfungspunkt, über den sich ein Programm vermitteln lässt?

Im Sinne eines aktiven »Agenda Setting« in der Kultur-PR hilft eine gute Kenntnis der Medien und der jeweiligen Tendenz ihrer Berichterstattung auch dabei, die für die eigene Institution wichtigen kulturpolitischen Themen gezielt zu lancieren.

Pressearbeit beschränkt sich in einer immer komplexer werdenden Medienlandschaft keineswegs auf Zeitungen, sondern umfasst ebenso Hörfunk und Fernsehen einschließlich der Online-Redaktionen, so dass der Begriff Medienarbeit treffender ist.

Grundsätzlich lassen sich die Medien in folgende Gruppen unterteilen:

- Lokale Tagespresse
- Lokale Anzeigenblätter (werden kostenlos verteilt)
- Überregionale Tages- und Wochenpresse
- Fachzeitschriften
- Publikumsmagazine (wie »Gala«, »Brigitte«, »Das Bahn-Magazin«, »Hör zu«)
- Presseagenturen (dpa, ap)
- Hörfunk
- Fernsehen
- Online-Redaktionen

In Deutschland gibt es ca. 160 Tageszeitungen mit Vollredaktionen (Politik, Wirtschaft, Lokales, Sport und Feuilleton), davon sind mit »Frankfurter Allgemeine Zeitung«, »Frankfurter Rundschau«, »Süddeutsche Zeitung«, »Die Welt«, »taz«, »Handelsblatt«, sechs überregionale Zeitungen, zusätzlich der Wochenzeitungen »Die Zeit« und »Die Woche«. Darüber hinaus gibt es in Deutschland mit ca. 22.000 Stück eine große Vielzahl an Zeitschriften, davon ca. 800 Publikumszeitschriften, ca. 1100 Fach- und 72 Kundenzeitschriften von großen Firmen, Banken, Versicherungen etc. Das Gros stellen die Special-Interest-Zeitschriften. Es gibt ca. 225 lokale, regionale und überregionale Hörfunksender und ca. 100 Fernsehsender in Deutschland, hinzu kommen die Online-Redaktionen der Medien (vgl. Merten 2000: 188f.).

Aufbau und Pflege von Medienverteilern

In der Medienarbeit müssen laufend neue Kontakte zu neuen journalistischen Ansprechpartnern aufgebaut und unterhalten werden. Eine genaue Kenntnis der aktuellen Medienlandschaft, lokal, regional und gegebenenfalls auch überregional und international, ist eine wesentliche Voraussetzung dafür. Grundlage jeder Medienarbeit ist eine detaillierte Medienanalyse. Sämtliche in Frage kommenden Medien sollten daraufhin befragt werden, ob die eigenen Programme und die damit verknüpften Ideen und Themen relevant sein könnten und an welchen Stellen welche Inhalte passen könnten.

Dabei sollte kein Medium vorschnell ignoriert werden, auch wenn dieses nicht den eigenen oder den vermeintlichen Werthaltungen der Kernzielgruppe der Institution entspricht. Da es in der PR keineswegs nur darum geht, potenzielle Besucher zu werben, sondern in der öffentlichen Wahrnehmung präsent zu sein, kann jedes Medium dazu beitragen, die eigene Bekanntheit zu steigern. Innerhalb eines Mediums ist keineswegs nur das Feuilleton relevant, manchmal bieten sich auch andere Redaktionen wie der Lokalteil, die Medienseite oder aber die Kinderseite an. Die verschiedenen Redaktionen müssen jeweils spezifisch angesprochen und mit den für ihr Ressort passenden Informationen versorgt werden.

Ein gut gepflegter, das heißt vollständiger und aktueller Verteiler, der sämtliche für die Institution relevanten Redaktionen und Ansprechpartner enthält, ebenso wie zusätzliche Hinweise über den jeweiligen Journalisten ist die Basis für eine strategische Medienarbeit. Auch hier bietet sich eine Art Database-Management an, das heißt, dass ein Verteiler nicht nur aus der Adresse eines Journalisten besteht, sondern auch andere, inhaltlich relevante Informationen enthält, wie: Interesse an besonderen Veranstaltungen und Themen oder Bildmaterial, eventuelle Vorlieben beispielsweise für Interviews, Zeitpunkt des letzten persönlichen Kontakts etc.

Medienadressen deutschlandweit bieten u.a. folgende Handbücher und Internetadressen:

Stamm, Leitfaden durch Presse und Werbung
Stamm Verlag Essen GmbH
Goldammer Weg 16
45134 Essen
www.stamm.de

Zimpel Verlag Loseblattsammlung
Postfach 402060
80720 München
www.zimpel.de

Kroll Presse-Taschenbücher
Kroll-Verlag, Bergstr. 10
82229 Seefeld
www.kroll-verlag.de

Online-Verzeichnis für Online-Auftritte von Zeitungen, Zeitschriften und Online-Medien
www.metagrid.de

Diese Adressen können nur Anhaltspunkte bieten und keineswegs die eigene Recherche vor allem auf lokaler und regionaler Ebene ersetzen. Sinnvoll ist es, bei sämtlichen relevanten Medien anzurufen und sich Namen und Durchwahl der zuständigen Redakteure nennen zu lassen, mehr noch, diese Anrufe gleich zu einem ersten persönlichen Gespräch zu nutzen.

Beim Aufbau eines Verteilers sollte man auch freie Journalisten berücksichtigen, die im Kulturbereich einen Großteil der Rezensenten ausmachen. Kontakte zu freien Journalisten lassen sich bei eigenen Veranstaltungen im Laufe der Zeit aufbauen. Die Zusammenarbeit mit den »Freien« kann auch insofern besonders ergiebig sein, als diese oftmals für mehrere Medien parallel berichten und sich aus eigenem Interesse für die »Unterbringung« ihrer Artikel einsetzen.

Bevor man mit der Adressrecherche beginnt, kann es sinnvoll sein, sich und andere Mitarbeiter zum eigenen Medienrezeptionsverhalten in Bezug auf Kultur zu befragen.

Fragen zum Medienrezeptionsverhalten

- Mit welchen Medien informieren Sie und Ihr persönliches Umfeld sich über das Kulturangebot Ihrer Stadt bzw. Region?
- Welche lokalen Zeitungen lesen Sie? Welche überregionalen Zeitungen lesen Sie?
- Welche Zeitschriften lesen Sie?
- Welche Fernsehprogramme sehen Sie regelmäßig?
- Wann hören Sie Radio? Welche Programme hören Sie regelmäßig?
- Mit welchem Medium können Sie sich persönlich am meisten identifizieren?
- Kennen Sie die Namen der zuständigen Redakteure, wissen Sie die Titel der Sendungen?
- Können Sie sagen, was das jeweilige Profil eines Senders bzw. einer Zeitung/Zeitschrift ausmacht und wie sich die Nutzergruppen charakterisieren lassen?
- In welchen Rubriken der Medien, jenseits der explizit als Feuilleton markierten Bereiche, finden sich Hinweise über Kulturveranstaltungen?
- Welches Medium passt am besten zu Ihrer Kultureinrichtung?

Unterschiede in der Zusammenarbeit mit Print-, Hörfunk- und TV-Medien

Den größten PR-Effekt hat die Kulturberichterstattung im Fernsehen. Schon ein kurzer Beitrag lässt die Karten-Verkaufszahlen sichtbar in die Höhe schnellen, umso mehr, je populärer eine Sendung ist. Das Format Fernsehen ist weniger für die kritische Rezension einer künstlerischen Produktion geeignet, sondern wirkt auf Grund der Unmittelbarkeit der Bilder eher als werbende Ankündigung. Eine Fernsehshow wie »Wetten dass« des ZDF, die europaweit eine der höchsten Einschaltquoten hat, arbeitet in ihren Künstler- und Show-Einlagen ausschließlich PR orientiert. Es werden jeweils solche Programme und Prominente präsentiert, die z.B. aktuell ihre Deutschlandtournee starten, einen neuen Film oder die Premiere eines Musicals herausbringen. Für den Sender hat das den Vorteil, dass die großen Stars auf diese Weise für eine minimale Gage auftreten, für die Kulturproduktionen sind solche »PR-Leistungen« des Senders oftmals Millionen wert; unmittelbar nach der Sendung schnellen Absatzzahlen in die Höhe. Die wenigsten Kulturinstitutionen haben Stars oder Programme anzubieten, die Aufnahme in solch populäre Fernsehshow finden, es gibt jedoch auch auf regionaler Ebene TV-Sendungen, Talkshows, Nachrichten- oder Lifestylemagazine, in denen sich ein Künstler, ein Programmausschnitt o.Ä. wirkungsvoll platzieren lässt.

Während man für das Fernsehen in guten, sendefähigen Bildern denken muss, sind für Hörfunkmedien so genannte O-Töne wichtig. Auch der Hörfunk ist ein Medium mit sehr hoher Verbreitung, wenngleich Radiohören meistens eher nebenbei geschieht. Deshalb eignet sich der Hörfunk vor allem für Kurzberichte. Sehr werbewirksam sind Programmtipps der Serviceredaktionen, oftmals verknüpft mit der Verlosung von Freikarten. Da im Hörfunk kurzfristig geplant wird, eignet sich das Medium für alle Last-Minute-Aktionen.

Printmedien genießen unter den Kulturschaffenden die höchste Aufmerksamkeit, da sie am einfachsten zu dokumentieren sind. Wichtigster Beitrag der Zeitungen sind fundierte Rezensionen über eine künstlerische Produktion, die sowohl den Künstlern Feedback geben wie dem potenziellen Publikum Entscheidungs- und Vermittlungshilfe. Neben den Rezensionen des Kulturteils haben auch die meisten Printmedien Serviceseiten, in denen Veranstaltungsdaten und kurze Vorberichte, am besten mit Foto, platziert werden können. In vielen Zeitschriften gibt es Kultur-Service-Rubriken für Vorankündigungen. Ansonsten geht es dabei eher um Lifestyle-Themen, so dass man Personality-Storys rund um die Künstler unterbringen kann.

Persönliche Medienbetreuung und Pressearbeit am Telefon

Der größte Teil der Medienarbeit von Kultureinrichtungen findet in der Regel am Telefon statt. Keine noch so brillant formulierte Pressemitteilung kann das direkte Gespräch mit den Journalisten ersetzen. Auf Grund der ständig zunehmenden Menge von Kulturveranstaltungen gerade in größeren Städten können die Medien nicht über alles und schon gar nicht über alles im Vorfeld berichten. In der Fülle der täglich in den Redaktionen eingehenden Veranstaltungsankündigungen geht man gerade als weniger bekannte Kultureinrichtung schnell unter. Persönliche Überzeugungsarbeit am Telefon ist also unabdingbar. Vor allem wenn man die Journalisten noch nicht gut kennt, ist sehr viel Fingerspitzengefühl notwendig, gilt es doch hartnäckig zu sein, aber nicht aufdringlich. Für diese Gespräche sollte man sich die Grundlage aller PR-Arbeit vergegenwärtigen, nämlich nicht platt zu werben, sondern durch Argumente und Informationen Vertrauen für die eigene Sache zu schaffen. Wichtig dafür ist ein möglichst umfassendes Hintergrundwissen über die jeweiligen Künstler und Programme ebenso wie über das besondere Profil und die redaktionellen Rubriken und Schwerpunkte des angesprochenen Mediums. Denn nur dann lassen sich Ideen entwickeln, welche Themen genau in welchen Teil einer Zeitung oder eines Hörfunkprogramms hineinpassen könnten, was Stoff für das Lokale ist oder was sich etwa für einen Hintergrundbericht in der Wochenendbeilage eignen könnte. Je informierter und gebildeter ein PR-Referent ist, je mehr er nicht nur über die Programme seiner Einrichtung, sondern auch über andere Kulturveranstaltungen weiß, über aktuelle kulturpolitische Entwicklungen, über die Medienlandschaft, umso attraktiver wird er als Partner für Journalisten. Glaubwürdigkeit und Ehrlichkeit spielt auch im Umgang mit Medienvertretern eine wichtige Rolle.

Eine weitere Aufgabe der Medienarbeit kann darin bestehen, in der Funktion des »Pressesprechers« offiziell für eine Institution zu reden, etwa in der Form eines Hörfunk-Interviews. Dabei sollte man sich jedoch immer eine kurze Vorbereitungszeit erbeten, um Statements genau zu überlegen und sich im Zweifelsfall bei der künstlerischen Leitung rückzuversichern.

Von zentraler Bedeutung für den Aufbau guter Kontakte zu den Medienvertretern sind neben den Telefonaten natürlich die persönlichen Begegnungen. Als Repräsentant einer Kultureinrichtung ist man in der glücklichen Lage, bei Premieren, Eröffnungen etc. attraktive Gelegenheiten anbieten zu können. Selbstverständlich sollten Medienvertreter immer zu Premieren eingeladen werden, auch dann, wenn sie nicht immer über ein Ereignis berichten können. Vor Ort sollten sie ihre Eintrittskarten und Presseinformationen an einem eigenen Medien-Counter erhalten, um ihnen das Anstehen an der Kasse zu ersparen und zugleich einen Kontaktpunkt zu haben, an dem man als Pressereferent für diverse Anliegen zur Verfügung steht, etwa für Anfragen nach zusätzlichen Informationen, nach Materialien wie Pressefotos oder CDs, nach Interviewterminen, nach technischer Unterstützung oder nach reservierten Plätzen.

Außerdem sollten Journalisten zu den Feiern, Empfängen o.Ä. im Anschluss an eine Premiere eingeladen werden. Das bietet ihnen die Gelegenheit zu informellen Gesprächen mit beteiligten Künstlern, Programm-Machern sowie Prominenz und verschafft ihnen zusätzliches Hintergrundwissen für ihre Berichterstattung. Den PR-Leuten bietet es die Möglichkeit, Kontakte zu den Medienvertretern in angenehmer Atmosphäre zu vertiefen.

Medienpartnerschaften

Unerlässlich für jeden Kulturveranstalter sind Medienkooperationen. Es gibt kaum noch eine größere Kulturveranstaltung, die nicht gemeinsam mit einem Fernseh-, Radio-, und/oder Printmedium präsentiert wird. Die Medien stellen dem Kulturveranstalter kostenlosen Anzeigenraum zur Verfügung und werben im Gegenzug im Rahmen der Kulturveranstaltungen für den Sender oder die Zeitung. Eine Medienpartnerschaft ermöglicht Kultureinrichtungen also Anzeigenraum, den sie sich ansonsten nicht leisten könnten. Im Gegenzug bietet sie einem Medium »Auftrittsmöglichkeiten« und Imagetransfer im Rahmen einer Kulturveranstaltung.

Da auch in der Medienlandschaft, zumal in großen Städten, ein hoher Konkurrenzdruck um Einschaltquoten und Verkaufszahlen besteht, sind hier beide Seiten gleichermaßen an der wechselseitigen Promotion interessiert.

Medienpartnerschaften werden mit der Marketingabteilung eines Mediums vereinbart und nicht mit der Redaktion. Auch wenn sich zunehmend die Grenzen zwischen Journalismus, PR und Werbung vermischen, sollte man grundsätzlich die redaktionelle Unabhängigkeit eines Mediums respektieren. Eine verstärkte redaktionelle Betreuung durch den Medienpartner ist meistens selbstverständlich, aber nicht Teil des Kooperationsvertrages.

Damit eine Medienpartnerschaft für beide Seiten erfolgreich wird, müssen die Partner gut zueinander passen. Die erste Frage muss also lauten: Welches Medium passt eigentlich zu uns bzw. zum jeweiligen Programm? Mit welchem Medium erreichen wir unser potenzielles Publikum am besten?

Gerade bei größeren Veranstaltungen ist es durchaus sinnvoll und möglich, mit mehreren Medienpartnern gleichzeitig zu kooperieren, sofern diese verschiedenen Genres angehören und folglich keine »Konkurrenten« auf dem Medienmarkt sind. So sind etwa bei der »Langen Nacht der Museen« in Berlin sowohl eine Tageszeitung wie ein Hörfunksender und ein lokaler Fernsehsender Medienpartner. Zusätzlich könnte man sogar noch eines der Stadtmagazine einbeziehen.

Mit allen Medienpartnern sollten klare Absprachen in Form eines Kooperationsvertrages zu Leistungen und Gegenleistungen vereinbart werden.

Folgende Leistungen von Seiten eines Medienpartners sind denkbar:

- kostenlose Erstellung und Schaltung von Anzeigen bzw. Trailern;
- Erstellung einer Zeitungsbeilage mit dem Veranstaltungsprogramm (bietet sich besonders bei herausgehobenen Veranstaltungszyklen wie Festivals an);
- Versand von Kulturprogrammen über Verteiler des Mediums.

Folgende Gegenleistungen sind von Seiten der Kultureinrichtung denkbar:

- kostenlose Anzeigen des Medienpartners im Flyer oder Programmbuch;
- Logoabdruck und Nennung auf Plakaten und in allen gestalteten Anzeigen;
- Hängung von Plakaten, Bannern o.Ä. am Veranstaltungsort;
- Aufstellen eines Promotion-Standes im Foyer des Veranstaltungsortes;
- Auftrittsmöglichkeiten für das Medium im Rahmen von Kultur-Veranstaltungen;
- Freikarten für Leser/Hörer/Zuschauer und Geschäftspartner des Mediums.

Folgende Maßnahmen im Grenzbereich von Marketing und redaktioneller Arbeit, sind außerdem denkbar:

- Konzeption und Durchführung einer gemeinsamen Veranstaltung (z.B. eine Podiumsdiskussion zu einem aktuellen kulturpolitischen Thema);
- Exklusiv-Vorberichterstattung;
- Exklusiv-Übertragung einer kulturellen Veranstaltung.

Beispiel für eine Medienpartnerschaft mit einem Radiosender

- Der Sender produziert 30 Sekunden Trailer für die Veranstaltung xy auf eigene Kosten.
- Der Sender spielt den Veranstaltungstrailer dreimal täglich zu bestmöglichen Sendezeiten jeweils kurz vor den Nachrichten zwei Wochen lang im Zeitraum von x bis y.
- Der Sender bemüht sich um eine intensive redaktionelle Betreuung der Veranstaltung.
- Der Sender verlost am Tag x fünf mal zwei Tickets sowie am Tag y fünf mal zwei Tickets für seine Hörer.
- Der Veranstalter stellt dem Sender für Hörer und Mitarbeiter insgesamt 50 Tickets für die Veranstaltung kostenlos zur Verfügung.
- Der Veranstalter integriert das Logo des Senders in Farbe in folgende Werbemittel: Flyer, Plakate, Bildanzeigen.
- Der Veranstalter ermöglicht dem Sender eine halbseitige Anzeige in dessen Programmheft zur Veranstaltung.
- Der Veranstalter ermöglicht dem Sender das Aufstellen eines Werbeplakats am Veranstaltungsort.
- Der Veranstalter ermöglicht dem Sender das Verteilen von Werbemitteln durch ein Promotion-Team am Veranstaltungsort.

Pressemitteilungen

Was verhilft einer PR-Information zu redaktionellem Durchbruch? Welche Pressemitteilungen werden »gesendet« und welche nicht? Sicherlich ist der Inhalt einer Pressemitteilung ein entscheidender Faktor: Die »Prominenz« eines Programms, die überregionale Bedeutsamkeit, die Relevanz für eine größere Öffentlichkeit und die Aktualität sind dabei von entscheidendem Einfluss. Darüber hinaus spielt aber auch die spezifische Aufbereitung von Informationen eine Rolle, das ergab eine Umfrage bei Journalisten.

»Eine glaubwürdige, faktische und kontinuierliche Pressearbeit zahlt sich immer aus!«, so das Fazit dieser Umfrage zur Akzeptanz von Pressemitteilungen. Das ernüchternde Ergebnis: Bei 85 Prozent aller Pressemitteilungen wurden eine fehlende Professionalität kritisiert (vgl. Scheidt 2002: 17).

Pressemitteilungen sollten nur dann verfasst werden, wenn es etwas Wichtiges mitzuteilen gibt. Das kann die Vorankündigung einer neuen Veranstaltungsreihe sein, der Überblick über das Jahresprogramm, die Information über eine bevorstehende Premiere, der Hinweis auf einen Kulturpreis, den die Einrichtung gewonnen hat, oder der Hinweis auf einen neuen Besucherrekord. Bei jeder Pressemitteilung muss es eine klare Botschaft und eine Handlungsaufforderung für die Medien geben. Was möchte man von den Medien: Bittet man um eine Vorankündigung des Programms, lädt man zu einer Pressekonferenz ein oder bittet man zur Eröffnung bzw. Premiere zwecks Rezension des Programms? Das muss deutlich erkennbar sein!

Pressemitteilungen sollten möglichst knapp die relevanten Informationen über eine Kulturveranstaltung bzw. eine kulturelle Institution und ihre Programmpolitik enthalten. Pressemitteilungen unterscheiden sich von anderen PR-Texten über Kunst grundsätzlich darin, dass sie weniger »lyrisch« und stärker sachlich und informativ sind. Sie sollten die klassischen »W-Fragen« beantworten und die Fakten gemäß ihrer Wichtigkeit darstellen, also von hinten kürzbar sein. Sie sollten durch Titel und Zwischenüberschriften strukturiert werden. Selbstverständlich sollten sie übersichtlich gestaltet sein, das Logo und die Adresse der Institution enthalten sowie einen Ansprechpartner mit Telefonnummer für eventuelle Rückfragen, Kartenbestellungen etc. nennen.

Um noch einen stärker atmosphärischen Eindruck einer künstlerischen Produktion zu vermitteln, kann man einen Flyertext sowie Zusatzinformationen über Künstlerbiografien o.Ä. als »Anhang« beifügen. Ein beigelegtes, aussagekräftiges Foto erhöht die Aufmerksamkeit.

Checkliste Pressemitteilung

Regeln für den Inhalt:

- Informationsgehalt (was, wann, wer, wo, wie, warum);
- das Wichtigste an den Anfang;
- kurz halten (nicht länger als zwei Seiten);
- Aktualität (was ist neu, warum ist es von öffentlichem Interesse);
- Verständlichkeit (keine Hintergrundinformationen voraussetzen, Fachbegriffe vermeiden);
- Glaubwürdigkeit (Superlative und Selbstbelobigungen vermeiden).

Regeln für die Gestaltung:

- Text mit einer Überschrift versehen und bei längeren Texten durch Zwischenüberschriften strukturieren;
- Blätter nur einseitig beschriften;
- ausreichend Rand lassen;
- Briefkopf mit Logo und vollständiger Absenderadresse;
- am Ende Ansprechpartner mit Telefondurchwahl nochmals extra nennen;
- Hinweis auf Link zu lizenzfreien Pressefotos mit Bildlegende und Veranstalteradresse auf der Rückseite bzw. Pressefotos auf CD beilegen;
- Überprüfung von Rechtschreibung, Daten und inhaltlicher Richtigkeit durch zwei weitere Leser.

Vertrieb

Pressemitteilungen sollten regelmäßig an den gesamten Medienverteiler verschickt werden und zwar gemäß der Arbeitsrhythmen und Redaktionsschlüsse der jeweiligen Medien. Bei überregionalen Publikumsmagazinen, wie etwa die »Brigitte« oder das »Bahn-Magazin«, liegt der Redaktionsschluss bereits fünf Monate vor Erscheinungstermin, diese müssen also sehr langfristig beliefert werden. Für Radiosender hingegen empfiehlt sich eher ein kurzfristiger Versand, weil diese gerade im Servicebereich, der für Veranstaltungen zuständig ist, erst ein bis zwei Tage vorher planen. Wie oben beschrieben, sollte beim Aufbau eines Medienverteilers mit sämtlichen Redaktionen abgesprochen werden, wann diese welche Informationen geliefert haben möchten. Abzufragen ist auch, in welcher Form die Pressemitteilung versandt wird, ob als Fax, als Brief oder als E-Mail. Grundsätzlich ist für den Erstversand einer Presseinformation ein Brief zu empfehlen, auch wenn dies mehr Arbeit macht und teurer ist. Ein Brief geht jedoch in der Informationsfülle in den Redaktionen nicht so schnell unter, zumal wenn er auf schön gestaltetem Papier ankommt.

Pressefotos

Ein attraktives Foto kann entscheidend dafür sein, ob eine Vorankündigung über eine Veranstaltung überhaupt abgedruckt und ob sie von den Lesern wahrgenommen wird. Um zu wissen, welche Motive als Pressefotos wirken, kann es sinnvoll sein, Fotos in Veranstaltungsmagazinen daraufhin zu analysieren, was ihre Eyecatcher-Funktion ausmacht.

Bewährt haben sich zum Beispiel:

- Hochformat
- Farbe
- kompakte Motive (Menschen eher dicht zusammen als weit verteilt über das Bild)
- Vielfältigkeit in der Tonalität
- ungewöhnliche Situationen

Man sollte sich also rechtzeitig um ausdrucksstarke, lizenzfreie Fotos bemühen, die charakteristisch für die jeweilige Kulturproduktion sind. Die Lizenzfreiheit erhöht die Abdruckwahrscheinlichkeit. Fotos sollten als Sammlung auf CD-ROM vorliegen ebenso wie im Pressebereich der Website zum schnellen Runterladen. Natürlich können eigene Fotos keine Fototermine für die Pressefotografen ersetzen, die kurz vor der Eröffnung einer Veranstaltung angesetzt werden sollten.

Pressekonferenzen

Pressekonferenzen sind ein sehr aufwändiges Mittel der Medienarbeit. Ihr Einsatz sollte gut überlegt sein. Eine Pressekonferenz ist nur dann sinnvoll, wenn dort etwas vermittelt wird, was sich nicht in Form einer Pressemitteilung oder eines Anrufs bei den Medien auch sagen ließe. Sie ist dann angebracht, wenn mehrere Akteure zu Wort kommen, wenn bei komplexen oder auch strittigen Themen Fragen und Diskussionen der Medienvertreter ermöglicht werden sollen oder wenn zusätzlich etwas vorgeführt werden soll, um Eindrücke und Emotionen sowie Bilder für Fotojournalisten zu ermöglichen. Und selbstverständlich ist sie auch nur dann effizient, wenn es mehr als eine Tageszeitung im Einzugsbereich gibt, also mit mindestens fünf verschiedenen Medienvertretern zu rechnen ist.

Grundsätzlich gilt: Der Anlass einer Pressekonferenz muss aus Sicht der Journalisten den zeitlichen Aufwand für ihr Kommen lohnen. Eine interessante »location« kann einen zusätzlichen Anreiz bieten, wenn etwa ein neuer Spielort vorgestellt oder Einblick in einen Ort gewährt wird, der normalerweise für

Außenstehende nicht zugänglich ist. Als Zeitpunkt für eine Pressekonferenz ist aus Sicht der Medien zumeist ein Vormittag in der Woche am günstigsten.

Im Kulturbereich bietet sich eine Verknüpfung von Pressekonferenz mit einer Fotoprobe an. Im ersten Teil der Pressekonferenz können Ausschnitte aus dem Programm gezeigt werden, die vor allem den Foto- und Kameramedien Bilder für die (Vor-)Berichterstattung ermöglichen, im zweiten Teil können verschiedene Beteiligte auf dem Podium von ihrem künstlerischen Arbeitsprozess berichten und sich den Fragen der Journalisten stellen.

Nach dem offiziellen Teil einer solchen Pressekonferenz, der eine Stunde möglichst nicht überschreiten sollte, ist Zeit einzuplanen für Einzelinterviews der verschiedenen Medienvertreter mit Künstlern oder der Leitung der Kultureinrichtung. Besonders für Hörfunkmedien sind individuelle »O-Töne« wichtiger Bestandteil ihres Beitrages. Diese Interviewwünsche sollten möglichst schon mit der schriftlichen Einladung abgefragt werden, damit man eine zeitliche Reihenfolge festlegen kann und die Akteure sich auf die Interviews einstellen können.

Aufgabe der PR ist nicht nur die Organisation der Rahmenbedingungen wie der Aufbau eines Podiums mit Namensschildern, die Bereitstellung von Snacks und Getränken, die Vermittlung von Einzelinterviews, sondern auch die inhaltliche Konzeption. Die PR muss genau planen, welcher der Redner welchen Part übernimmt, und dies mit allen langfristig absprechen, damit es nicht zu Doppelungen oder Lücken kommt. Wenn möglich, sollte eine Pressekonferenz auch von dem PR-Verantwortlichen moderiert werden, damit der »rote Faden« nicht verloren geht.

Neben der Funktion der Information und des direkten Dialogs mit den Medien haben Pressekonferenzen oftmals auch den Nebeneffekt der internen Kommunikation. Über den Kreis der eigentlichen Journalisten hinaus erscheinen auf Pressekonferenzen in der Regel viele der im weitesten Sinne an einer Produktion Beteiligten, um die Fragen der Medien zu hören, neueste Entwicklungen zu erfahren oder sich auszutauschen.

Handlungsleitfaden für die Vorbereitung und Durchführung einer Pressekonferenz

Konzeptionsphase (ca. neun Wochen vorher):
- Thema und Ziel der Pressekonferenz bestimmen;
- Reihenfolge der Redner festlegen;
- Ort festlegen;
- Termin bestimmen (klären, ob für den gleichen Tag evtl. bereits Konkurrenzveranstaltungen angekündigt sind).

Vorbereitungsphase (ca. drei Wochen vorher):
- Einladungsverteiler für die Medien;
- Einladungsverteiler für andere wichtige Beteiligte (z.B. nicht vergessen: Pressestellen der Förderer);
- Einladung zur Pressekonferenz formulieren, intern abstimmen und versenden (Inhalt: Anlass, Datum und Ort der PK, wer wird reden und auftreten, Fax-Antwortformular);
- Produktion von Pressefotos, die auf Wunsch während der Pressenkonferenz verteilt werden (Fotografen in Planung einbeziehen, indem man sie nach ihren Wünschen an eine Fotoprobe befragt);
- sämtliche Mitarbeiter, die betroffen sein könnten, langfristig schriftlich informieren;
- Catering bestimmen und bestellen (es muss kein Buffet geben, bei knappem Budget reichen warme und kalte Getränke).

Ca. drei Tage vorher:
- Liste aller angemeldeten Journalisten sowie Liste der Interviewwünsche aufstellen;
- sichten, welche wichtigen Medien sich noch nicht angemeldet haben und telefonisch nachfassen;
- Zahl der voraussichtlich zur PK Erscheinenden noch mal genauer bestimmen und bei Catering berücksichtigen (dabei auch Mitarbeiter, Künstler, Vertreter anderer Pressestellen etc. einplanen);
- genauen Zeitplan schriftlich fixieren;
- Ablaufplan der PK mit inhaltlichen Stichworten zu den geplanten Redebeiträgen erstellen und allen Beteiligten zukommen lassen;
- mit sämtlichen Rednern noch einmal kurz ihre inhaltlichen Schwerpunkte besprechen;
- Einsatzbereitschaft der Konferenztechnik sicherstellen;

- Pressemappe mit folgendem Inhalt zusammenstellen: Ablaufplan der Pressekonferenz mit Liste der Redner und künstlerischen Beiträgen;
- Pressemitteilung zur Produktion, evtl. Statement des Produzenten, Regisseurs, Ausstellungsmachers;
- Hintergrundinformationen: z.B. Biografien der beteiligten Künstler, Tourneepläne, Historie eines neuen Aufführungsortes, langfristige Ziele der eigenen Institution.

Ca. drei Stunden vorher:
- Podium und Stühle für die Journalisten aufbauen;
- Plakate und Hinweisschilder auf die Pressekonferenz aufhängen;
- Pressecounter mit Anwesenheitslisten und Pressematerialien aufbauen.

Beginn der Pressekonferenz:
- alle Medienvertreter persönlich begrüßen;
- Interviewwünsche koordinieren.

Moderation des Podiums:
- Begrüßung und Vorstellung aller Beteiligten, kurze Einleitung;
- Übergänge zwischen den Rednern moderieren;
- auf Einhaltung der Redezeiten achten;
- Fragenrunde eröffnen;
- nach ca. einer Stunde den offiziellen Teil beenden und zu individueller Interviewrunde oder zu Fotorunde und zu kleinem Snack einladen.

Nachbereitungsphase (ca. ein bis sieben Tage nachher):
- Anwesenheitsliste auswerten;
- Pressemappe an wichtige Redaktionen verschicken, die nicht persönlich vertreten waren;
- neue Kontakte im Medienverteiler ergänzen;
- Artikel, die als Reaktion auf PK erschienen sind, sammeln (bzw. von zuvor beauftragtem Ausschnittsdienst sammeln lassen) und auswerten.

Pressegespräch

Viele Journalisten bevorzugen Gespräche im kleineren Kreis, die ihnen detaillierte Hintergrundinformationen und eine stärkere Berücksichtigung ihrer individuellen Interessen ermöglichen. Im Gegensatz zu einer Pressekonferenz muss das Pressegespräch keinen offiziellen Anlass haben. Es findet in eher kleinem Rahmen mit wenigen ausgewählten Journalisten und der künstlerischen Leitung statt und ist eher vertraulicher Natur. Hintergründe über zukünftige Entwicklungen der Institution oder ein geplantes größeres Projekt können hier auf informelle Weise vermittelt und diskutiert werden. Pressegespräche dienen vor allem der Vertiefung guter Kontakte und dem Aufbau eines Vertrauensverhältnisses zu denjenigen Medienvertretern, die besonders wichtig für die Einrichtung sind.

Vermittlung von Interviews

Die Vermittlung von Interviewterminen zwischen Journalisten und Künstlern ist eine zeitintensive, doch wichtige Aufgabe der Medienarbeit. Bei bekannteren Künstlern wird es eher darum gehen, Interviewanfragen zu reduzieren und auszuwählen, welches Medium wirklich wichtig ist und bevorzugt bedient werden sollte; bei weniger bekannten Künstlern besteht die Aufgabe darin, offensiv auf die Medien zuzugehen und ihnen einen Künstler als Gesprächspartner anzubieten und für das Medium passende Gesprächsthemen vorzuschlagen. Dazu gehört auch die Vermittlung von Künstlern etwa in Talkshows, denn solche TV-Auftritte garantieren hohe Publizität und tragen erheblich dazu bei, den Bekanntheitsgrad von Künstlern zu erhöhen, was nicht nur den Künstlern, sondern auch der veranstaltenden Institution zugutekommt.

Wichtig für ein konstruktives Interview ist es, dass die Partner auf beiden Seiten vor dem Gespräch gut über den jeweils anderen informiert sind. Einige Tage vor dem Interview sollte man den Medien Informationen über die Produktion wie auch über biografische Daten des Künstlers zukommen lassen. Das erspart den Journalisten die Archivrecherche und kann dazu beitragen, von den Interviewten als ignorant empfundene Fragen zu vermeiden. Auch den Künstlern sollte man Hintergründe über einen Journalisten und sein Medium vermitteln, damit auch sie sich auf ihre Gesprächspartner einstellen können.

Wenn abzusehen ist, dass die Nachfrage nach Interviews groß sein wird, empfiehlt sich die Einrichtung von Interviewblöcken, innerhalb derer jedem Journalist ungefähr eine halbe Stunde Zeit eingeräumt wird. Aufgabe des Pressereferenten ist es, für die Einhaltung dieser Zeiten zu sorgen. In jedem Fall muss vorab abgesprochen werden, ob ein Journalist von einem Fotografen begleitet wird, damit sich Künstler in ihrem Outfit darauf einstellen können.

Pressearbeit im Internet

Immer mehr Journalisten nutzen das Internet als schnelle Recherchemöglichkeit. Insofern sollte es selbstverständlich sein, dass die Website einen eigenen Online-Pressebereich bereitstellt, der bereits auf der Startseite gut sichtbar ist. Der Zugang sollte möglichst nicht geschützt sein, damit alle interessierten Medien problemlos darauf zurückgreifen können.

Die bereitgestellten Informationen müssen stets aktuell sein. Neben Pressemitteilungen sollten Spielpläne und Fotos in verschiedenen Formaten zum Downloaden angeboten werden. Zusätzlich sollte ein aktueller Terminkalender platziert werden, der u .a. kommende Pressekonferenzen, Fotoproben und Premieren auflistet.

Neben einem E-Mail-Kontakt muss immer der Name und die telefonische Durchwahl des Pressereferenten angegeben werden, so dass ein schneller persönlicher Kontakt für alle Rückfragen möglich ist. Schließlich sollte man die Möglichkeit anbieten, einen Presse-Newsletter zu abonnieren, der die interessierten Journalisten regelmäßig mit Informationen über neue Programme und geplante Projekte einer Einrichtung informiert.

Journalistenreisen

Bei großen Gastspielen oder Ausstellungen, die für einen längeren Zeitraum in einer Kulturinstitution stattfinden, kann es sehr sinnvoll sein, Journalisten einzuladen, sich eine Produktion vorab an einem anderen Ort anzusehen. Auf diese Weise erhalten die Journalisten Stoff für die Vorberichterstattung, die bei größeren Gastproduktionen unerlässlich ist, um den Vorverkauf anzukurbeln. Auch wenn eigene Produktionen auf Tournee gehen, kann es für das Image einer Institution sehr förderlich sein, wenn heimische Journalisten von den Erlebnissen dieser Tournee berichten. Journalistenreisen sind ein kostspieliges PR-Mittel, denn sie umfassen die Übernahme von Reise- und Hotelkosten. Zugleich sind sie aber ein sehr wirkungsvolles Mittel, nicht nur weil den Medien auf diese Weise direkte Einblicke für ihre Berichterstattung ermöglicht werden und diese garantiert ist, sondern auch, weil eine solche gemeinsame Reise zum Aufbau eines guten Vertrauensverhältnisses zwischen PR-Referent und beteiligten Journalisten beitragen kann.

Zusammenfassend: Vom Umgang mit den Medien

Gute Medienarbeit zeichnet sich dadurch aus, dass sie auf die Arbeitsbedingungen der verschiedenen Medien eingeht. Sie sollte kontinuierlich, zuverlässig und termingenau auf jedes Medium zugeschnitten sein sowie informativ und von engen persönlichen Kontakten mit einem breiten Spektrum an Journalisten begleitet werden.

Journalisten arbeiten in der Regel unter großem Zeitdruck. Insofern sollte man Hintergrundinformationen übersichtlich aufbereitet liefern und sich bei allen Anliegen, ob schriftlich oder mündlich vorgebracht, kurz fassen. Journalisten haben ihren eigenen Rechercheplan und Ideen für den Aufbau einer Story, den man zwar durch Ideen und Vorschläge bereichern, aber nicht bestimmen kann. Hier ist strategisches Geschick nötig, um zu entscheiden, welches Thema sich bei welchem Medium lancieren lässt.

Auch Redakteure sind in Bezug auf ihre Arbeit eitel und verletzlich und reagieren empfindlich auf Vorwürfe an ihrem Schreibstil und ihrer Beurteilung einer Produktion. Auf Gegendarstellungen und ähnliche beleidigte Reaktionsweisen sollte man also möglichst verzichten. Negativ-Meldungen lassen sich am ehesten durch gute partnerschaftliche Kontakte verhindern.

Eine Befragung der Autorin bei Kulturjournalisten aus verschiedenen Medienbereichen ergab folgende Wünsche an die PR-Arbeit:

- feste Ansprechpartner, die in der Einrichtung Autorität haben;
- inhaltliche Kompetenz der Ansprechpartner;
- Persönliche Gespräche statt Massenabfertigung;
- gelegentliche Exklusivinformationen;
- Zuverlässigkeit;
- vollständige und korrekte Informationen, übersichtlich und knapp aufbereitet, an den Erfordernissen der jeweiligen Redaktion angepasst;
- Fakten statt Werbesprüche;
- Ehrlichkeit und Glaubwürdigkeit, keine Übertreibungen und Vertuschungen.

9 Erfolgskontrolle/Evaluation

Zu jeder PR-Arbeit gehört die Wirkungskontrolle. Auch und gerade eine erfolgreiche Kulturinstitution steht unter permanentem Innovationsdruck, denn nichts ist so vergänglich wie der Erfolg. Die Überprüfung der Gründe von Erfolg oder Misserfolg von PR-Maßnahmen eröffnet Chancen, für die zukünftige Arbeit zu lernen.

Der Begriff »Erfolgskontrolle« bezieht sich sehr eng auf die Messung der Ergebnisse nach Abschluss einer Aktion. Eigentlich geht es aber um mehr, nämlich um die Analyse der Arbeit in Hinblick auf ihre Zukunftsfähigkeit. Insofern soll hier von Evaluation die Rede sein, ein Begriff, unter dem man die Analyse und Bewertung von Maßnahmen versteht – und zwar von Anfang an und nicht nur am Ende einer PR-Maßnahme.

Evaluationen können sich zum einen ganz konkret auf die Messung der Wirksamkeit bestimmter PR-Instrumente, zum anderen auf die Leistungen der Institution insgesamt sowie auf das Image einer Institution bei Publikum und Teilöffentlichkeiten beziehen. Da PR eine Mittlerfunktion zwischen Außenwahrnehmung und Innensicht einnimmt, gehört es auch zu ihren Aufgaben, Meinungen, Einstellungen und Wahrnehmungen über Gesamtkonzept, Programme und Service der Einrichtung aufzunehmen und in die Einrichtung hinein zu vermitteln. Im besten Falle geschieht dies durch systematische Befragungen.

Ob man etwas als Erfolg oder Misserfolg beurteilt, hängt von den zuvor gesetzten Zielen ab. Der erste Schritt der Evaluation besteht also darin, sich seine PR-Ziele zu verdeutlichen, um zu wissen, was eigentlich Erfolgskriterien sind.

Aus den Zielen der PR lässt sich auch ableiten, welche Erhebungsdaten und -methoden für die Evaluation erforderlich sind. Bestand das zentrale PR-Ziel darin, die Anzahl der Besucher einer Veranstaltung zu erhöhen, so genügt es, die Auslastungszahlen systematisch zu erfassen. Bestand es darin, jüngeres Publikum zu gewinnen, müssen Befragungen zum Alter und Zählungen dieser Besucher durchgeführt werden, um den Erfolg zu beurteilen. Ging es darum, das Image einer Institution zu verändern, so lässt sich das nur über einen längeren Zeitraum durch Besucher- bzw. Bevölkerungsumfragen und Medienanalysen evaluieren.

Keineswegs setzt Evaluation immer fundierte Kenntnisse der empirischen Sozialforschung und EDV-gestützter Auswertungsverfahren voraus. Es gibt auch einfache und kostengünstige Vorgehensweisen. Entscheidend ist, dass bei der Erfassung und Auswertung geeigneter Daten eine gewisse Systematik verfolgt wird und nicht nur sporadisch und zufällig Daten gesammelt, die dann als »Beweis« für absolut genommen werden.

Methoden der Evaluation

Besucherzahlen

Ein zentraler Faktor zur Beurteilung des Erfolgs werden immer die Besucher- bzw. Teilnehmerzahlen sein. Indem z.B. die Entwicklung der Vorverkaufszahlen täglich dokumentiert und Entwicklungsverläufe sichtbar werden, können diese Zahlen Aufschluss darüber geben, inwieweit eine PR-Maßnahme gegriffen hat. So könnte etwa der sprunghafte Anstieg jeweils nach Versand eines monatlichen Flyers die Wirksamkeit des Direktmarketings anzeigen oder der Anstieg nach einem Künstler-Promotion-Auftritt bei einem Hörfunksender für die Werbewirksamkeit dieses Mediums sprechen.

Besuche auf der Website

Neben den Live-Besuchern lassen sich auch die Besuche auf der Website und deren Verweildauer zählen. Über ein elektronisches Gästebuch lassen sich Meinungen von Kultur- und Netznutzern über PR und Service der Einrichtung und ihre Programme einholen.

Gästebücher

Gästebücher geben den Besuchern vor Ort die Möglichkeit für ein Feedback. Deren Auswertung kann Hinweise auf die Bewertung von Programmzusammenstellung und Service geben. Oftmals dienen sie zugleich der Aufnahme von Adressen und sind damit eine Bezugsquelle für die Erstellung von Verteilern für das Direktmarketing.

Response-Materialien

Unter Response-Materialien versteht man PR-Mittel, die einen Adressaten zur Antwort auffordern. Um zum Beispiel herauszufinden, ob ein bestimmtes Werbemittel wahrgenommen wird, ließen sich in eine Anzeige Gutscheine für Preisermäßigungen integrieren und durch den Eingang dieser Gutscheine beim Kartenkauf Rückschlüsse auf die entsprechende Mediennutzung ziehen. Indem man zum Beispiel ein Preisausschreiben in einer Tageszeitung platziert, lässt sich die Aufmerksamkeit und das Interesse von Lesern überprüfen. In einem Flyer könnte unter dem Stichwort »Sagen Sie uns Ihre Meinung« eine spezielle Kontakttelefonnummer für direkten Response angegeben werden.

Eigene Beobachtungen

Beobachtungen der Besucher und Gespräche mit ihnen können vielschichtige Eindrücke vermitteln und sind zumindest als Vor-Evaluation nicht zu unterschätzen. Worüber unterhalten sich die Leute während der Pause und nach einer Veranstaltung, wie beurteilen sie das Gesehene und den Service? Wie werden die Flyer, wie werden die Programmhefte angenommen? Sehr aufschlussreich können auch Gespräche mit Kassen- und Aufsichtspersonal, mit Abonnementbüros, mit Programmheftverkäufern und Garderobieren sein. Auch hierbei ist es wichtig, das Beobachtete und Gehörte systematisch festzuhalten.

Interne Bewertungsrunden

In regelmäßigen Abständen sollten alle an der PR-Beteiligten wie auch andere Mitarbeiter mit viel Publikums- und Außenkontakten zu internen Evaluationsrunden zusammenkommen, um ihre Erfahrungen über den Erfolg von Kommunikationsmaßnahmen auszutauschen und Verbesserungsvorschläge zu entwickeln.

Medienresonanzanalyse

Eine systematische Auswertung der Medien-Berichterstattung über eine Kultureinrichtung und ihre Programme kann zum einen Erkenntnisse über die Wirksamkeit von Pressearbeit liefern, zum anderen kann sie den Tenor der Berichterstattung messen und Aufschluss darüber geben, welches Image der Einrichtung in den Medien gespiegelt wird.

Der erste Schritt ist die vollständige Erfassung aller veröffentlichen Medien-Artikel, Beiträge und Sendungen über die Aktivitäten einer Institution. Dabei sollten nicht nur die Printmedien, sondern auch audiovisuelle Medien berücksichtigt werden.

Bei größeren, überregional agierenden Institutionen ist dafür in jedem Fall ein Mediendienst erforderlich, da es unmöglich ist, selbst sämtliche Medien in Deutschland zu verfolgen. Diese Dienste bieten auch die Beobachtung und Archivierung von Hörfunk und Fernsehen an, jedoch meist zu hohen Preisen, so dass Kultureinrichtungen in der Regel Hörfunk- und Fernsehbeiträge selbst aufnehmen bzw. die zuständigen Redakteure um ihre Sendemanuskripte bitten.

Quantitative Medienanalyse

Ermittelt werden die Anzahl der Artikel, die Art des Artikels (z.B. Interview oder Rezension oder Vorbericht), der Medientyp, die Platzierung des Artikels (z.B. Feuilleton, erste Seite oder Lokalteil), evtl. die Länge des Artikels und die Auflagenhöhe des Mediums. Anhand dieser Angaben lässt sich die Medienresonanz auch in Geldwerten errechnen: Welchen Anzeigenpreis hätte man für die Menge der redaktionellen Berichterstattung ausgeben müssen?

Neben der Gesamtmenge der Berichterstattung lässt sich auch erfassen, worüber wie viel berichtet wurde. Wie viele Medienberichte beziehen sich auf die Institution im Allgemeinen, wie viele beziehen sich auf künstlerische Produktion bzw. Aktivitäten? Über welche Produktionen wurde am meisten berichtet? Ist man stärker im Lokalteil oder im Feuilleton präsent?

Inhaltliche Medienanalyse

Die inhaltliche Auswertung der Medienberichterstattung dient zur Dokumentation und Messung der publizistischen Akzeptanz von Institution und Programmen ebenso wie zur Ermittlung gegenwärtiger oder sich für die Zukunft andeutender Kritik. Hier werden Aussagen über die Art und Weise der Darstellung sowie zur Tendenz der Beiträge getroffen (z.B.: positiv, neutral, ambivalent, negativ/Verriss). Wo wird wohlwollend und weiterführend kritisiert, wo wird gnadenlos verrissen, wo sind Bündnispartner, wo sind Dauerkritiker? Welche Themen bzw. Veranstaltungen haben besonders viel Aufmerksamkeit gefunden, welche wurden missachtet?

Vor dem Hintergrund vorher festgelegter Kommunikationsziele ist zu fragen, ob die eigenen Botschaften bei den Medienvertretern angekommen sind. Verändert sich das Meinungsklima bzw. der Tenor, welche Tendenzen sind im Vergleich zu früheren Berichterstattungen erkennbar? Wie sieht das »Medienimage« der Institution aus?

Eine Medienresonanzanalyse kann z.B. nach folgenden Kriterien unterscheiden:

- Darstellungsart (Rezension, Interview, Vorbericht, Hinweis/Ankündigung);
- Medienart (Tageszeitung, Wochenzeitung, Programm-Magazin, Zeitschrift, öffentlich-rechtlicher Hörfunk, privater Hörfunk, TV etc.);
- Auflagenhöhe des Mediums;
- Umfang bzw. Dauer eines Berichts;
- Platzierung (Feuilleton, Lokalteil, Medienseite, Titelseite, Terminkalender bzw. Sendezeit o.Ä.);
- Veröffentlichung mit Bild;
- Meinungstendenz (positiv, negativ, ambivalent);
- zentrale Aussage eines Medienbeitrags.

Medienresonanzanalysen in Form einfacher Auszählungen können ohne Probleme in Eigenregie durchgeführt werden. Zur Unterstützung gibt es entsprechende Standard-Software. Für umfangreichere Analysen können auch spezialisierte Dienstleister herangezogen werden.

Besucher- und Bevölkerungsbefragungen

Befragungen von Besuchern können nicht nur zur Erfolgskontrolle dienen, sondern sind bereits in der Konzeptionsphase von PR sinnvoll, zum Beispiel um herauszufinden, wie alt diese im Durchschnitt sind oder über welche PR-Mittel sie sich bevorzugt informieren lassen. Eine Befragung der Bevölkerung eines Stadtteils, einer Stadt oder Region kann zum Beispiel das Ziel haben, etwas über das Image einer Institution oder das Kulturinformations- und -rezeptionsverhalten generell zu erfahren.

Um Ängsten der künstlerisch Schaffenden zu begegnen, dass auf Grund von solchen Befragungen zukünftig Publikumswünsche über künstlerische Inhalte und Formen bestimmen würden, muss deutlich darauf hingewiesen werden: Besucherforschung im Kulturbereich fragt nicht: »Welche Programme hätten Sie denn gerne?«, sondern »Welche Art der Programmpräsentation, welche Rahmenbedingungen, welche Serviceangebote, welche Kommunikationsleistungen würden Ihnen den Zugang erleichtern?«

Befragungen können als mündliche Interviews persönlich oder telefonisch durchgeführt werden oder auch als schriftliche Befragung. Der Fragebogen sollte möglichst knapp gehalten werden und nicht mehr als fünf bis zehn Minuten Bearbeitungszeit erfordern. Die Fragen können in geschlossener Form, das heißt mit vorgegebenen Antwortkategorien oder als offene Frage formuliert werden oder aber als teilstandardisierte Befragung eine Kombination aus beidem sein. Offene Fragen sind schwerer zu kodieren und auszuwerten, können dafür aber interessante neue Aspekte erbringen. Es empfiehlt sich, einen Fragebogen vorher durch einen Pretest mit einer begrenzten Zahl von Personen auszuprobieren, um gravierende Fehler zu vermeiden. Anhaltspunkte für die Formulierung von Fragen im Rahmen von Kulturbesucherbefragungen bietet u.a. ein Leitfaden des Deutschen Städtetages (Deutscher Städtetag: 1994).

Um die Motivation zur Beteiligung an einer Befragung zu erhöhen und damit einen möglichst hohen Fragebogenrücklauf zu erhalten, könnte man zum Beispiel unter allen Teilnehmern, die ihre Adresse angeben, Freikarten verlosen.

Das Stammpublikum, das regelmäßig direkt über die Programme informiert wird, ist in der Regel bereit, eine Institution durch konstruktive Kritik zu unterstützen, so dass hier durchaus kleinere Fragebögen, etwa als Faxantwort gestaltet, mitgesandt werden können.

Während kleinere Fallzahlen noch »von Hand« ausgezählt werden könnten, erfordern bereits mittlere Fallzahlen Computerprogramme. Für deskriptiv-statistische Auswertungen relativ leicht handhabbar ist das Programm Excel.

Folgende Themenkomplexe können z.B. in Publikumsbefragungen behandelt werden:

- soziodemografische Struktur des Publikums;
- Motivationen des Publikums für den Besuch;
- Programmvorlieben;
- Häufigkeit des Besuchs;
- Kulturinformationsverhalten, bevorzugte Werbemittel und Medien;
- Beurteilung von Serviceleistungen der Einrichtung;
- Beurteilung des Images der Einrichtung.

Daraus lassen sich zum Beispiel folgende Fragen beantworten:

- Aus welchen Bevölkerungsgruppen setzt sich das Publikum zusammen?
- Aus welchen Bezirken/Regionen kommt es?
- Wie viele lassen sich zum Stammpublikum zählen?
- Über welche PR- und Werbemittel haben die Befragten vom Angebot erfahren? Welche Mittel waren besonders wirkungsvoll, welche Mittel wurden kaum wahrgenommen?
- Welche Serviceangebote sind den Besuchern besonders wichtig?
- Welches Image einer Einrichtung besteht bei Besuchern?

Die Konzeption, die Durchführung und die Auswertung von Publikums- bzw. Bevölkerungsbefragungen ist sehr zeitaufwändig und erfordert erhebliche Methodenkenntnisse. Kultureinrichtungen, die bislang keine Erfahrungen in diesem Bereich haben und denen die Zeit fehlt, um eine solche Erhebung selbst durchzuführen, sollten sich professionellen Rat holen. Da Kulturinstitutionen oftmals das Budget zur Beauftragung eines Meinungsforschungsinstituts fehlt, könnten sie versuchen, ein Hochschulseminar für eine solche Untersuchung zu gewinnen. Bei der gemeinsamen Entwicklung von Zielen und Fragestellungen erhalten die Studierenden im Gegenzug wertvolle Einblicke in die Arbeit eines Kulturbetriebs.

Und was fängt man mit den Ergebnissen einer Evaluation an? Auf jeden Fall sollten die Ergebnisse intern unter allen Mitarbeitern bekannt gemacht und diskutiert werden. Dabei gilt es sehr genau zu überlegen, wie sich diese Ergebnisse auf die zukünftige Arbeit auswirken. Was bestätigte die bisherige Vorgehensweise, was ist überraschend, was erfordert Veränderung? Auf welche Weise und in welchem Zeitraum sollen diese Veränderungen durchgeführt werden?

Und noch etwas sollte beachtet werden: Eine Befragung signalisiert den befragten Besuchern die Absicht, eine Einrichtung oder Veranstaltung mit ihrer Hilfe weiterzuentwickeln. Wird nachfolgend in keiner Weise auf die Befragungsergebnisse und damit auch auf die Meinungen der Besucher reagiert, kann sich dies auf das Image negativ auswirken.

Über interne Auswertungen hinaus sollten Erfolge durchaus auch offensiv nach außen getragen werden, sei es in Form einer Pressemitteilung, die neue Besucherrekorde verkündet, oder in Form eines Berichts für Politiker, Förderer und Sponsoren. »Erfolg macht sexy« – das gilt auch für Kulturinstitutionen, und darum sollte Erfolg deutlich gemacht werden!

→ III PR-Praxis bundesdeutscher Kulturinstitutionen

Wie sieht die derzeitige Praxis von Kultur-PR aus? Welchen Stellenwert hat PR innerhalb der Institutionen? Gibt es Unterschiede zwischen den verschiedenen Kunst- und Kultursparten? Gibt es Unterschiede zwischen PR an festen Häusern und PR für temporäre Festivals? Gibt es Unterschiede zwischen öffentlichen und privaten Trägern? Haben die Institutionen empirische Erkenntnisse über die Wirkungen ihrer PR? Wo wird besonders innovativ und kunstzugewandt gearbeitet? Wo setzt man sich besonders für das Publikum ein, wo wird nicht nur verkauft, sondern auch vermittelt?

Eine der wesentlichen empirischen Grundlagen für die Analyse der PR-Praxis von Kulturinstitutionen waren Berichte über gut 1500 Kultureinrichtungen in Deutschland, in denen Studierende der Universität Hildesheim mehrmonatige Praktika, vorwiegend im Bereich Kulturmanagement und PR, absolviert haben. Hieraus ließ sich ein guter Überblick über vorherrschende Vorgehensweisen in der Kultur-PR und Bedeutung von PR für Kultureinrichtungen gewinnen. Darüber hinaus wurden von der Autorin ca. 150 PR-Beauftragte in Kulturinstitutionen und -projekten aus verschiedenen Kultursparten systematisch zu ihren PR-Strategien befragt. Einige dieser PR-Konzepte werden nachfolgend dargestellt.

Anhand der Fallbeispiele aus verschiedenen Kulturinstitutionen in Deutschland soll gezeigt werden, welche Bandbreite Kultur-PR haben und wie sie erfolgreich praktiziert werden kann. Die Fallbeispiele repräsentieren die verschiedenen Kunstsparten Theater, Musical, Kleinkunst, Musik, bildende Kunst, Film, Literatur, Soziokultur, Kinderkultur und Kulturmedien. Innerhalb der einzelnen Sparten wurden solche Institutionen ausgewählt, die in ihrer Kommunikationsarbeit auffällig sind: weil man viel von ihnen hört, weil man über sie spricht, weil sie besonders konsequent in ihrer Darstellung sind, weil sie über die PR-Standards hinaus besonders innovativ vorgehen oder weil sie auch vor populären Maßnahmen nicht zurückschrecken. Natürlich ist auch die Größe und institutionelle Verankerung einiger der hier vorgestellten Institutionen mitverantwortlich für ihre Bekanntheit.

Neben einem gewissen Grundrepertoire an PR-Methoden, die in fast allen Kultureinrichtungen angewandt werden, haben sich in den verschiedenen Sparten genrespezifische Formen von PR herausgebildet. Da die verschiedenen Kulturgenres jeweils andere Organisationsformen und Präsentationsformate innerhalb des Kunstbetriebs haben, gibt es spezifische Weisen der Kommunikation, spezifische Kommunikationsprobleme und damit auch genrespezifische PR-Lösungsstrategien.

PR für Theater

In Deutschland gibt es dank föderaler Strukturen und hoher öffentlicher Fördersummen eines der dichtesten und vielfältigsten Theatersysteme weltweit. Der Theatermarkt wird vor allem von öffentlich subventionierten Anbietern bestimmt, wobei hier im Wesentlichen drei zentrale Gruppen zu unterscheiden sind: die Staatsbühnen, die staatlich subventionierten Privatbühnen sowie die projektweise öffentlich geförderten Off-Bühnen.

Theater ist mit durchschnittlich 80 Euro pro Karte die am höchsten subventionierte Kunstform in Deutschland und steht damit in Zeiten öffentlicher Finanzkrisen nicht nur unter großem Reformdruck, sondern auch unter Legitimationsdruck. Zugleich wurde die Konkurrenz durch neue Kulturformen und durch neue Anbieter von Live-Unterhaltung, etwa private Musicalbetreiber oder Comedy-Bühnen, immer größer. Als Reaktion haben viele Stadttheater versucht, ihr Programm populärer zu machen, andere suchen die Annäherung an Themen und Formen der freien Off-Theaterszene.

Während in früheren Jahren Theaterbesuche zum festen Kanon des Bildungsbürgers gehörten, was sich in einem hohen Anteil von Abonnenten ausdrückte, hat das Theater in den letzten Jahren viele Stammnutzer verloren und muss sich sein Publikum nun in jeder Spielzeit neu erarbeiten. Theater gilt nicht mehr per se als wertvoll, sondern muss seine besonderen Leistungen und seine Attraktivität offensiv deutlich machen.

In Form von Theaterplakaten und Spielplänen setzen Theater seit langer Zeit Minimalmittel der PR ein. Mit bewusster PR-Arbeit starteten die deutschen Theater erst Ende der 60er Jahre, nachdem ein starker Besucherrückgang bemerkbar wurde. 1968 wurde das erste Handbuch für Theaterwerbung in Deutschland vom Deutschen Bühnenverein herausgegeben.

PR-Arbeit wurde bis vor einigen Jahren als »Nebenaufgabe« der Dramaturgie begriffen. Nach ersten Unterscheidungen zwischen Produktionsdramaturgen und nach außen gerichteten, so genannten Publikumsdramaturgen gibt es inzwischen in fast allen Theatern eine eigene PR-Stelle, in vielen Theatern sogar eine eigene Position für Marketing.

Für die Theater stellen sich vor allem folgende PR-Aufgaben:

Mit jedem Intendantenwechsel steht das neue Team eines Theaters vor der Aufgabe, eine neue Corporate Identity zu entwickeln und durchzusetzen und gleichzeitig das vorhandene Publikum zu halten. Dabei ist zu unterscheiden zwischen einem Zielgruppentheater in einer großen Stadt, das sich auf ein ganz bestimmtes Klientel beziehen kann, und einem Theater, das für die Bevölkerung einer Stadt oder einer Region insgesamt zuständig ist und darum sehr viel breiter ausgerichtet sein muss.

Bei der Kommunikation seiner Corporate Identity muss ein Theater seinen Standort einbeziehen und klar machen, warum es gerade an diesem Ort dieses Theater macht. Vor allem öffentliche Theater, die häufig den Löwenanteil öffentlicher Kulturetats in Kommunen oder Ländern verbrauchen, müssen vermitteln, warum sie für einen Ort und seine Bevölkerung von Wert und Bedeutung sind.

Ein Repertoire-Spielplan, wie er in den meisten öffentlichen Theatern üblich ist, lässt sich nur schwer als Gesamtpaket kommunizieren – zumal die Inszenierungen, gerade bei einem Drei-Sparten-Haus, oftmals sehr unterschiedliche Publikumsgruppen ansprechen. So muss die PR aus dem Repertoire-Spielplan einzelne Inszenierungen herausgreifen, für die auf je spezifische Weise geworben wird. Eine weitere Möglichkeit für ein Repertoire-Theater ist die Bildung von Schwerpunktthemen, die als kleinere Pakete im Sinne eines Festivals verkauft werden können. Dabei werden häufig bewusst Mischkalkulationen eingeplant zwischen komplizierten Produktionen, bei denen von vornherein klar ist, dass sie nur einen kleinen Kreis ansprechen werden, und populären Produktionen auf der anderen Seite, die von Anfang an sehr breit vermarktet werden.

Um ihre Häuser allabendlich zu füllen, müssen Theater neue Publikumsgruppen über das klassische Theaterpublikum hinaus gewinnen sowie neue, flexiblere Formen der Publikumsbindung anbieten.

Volksbühne am Rosa-Luxemburg-Platz, Berlin

Eine Analyse auf der Grundlage eines Gesprächs mit Kirsten Hehmeyer, PR-Leiterin der Volksbühne am Rosa-Luxemburg-Platz von 1992 bis 2000, seit 2004 PR-Leitung des HAU Berlin

Die Berliner Volksbühne am Rosa-Luxemburg-Platz war das erste Theater in Deutschland, das sämtliche herkömmliche Konventionen der Theater-PR außer Kraft setzte und mit unkonventionellen Mitteln ein konsequentes Kultur-Branding betrieb. Wohl kaum ein zweites Theater in Deutschland hat ein solch klares und prägnantes Profil entwickelt wie die Berliner Volksbühne seit Antritt der Intendanz von Frank Castorf 1992.

Intendant Castorf, Chefdramaturg Lilienthal und Öffentlichkeitsarbeiterin Hehmeyer hatten zwar kein ausformuliertes PR-Konzept, aber eine klare Vorstellung davon, für wen sie ihr Theater machen wollten: nicht für das bürgerliche Theaterpublikum, sondern für junge Menschen mit Zentrierung auf den Osten Berlins. Sie wollten ein Theater, das sich einmischt in gesellschaftspolitische Diskussionen, ein Theater, das offen ist auch für nicht-privilegierte Gruppen.

Mittels extrem profilierter und zugleich kunstnaher PR-Kampagnen gelang es, die Volksbühne über ihre Programme hinaus zu einem »Kult-Ort« für ein neues, junges Zielpublikum zu machen.

Profilbildung der Volksbühne am Rosa-Luxemburg-Platz als junges, unkonventionelles, politisch engagiertes Theater mit Ost-Tradition

Die Konkurrenz, gegen die sich die Volksbühne behaupten wollte, waren weniger die vielen anderen Theater in Berlin, als viel mehr Kinos, Konzerte, Kneipen als Orte, die für ihr Klientel wichtig sind. Der wichtigste Faktor für die Profilbildung waren natürlich die Inszenierungen selbst, die sich von jeglicher Werktreue lösten, vielfältige Medien einsetzten, laut, dreckig, anders waren. Unter der Gesamtregie des »Ost«-Regisseurs Frank Castorf entstand ein Sprechtheater jenseits werkgetreuer Inszenierungen, das vor allem mit Prinzipien der Montage und Verfremdung unter Einsatz von Musik und neuen Medien arbeitete. Oftmals wurden dabei inhaltliche Themenzyklen gesetzt wie etwa »Vom 7. Oktober zum 9. November« oder »Gebt mir ein Leitbild«, um die politische Relevanz zu verstärken und das Publikum anzuregen, zu mehr als einer Inszenierung zu kommen.

Ein zweiter wichtiger Aspekt war die Öffnung des Theaters über Theatervorführungen hinaus. Im so genannten »Roten Salon« fanden Rockkonzerte, Diskussionen und Lesungen statt, etwa über die wirtschaftspolitische Zukunft der neuen Länder und über die Stasi. Geöffnet wurde das Theater auch für Fremdveranstaltungen von Institutionen, denen sich die Volksbühne nahe fühlte. So feierte etwa die taz ihr Jubiläumsfest dort und die Grünen veranstalteten ihre Wahlparty in der Volksbühne. Indem sich die Volksbühne diesen non-fiktionalen Diskursen öffnete, stellte sie die politische Wirklichkeit unmittelbar neben das Theater.

Ein weiterer Bestandteil der Konzentration auf eine junge Zielgruppe war die Preispolitik, die Castorf bereits in seinem Intendantenvertrag mit dem Berliner Senat verhandelt hatte. Theater sollte für junge Leute ebenso wie für andere nicht privilegierte Bevölkerungsgruppen so preiswert sein wie eine Kinokarte, um den Theaterbesuch ebenso niedrig-schwellig zu machen wie Kino. Die Kartenpreise lagen zwischen 5,- und maximal 18,- DM.

Corporate Design als Bestandteil der künstlerischen Arbeit

Für die Entwicklung eines stimmigen und im Sinne des künstlerischen Profils konsequenten visuellen Erscheinungsbildes wurde keine externe Grafikagentur beauftragt, vielmehr entstand das Corporate Design in unmittelbarer Auseinandersetzung mit der künstlerischen Arbeit durch Bühnenbildner Bert Neuman.

Das sehr bald stadtweit bekannte Logo der Volksbühne wurde im Zusammenhang mit der Castorf-Inszenierung »Die Räuber« entwickelt und besteht aus einem sechsspeichigen Rad mit zwei stilisierten Beinen. Es ist angelehnt an die so genannte Räuber- und Ganovensprache des 15./16. Jahrhunderts, in der sich schriftunkundige Vagabunden mit Hilfe grafischer Kürzel verständigt haben. Das Logo ist also nicht nur eine grafische Erfindung, sondern verbunden mit einer erfolgreichen künstlerischen Inszenierung eines brisanten Inhalts und damit vielfach aufgeladen.

Werbemittel in DDR-Ästhetik

Das neue Logo wurde in einer groß angelegten Plakataktion bekannt gemacht. Auf schwarzen Plakaten war ausschließlich das Logo abgebildet, auf einigen Plakaten war zusätzlich der Text »Vorsicht Volksbühne« zu lesen. Die gleichen Plakate in kleinerem Format wurden von Schwarzklebern in verschiedenen Bezirken an Telefonhäuschen und Stromkästen angebracht. Mit dieser Form des Guerilla-Marketings stellte sich die Stadttheaterwerbung unmittelbar in den Kontext freier Gruppen, die auf ähnliche Art und Weise werben.

Außen am Gebäude der Volksbühne wurde an riesigen Werbehängern das Logo sowie der Spruch »Vorsicht Volksbühne« angebracht, der später ersetzt wurde durch das Wort »Ost« als beleuchteter Schriftzug auf dem Dach des Theaters. An den Spielabenden wurde jeweils aktuell der Titel der Inszenierung außen als »Bauchbinde« angebracht. Zu jeder Aufführung wurden kostenlose Besetzungszettel verteilt, die die Anmutung eines proletarischen Flugblattes hatten. Die Rückseite von Flyern und Programmheften war häufig mit allgemeinen politischen Aufrufen versehen.

Gemeinsam ist allen Druckerzeugnissen, dass sie auf altem DDR-Papier gedruckt wurden und entgegen der Hochglanzästhetik die Erinnerung an die Mangelzustände der DDR hochhielten.

Werbung mit den Mitteln der Kunst an theaterfernen Orten

Das angestrebte Publikum ließ sich nicht über klassische Theaterwerbung an Theaterorten erreichen, und so musste die PR neue Wege gehen. Plakate und Give- aways wurden in Kinos und Szenekneipen verteilt, bedruckt mit Sprüchen wie »Oben-Unten«, »Ost-West«, »Raushalten?«, »Satt?«, »Rein-Raus« und Symbolen wie Sichel und Hammer, Feuer und Totenkopf. Statt eine direkte Aussage zu liefern, entstanden durch die Kombination der Elemente vielfältige Bedeutungen und Assoziationsmöglichkeiten. Auf die Volksbühne selbst verwiesen die Rückseiten, auf denen das Theaterlogo und eine Telefonnummer abgebildet waren.

Zu Beginn der Spielzeit 1992 erstellte die Volksbühne einen einminütigen

Werbetrailer, der drei Wochen lang in verschiedenen Programmkinos gezeigt wurde. Im Stile der Volksbühnen-Inszenierungen erzählte er eine kurze, assoziationsreiche Geschichte, die in den Räumen der Volksbühne spielte. Der Film verweigerte ebenso wie alle anderen PR-Mittel aufbereitete Informationen mit klarer Aussage, um mittels mehrdeutig interpretierbarer Assoziationsträger Neugier zu wecken.

In allen Maßnahmen wurde für die Volksbühne als Gesamtes geworben und nicht für einzelne Inszenierungen. »Wichtig dabei war, dass mit allen Werbemitteln das Lebensgefühl unserer Zielgruppe getroffen wurde, dass die Leute spüren, dass von ihrem Lebensgefühl etwas in unserem Theater gespiegelt wird«.

Hohe Identifikation aller Mitarbeiter

Nicht unwesentlich für den großen Erfolg war und ist die hohe Identifikation der Mitarbeiter mit der Volksbühne. Vom Intendanten über den Bühnenbildner bis zum Bar-Personal und den Kassenmitarbeitern fühlten sich alle »als eingeschworene Bande«. So wurde etwa die Verteilung der Werbematerialien vor allem von den Mitarbeitern übernommen (jeder nahm in seine Stammkneipe eine Kiste Streichhölzer mit!), was nicht nur von der Identifikation der Mitarbeiter mit dem Theater zeugt, sondern zudem die Chance direkter Begegnungen zwischen Theater-Mitarbeitern und Öffentlichkeit förderte. Viele Mitarbeiter waren auch außerhalb ihrer Arbeitszeit im Theater und für das Publikum immer ansprechbar und sehr präsent. Die gute interne Kommunikation war dafür eine wichtige Voraussetzung.

Verweigerung von Erklärung

»Wir wollten keine Musterschüler sein!« Sowohl in ihren Pressetexten wie in ihren Programmheften, Flyern, Plakaten und auf ihrer Website setzt die Volksbühne die Regeln »vorbildlicher« PR-Arbeit außer Kraft. Die Texte sind viel zu lang, selten untergliedert, der Textduktus ist radikal subjektiv, oftmals höchst unverständlich und scheint über die eigentlichen Inszenierungen nur wenig zu sagen. In ihrer Subjektivität treffen diese Texte jedoch das Lebensgefühl ihrer Zielgruppe so genau, dass Erklärungen offensichtlich nicht mehr nötig sind. Von den Medienvertretern wird verlangt, dass sie sich mit den »sperrigen« Texten und Inhalten auseinandersetzen, ohne dass ihnen diese mediengerecht aufbereitet werden.

Mundpropaganda in der Szene versus Pressearbeit

Gerade in der Anfangsphase gab es oft schlechte Kritiken. »Ich musste lernen, souverän über diese Verrisse hinweg zu lesen, statt in ein devotes ›Gebagger‹ gegenüber den Kritikern zu verfallen, denn der große Publikumserfolg auf der anderen Seite gab uns recht«, so Kirsten Hehmeyer. »In einer so großen Stadt wie Berlin werden Rezensionen nicht so wichtig genommen. Hier funktioniert viel mehr die Mundpropaganda extrem gut und zwar besonders bei dem jungen Publikum, das wir ansprechen wollten. Aus einer Identität der Grundopposition heraus wollten wir keine Anerkennung aus den bürgerlichen Szenen.«

Bald jedoch kam auch das bürgerliche Publikum aus dem Westteil der Stadt, angezogen von der Idee, dass hier Theater auf eine neue Weise lebendig wird, indem an der Volksbühne mehr passiert, als dass Stücke gezeigt werden.

Fazit

Der Volksbühne am Rosa-Luxemburg-Platz ist es gelungen, eine unverwechselbare Corporate Identity zu entwickeln, indem sie ihr Theater als öffentlichen und politischen Ort weit über Theaterproduktionen hinaus für eine neue Gruppe von Theaterbesuchern positionierte, sich einmischte in gesellschaftliche und politische Fragestellungen, die herkömmliche Theaterkonventionen sowohl in ihren künstlerischen Produktionen wie in ihrer Kommunikation außer Kraft setzte. Bei einer klaren Zielgruppenorientierung erfand und realisierte die PR gemeinsam mit den Künstlern des Theaters innovative, vieldimensionale Werbe- und PR-Mittel jenseits traditioneller Theaterkonventionen. Die PR-Arbeit ist konsequenter Bestandteil der künstlerischen Arbeit der Volksbühne – das macht ihre Glaubwürdigkeit aus.

Zu fragen ist, wie lange sich ein solches Konzept und eine solche Kommunikationsstrategie in ihrer Radikalität halten können. Langfristig wird der Erfolg davon abhängen, inwieweit es der Volksbühne gelingt, sich selbst immer wieder zu erneuern in ihren Inhalten und ihrer Ästhetik und auch in ihren Kommunikationsstrategien.

PR für Musicals

Seit Anfang der 90er Jahre expandierten in Deutschland – ein Land, in dem die darstellenden Künste traditionell öffentlich subventioniert sind – private Anbieter von Unterhaltungstheater im weitesten Sinne. Allen voran etablierten sich an mehreren Orten Musicaltheater, denen es gelang, über das traditionelle Kulturpublikum hinaus, breitere Bevölkerungsgruppen für sich zu gewinnen. PR und vor allem auch Marketing spielen dabei eine wichtige Rolle.

Musicalproduzenten sind frei von kulturellen Aufträgen und richten sich sowohl in der Produktentwicklung wie dem Verkauf konsequent an den (vermuteten) Bedürfnissen des Marktes aus: Die Entscheidungen über neue Produktionen basieren auf der systematischen Analyse von Standortfaktoren wie Bevölkerungszahlen, Kaufpotenziale, Konkurrenzunternehmen etc.; die Inhalte orientieren sich an bekannten Stoffen, ästhetische Formen werden mittels eingängiger Musikkompositionen und effektvoller Bühnenbilder kreiert. Das ästhetische Produkt wird in der Regel gemeinsam mit einem großen Bündel an Serviceleistungen wie einem eindrucksvollen Spielort, Hotel, Abendessen, Sektempfang und Stadtrundfahrt zum (touristischen) Gesamtpaket geschnürt, das sodann in Serie gehen kann, langfristig vermittelt durch eine groß angelegte, mit vielen Werbe- und Medienpartnern arbeitende PR-Strategie.

PR für Musicals steht insofern vor besonderen Herausforderungen, als es gelingen muss, allabendlich Häuser mit weit über 1000 Plätzen zu füllen. Da die Eintrittspreise der wirtschaftlich arbeitenden Unternehmen deutlich über denen der subventionierten Theateranbieter liegen, wird der Kartenverkauf zusätzlich erschwert. In enger Kooperation mit dem Marketing unter Einsatz eines hohen Werbebudgets muss ein dichtes Netz an deutschlandweiten Promotion-Maßnahmen entwickelt werden. Über einen langen Zeitraum von oft mehreren Jahren muss das Interesse an der gleichen Produktion aufrechterhalten werden. Das erfordert das »Erfinden« immer neuer Anlässe, ohne dass es eigentlich etwas Neues gibt.

Da Touristen die zentrale Zielgruppe von Musicals darstellen, muss durch Medienarbeit überregionale Aufmerksamkeit geschaffen werden. Das wird dadurch erschwert, dass Musicals von den Kulturmedien oftmals als nicht »feuilletonfähig« betrachtet werden.

Nachdem die Musicalwelle zunächst unbegrenztes Wachstum versprach, meldeten in den vergangenen Jahren einige Unternehmen Konkurs an. Das stellt die Musicalbranche vor neue Herausforderungen, sowohl in der Stoffentwicklung, die offensichtlich mehr künstlerische Innovation verlangt, wie auch in den Marketingstrategien, die kürzere Laufzeiten und eine stärkere Ausrichtung auf inhaltliche PR und Medienarbeit verfolgen müssen.

Die Rückeroberung des Feuilletons mit dem Musical der Stage Holding »Der König der Löwen« in Hamburg

Eine Analyse auf Grundlage eines Gesprächs mit Gabriele Jokl, ehem. Leiterin PR »Der König der Löwen«, und Jochen Rasch, ehem. Leiter Kommunikation der Deutschen Stage Holding

Nachdem zwei der großen Musicalbetreiber Konkurs anmelden mussten, ist die aus den Niederlanden stammende international agierende Stage Holding inzwischen Deutschlands Marktführer und gehört zu den großen Gewinnern der Musicalbranche. Sie betreibt insgesamt sieben Musicaltheater in Deutschland. Mit »Der König der Löwen« in Hamburg sind ihr nicht nur neue Publikumsrekorde gelungen, sondern auch die Anerkennung in Kulturfachkreisen. Zu diesem Erfolg hat die PR maßgeblich beigetragen.

Wie gelingt es der Stage Holding, den Musicalmarkt zu neuen Erfolgsrekorden zu bringen, wo doch der Branche in Deutschland von vielen schon das sichere Ende vorausgesagt wurde?

»Künstlerische Qualität und das sensible Begleiten von kreativen Prozessen stehen für jede Produktion an erster Stelle. Unser Ziel ist es, begeisternde Sprech-, Tanz- und Musiktheaterproduktionen auf die Bühne zu bringen. Darüber hinaus ist Theater für uns ein Forum für Kunst, Unterhaltung und Begegnung«, so die Firmenphilosophie der Stage Holding.

Die Stage Holding Produktion, die für das größte Aufsehen sorgte, ist »Der König der Löwen« in Hamburg. Die von der Theaterregisseurin Julie Taymor inszenierte Disney-Produktion machte schon bei ihrer Uraufführung in New York 1997 Furore, auf Grund ihrer außergewöhnlichen ästhetischen Qualität: Elemente afrikanischer Volkskultur, Tänze und Gesänge, handgefertigte Masken und Puppen sind mit modernen Theaterformen zu einem Gesamtkunstwerk verwoben, das eher an das visionäre Bildertheater eines Robert Wilsons als an bekannte Musicalformen anknüpft.

Seit seiner Premiere im Dezember 2001 ist »Der König der Löwen«, ein Haus mit fast 2000 Plätzen, allabendlich gut verkauft.

Die neue Bedeutung der PR-Arbeit für das Musical

Was hat die PR zu diesem Erfolg beigetragen? Traditionell lebt der Musicalsektor eher von Marketing, Werbung und einer extensiven Distributionspolitik als von Kommunikation und Pressearbeit.

Wie bei anderen Musicals auch, wird über Mittel des Marketings ein dichtes Vertriebsnetz geschaffen. Erst die deutschlandweite Kooperation mit Reiseunternehmen, Hotels und großen Firmen ermöglicht den notwendigen kontinuierlichen Kartenabsatz über einen langen Zeitraum. Und nur durch den großflächigen Einsatz von Werbematerialien unterschiedlichster Art in den verschiedenen Zielregionen, von der Plakatierung bis zu Merchandising-Artikeln, kann eine notwendige flächendeckende Präsenz erreicht werden.

Sämtliche Maßnahmen des Marketings werden mit der PR im Sinne einer integrierten Kommunikation abgestimmt. Als etwa der erste Geburtstag des Musicals als Kommunikationsanlass genutzt wurde, gab es dazu sowohl eine Pressekonferenz wie auch eine kleine Gala und spezielle Geburtstagsaktionen für das Publikum. Unterstützt werden Marketing und PR durch eine eigene Event-Abteilung, die in Kooperation mit der Gastronomie des Theaters Pakete für besondere Veranstaltungen schnürt.

Im Unterschied zu anderen Musicalunternehmen, bei denen die PR eher als Anhängsel des Marketings agiert, hatte sie hier von Anfang an einen hohen Stellenwert. Denn: Das Musical sollte in der Öffentlichkeit weniger als kommerzielle Unternehmung, sondern viel mehr in seinem spezifischen Wert als Kulturveranstaltung wahrgenommen werden. Es sollte weniger darum gehen, den »König der Löwen« als ein beliebiges touristisches Ereignis zu verkaufen, sondern es in seinem besonderen Inhalt und seiner besonderen Ästhetik zu vermitteln. Und so startete die Kommunikationsarbeit des neuen Musicals dann auch nicht, wie üblich, mit Marketingmaßnahmen, sondern mit der PR.

Verantwortlich für die PR-Arbeit des Musicals ist ein kleines Team von drei Personen. Unterstützt wird es in seiner Tätigkeit von PR-Teams anderer Musicals der Stage Holding Deutschland, die allesamt kooperieren. Die PR-Abteilung im engeren Sinne arbeitet mit einem Etat von ca. zehn Prozent des gesamten Marketingetats. Das ist weit mehr Geld für die PR als bei vorangegangen Musical-Lounges.

Klare Botschaften und PR-Ziele

Für die PR-Arbeit gab es die ideale Situation von über einem Jahr Vorlaufzeit bis zur Premiere. Hierdurch wurde eine langfristige Planung, die in ein 50-seitiges PR-Konzept einging, und ein strategisches, stufenweises Einwirken auf den Meinungsmarkt möglich.

Dabei gab es vier übergreifende Ziele:

1. »Der König der Löwen« soll das Thema Musical wieder positiv besetzen und kulturell anheben.
2. Das Unternehmen Deutsche Stage Holding soll dabei positiv eingeführt werden.
3. Hamburg soll wieder zum Musicalstandort Nummer eins in Deutschland werden.

4. Das Gesamterlebnis Theater soll im Sinne der Stage Holding Philosophie kommuniziert werden.

Wichtig war es darüber hinaus, die Musicalproduktion deutlich vom bekannten Disneyfilm »Der König der Löwen« zu trennen und nicht als Kindermusical zu positionieren sowie die Inhalte und Ästhetik des Musicals und nicht die Rahmenbedingungen und Serviceleistungen in den Vordergrund zu stellen.

Genaues Timing zur Einführung einer neuen Produktion
Neben den Maßnahmen war auch das richtige Timing von Bedeutung.

Phase 1: 14 Monate vor der Premiere startete die PR mit einem Pressegespräch, in dem der Abschluss des Lizenzvertrages bekannt gegeben wurde. Im Vordergrund stand dabei die ungewöhnliche Liaison einer Disneyproduktion mit einer Avantgarde-Regisseurin – ein Thema, das in den deutschen Kulturmedien die gewünschte Aufmerksamkeit fand. In nachfolgenden Presse-Mailings wurde der Start des Castings für die Hamburger Produktion bekannt gegeben.

Phase 2: Gut sechs Monate vor der Premiere ging es darum, die Meinungsführer gezielt zu informieren und für Sympathie zu werben. Dazu gehörten die VIPs Hamburgs wie etwa Politiker und große Wirtschaftsunternehmen ebenso wie die wichtigsten überregionalen Medien Deutschlands. Ein neues Thema für die Berichterstattung war in dieser Phase der Umbau der Location im Hamburger Hafen. Die Website ging online. Vertreter der führenden Kulturmedien Deutschlands wurden nach New York eingeladen, um die dortige Musicalproduktion von Taymor anzuschauen.

Phase 3: Gut vier Monate vor Premiere wurde damit begonnen, bei einer breiten Öffentlichkeit und potenziellen Besuchern die Aufmerksamkeit für »Der König der Löwen« zu wecken. Der Beginn des Vorverkaufs wurde im Rahmen einer Pressekonferenz bekannt gegeben, auf der als Zusatzanreiz auch ein kurzer Ausschnitt aus dem Musical von Darstellern der Londoner Produktion präsentiert wurde. Einen weiteren populären Anlass für die Medienberichterstattung bot die Finalrunde des Castings, zu der in einem extra Pressetermin eingeladen wurde.

Phase 4: Drei Monate vor Premiere begann der »Countdown«, in dem in dichter Folge Berichtsanlässe geschaffen wurden: Der Cast, die Kostüme, das Bühnenbild, die Inhalte, die Show, die beteiligten Kreativen wurden vorgestellt.

Phase 5: Drei Wochen vor Premiere startete ein Feuerwerk an Medienpräsenz: Erstmalig gab es Bilder vom Cast auf der Bühne, Medienpartner RTL sendete ein »Making off« zum Musical, der Stern veröffentlichte die ersten Fotos, das Musical hatte einen Teaser-Auftritt bei »Wetten dass« und ein sehr umfangreicher Medien- und VIP-Verteiler wurde zur Premiere eingeladen. Der »Premieren-Hype« selbst sorgte zwei Wochen vor und zwei Wochen nach der Premiere für eine intensive, deutschlandweite Berichterstattung. Nach vielen Vorberichten kamen die Rezensionen und die Berichte über den Gala-Empfang mit seinen Prominenten, Interviews mit der Regisseurin, den beiden Komponisten, dem Bühnenbildner, dem Choreografen, den Darstellern, den Musikern, dem Stage-Manager und dem begeisterten Publikum.

Die Wiedergewinnung des Feuilletons für ein Musical – Medienarbeit als zentrale PR-Strategie:
»Der König der Löwen ist eines der ersten Musicals, mit dem man sich in Deutschland ins Feuilleton wagen konnte.« Dies war der entscheidende Qualitätsvorteil, der nach der Uraufführung in New York sehr bewusst für die Pressearbeit in Deutschland eingesetzt wurde. So genannte Hochkulturmedien wie ARTE, ZDF Aspekte und 3sat wurden frühzeitig eingebunden und bis kurz vor der Premiere wurden Unterhaltungsformate nicht beliefert. Wirtschaftsmagazine, die über den Wirtschafts- und Standortfaktor Musical berichten wollten, wurden zunächst ebenso wenig bedient wie Kindersender, um dem Verdacht entgegenzuwirken, dass es sich beim »König der Löwen« um ein Disney-Kindermärchen handelt, das für Erwachsene weniger von Interesse ist.

Einige Monate vor der Deutschlandpremiere wurden 25 Feuilleton-Journalisten auf eine Pressereise nach New York eingeladen, um sich »Der König der Löwen« in der amerikanischen Version anzusehen. Eine zwar kostspielige, aber sehr erfolgreiche PR-Maßnahme, da jeder der Journalisten im Anschluss berichtete und sich auf dieser Reise bleibende Kontakte zu den Medienvertretern aufbauen ließen, die die Arbeit fortan sehr erleichtern. »Dies ist die Basis von der wir heute noch zehren, Journalisten, zu denen man ein gutes, persönliches Verhältnis hat.«

Gemeinsam mit dem Sender RTL wurde in Afrika eine Hintergrundsendung zum Musical gedreht, um an Originalorten Bausteine der Geschichte zu erforschen und den kulturellen Hintergrund der Produktion sowie die Vorarbeiten und Recherchen in Afrika zu zeigen. Das Publikumsmagazin Stern erhielt die Möglichkeit, zwei Wochen vorab exklusiv Bilder des Musicals zu veröffentlichen, die eine sehr breite Leserschaft einstimmten und andere Medien mobilisierten.

»Es war unser Ziel, nach Möglichkeit mit den führenden Medien jedes

Genres zu kooperieren.« Jedem Zielmedium wurden quasi »maßgeschneiderte« Themen angeboten, für die »Brigitte« wurde etwa der Frauenaspekt des Musicals herausgearbeitet, für RTL wurde das Familienereignis in den Vordergrund gestellt etc.

Insgesamt wurde bis dahin eine Medienauflage von 123 Millionen Lesern bzw. Hörern und Fernsehpublikum erreicht, was einem Anzeigengeldwert von etwa 40 Millionen Euro entspricht.

Schaffen immer neuer PR-Anlässe

Nachdem die Premierenaufmerksamkeit langsam verebbte, ging es darum, die Berichterstattung mit immer neuen Anlässen und Geschichten aufrecht zu erhalten. Wie kreiert man glaubwürdige Geschichten?

»Die besten Geschichten sind diejenigen, die nicht konstruiert, sondern tatsächlich da sind, sich natürlich entwickeln. Als PR-Zuständiger muss man sein Ohr sehr aufmerksam am Ensemble haben und ein Gespür für Geschichten mit Potenzial entwickeln, die eine breitere Öffentlichkeit interessieren könnten.« So brachte etwa ein afrikanisches Mitglied des Ensembles die Idee auf, ein Township-Projekt in seinem Heimatland zu fördern, indem dort hergestellter Weihnachtsschmuck in Hamburg verkauft wird. Daraus wurde die Aktion »Südafrikanischer Weihnachtsbaum« – der Baum und die handgefertigten Figuren wurden über das Musicaltheater verkauft und via Internet versteigert; der Erlös kam dem Township-Projekt zugute; die Lokalmedien berichteten darüber; Flyer und Postkarten informierten das Publikum. Andere Themen waren der erste Geburtstag des Hamburger »König der Löwen«, neue Castings in Südafrika oder auch die zum Teil sehr schillernden Biografien der insgesamt 57 Darsteller.

Einen weiteren Anlass für neue Aufmerksamkeit bot die temporäre Umgestaltung des Foyers zu einer öffentlichen Ausstellungshalle, in der Exponate des Hamburger Museums für Völkerkunde gezeigt wurden, die in thematischem Zusammenhang zum Musical stehen. Über diese Ausstellung konnte das Musicaltheater auch in die sehr populäre »Lange Nacht der Hamburger Museen« integriert werden, was zusätzliche Aufmerksamkeit in einer breiten Öffentlichkeit schaffte.

Zielgruppenspezifische PR am Beispiel der Vermittlungsarbeit für Kinder

Nachdem die zentralen Botschaften etabliert waren, konnte man auch die Zielgruppe Kinder und ihre Eltern ansprechen. Denn obwohl es wichtig war, der Fehleinschätzung entgegenzuwirken, »Der König der Löwen« sei ein Kindermusical, ist nicht zu verkennen, dass das Musical auch für Kinder attraktiv und geeignet ist, zumal die Geschichte und der Film Kindern weltweit bekannt sind. Gezielt wurden darum nach der Premiere Kinderformate in den Medien angesprochen wie »logo« und »Kikania«, die auf Kinderaufmerksamkeit einen hohen Einfluss haben. Auch eine Folge der Kinderserie »Kinder im Alstertal« wurde im Juni 2002 mit und über den »König der Löwen« gedreht.

Um Kinder nicht nur über Werbung anzusprechen, sondern ihnen die Geschichte auch zu »vermitteln«, gibt es auf der Website einen eigenen Kinderbereich, der vielfältige Spiel- und Bastelideen rund um das Thema anregt. Zusätzlich wurde in Kooperation mit Unicef eine Lehrmittel-CD-ROM für Lehrer erstellt, die sich mit dem Thema »Afrika« befasst.

Direkt Marketing

Direkt Marketing spielt im Umgang mit Multiplikatoren eine wichtige Rolle. Dazu gehören die Wiederverkäufer, Hotels, Reisebüros, Vorverkaufsstellen, große Firmen und die Sponsoren. Diese erhalten gezielte Informationen über besondere Angebote, aktuelle Hintergründe oder einen im Stile des Musicals gestalteten Adventskalender als Dankeschön.

Der Löwenkopf als unverwechselbares visuelles Markenzeichen

Das Layout zur Musicalproduktion wird bestimmt von einem stilisierten gelben Löwenkopf auf schwarzem Grund. Er wurde von Disney in New York übernommen und funktioniert auch in Deutschland als unverwechselbares, eingängiges Logo für das Musical, welches sich auf sämtlichen der aufwändig gestalteten Werbemittel – auf den Plakaten, Flyern, Eintrittskarten, Programmbüchern und auf dem Katalog – wiederfindet. Darüber hinaus ist er auch auf den Schiffen, die das Publikum zum Theater bringen, auf Taxen und Bussen überall in Hamburg präsent.

Obwohl der Name Stage Holding als neuer Qualitätsbegriff im Musicalbereich eingeführt wurde, soll er nicht als Dachmarke über dem Musical stehen. Im Vordergrund stand und steht der gelbe Löwenkopf, das Musical selbst, nicht der Unterhaltungskonzern Stage Holding. Denn in erster Linie soll es um Kunst und Kultur gehen, erst in zweiter Linie um das dahinter stehende Unternehmen. Jede Produktion der Stage Holding soll ihr eigenes Profil entfalten und ihr eigenes Publikum finden.

Fazit

Auch beim »König der Löwen« wurde auf die für die Musicalbranche charakteristische, perfekte Inszenierung der Rahmenbedingungen geachtet: von der flächendeckenden Werbung, über die Kartenbuchung bis zum Shuttleservice und einem außergewöhnlichen Ambiente auf einer Insel im Hamburger Hafen. Denn nur wenn ein außergewöhnliches »Gesamterlebnis Musical« geboten wird, sind Menschen bereit, einen sehr hohen Preis für ein Kulturangebot zu zahlen. Und dennoch liegt das entscheidende Erfolgskriterium in der Qualität der künstlerischen Aufführung und ihrer Kommunikation nach außen. Ein Musical ist ein Wirtschaftsbetrieb, der vor allem Einnahmen erzielen muss. Und zugleich ist ein Musical wie andere Theater auch ein Kunstwerk, das nur dann wirkt, wenn der Funke zwischen Bühnenkünstlern und Publikum überspringt.

Perspektivisch möchte die Stage Holding durch ein größeres Portfolio an Lizenzen und mehr Eigenproduktionen schnellere Wechsel der Produktionen ermöglichen. »Wenn ein Stück nicht mehr läuft, muss man es absetzen können, statt es in die Negativschlagzeilen als Verlierer zu bringen.«

Der PR-Arbeit für das Musical »König der Löwen« ist es geglückt, das abgedroschene, angesichts der Pleiten von Unternehmen wie Stella eher negativ besetzte Thema Musical positiv zu wenden und eine gute Ausgangsposition für weitere Stage Holding-Produktionen zu schaffen. Entscheidend dafür war eine klare Strategie, die auf die Wiedergewinnung des Feuilletons setzte, und ein gutes Timing aller Maßnahmen.

Cabaret, Varieté, Comedy – PR für Kleinkunst

Formen so genannter Kleinkunst wie Kabarett, Cabaret und Varieté, verbunden mit »Sponti-Kultur«-Formen aus den 70ern und einer neuen Comedy-Welle boomen seit Anfang der 90er Jahre in Deutschland. In kleineren Städten haben vielfach die kommunalen Kulturämter die Organisation von Kleinkunstprogrammen übernommen. In vielen Großstädten haben sich privatwirtschaftlich organisierte Unternehmen gegründet, die an eigenen Veranstaltungsorten ein ganzjähriges Unterhaltungskunstprogramm anbieten. Da diese Unternehmen gezwungen sind, sich selbst zu finanzieren, müssen sie besonders effizient und phantasievoll in Marketing und PR vorgehen.

Kleinkunstprogramme in den Grenzbereichen von Musik, Literatur, Theater, Chanson, Show, Comedy und Kabarett können ein sehr breites Publikum ansprechen, weil trotz unterschiedlicher Anspruchsniveaus eines im Vordergrund steht: die Unterhaltung und der Erlebnischarakter. Je nach Ausrichtung sind sie in der Lage, sowohl das Kernkulturpublikum wie rein unterhaltungsorientierte Gelegenheitsnutzer zu erreichen.

Für den Erfolg dieser Unternehmungen ist ein serviceorientiertes, sorgfältig gestaltetes Ambiente mit Gastronomie förderlich. Eine gastfreundliche und zugleich zwanglose Atmosphäre, die Kontakte unter den Besuchern ermöglicht, sowie die räumliche Nähe zu den Künstlern auf der Bühne machen den besonderen und unverwechselbaren Erlebniswert dieser Kulturorte aus.

Der PR muss es in ihren Darstellungs- und Werbeformen gelingen, dieses ganzheitliche Erlebnis zu kommunizieren.

»Bar jeder Vernunft«, Berlin

Die »Bar jeder Vernunft« ist eines der wenigen, nicht subventionierten Theater in Deutschland, das sich seit vielen Jahren erfolgreich auf dem Markt behaupten kann. Es bietet in einem alten Spiegelzelt mit knapp 300 Plätzen wöchentlich wechselnde Programme vorwiegend in den Bereichen Musik-Comedy und Chanson. Die »Bar jeder Vernunft« wurde im Juni 1992 von Holger Klotzbach und Lutz Deisinger als Unterhaltungskunsttheater mit Gastronomiebetrieb in der Rechtsform einer GmbH gegründet. Der (Gast-)Spielbetrieb läuft ganzjährig bei wechselnden Programmen. Neben dem Hauptprogramm gibt es an den Wochenenden Nachtsalons und Nachtshows und in der Woche eine Pianobar, so dass die Zuschauer nach dem Theaterbesuch die »Location« nicht zu wechseln brauchen. Einmal pro Jahr bringt die »Bar jeder Vernunft« eine eigene Produktion heraus.

Während andere Theater schließen, konnte die »Bar jeder Vernunft« im

Juni 2002 sogar eine zweite Spielstätte eröffnen. Das »Tipi« – ein exklusives Zelt mit gehobener Gastronomie in exponierter Lage neben dem Bundeskanzleramt – bietet eine deutlich größere Bühne und vor allem eine höhere Platzkapazität für 500 Zuschauer.

Ein zentraler Grund für den Erfolg sowohl beim Publikum wie bei Fachöffentlichkeit und Medien liegt in der offensiven PR-Arbeit.

Die Entwicklung eines unverwechselbaren Profils durch neue Formen von Unterhaltung zwischen »Klein- und Großkunst«

Die »Bar jeder Vernunft« konnte auf sich aufmerksam machen mit ungewöhnlichen Programmen in den Bereichen Chanson, Show, Comedy, Musik-Comedy, Kabarett, literarische Lesung und Konzert – Formen zwischen so genannter »Kleinkunst« und »Großkunst«, oftmals zwischen allen traditionellen Genres.

Weit über Berlin hinaus bekannt wurde sie durch die Eigenproduktion »Im weißen Rößl am Wolfgangsee« – u.a. mit bekannten Schauspielern wie Otto Sander, Gert Wameling, Walter Schmidinger, Meret Becker, Max Raabe –, die im Oktober 1994 Premiere feierte und vier Monate vor ausverkauftem Haus spielte. Dabei war sie keineswegs ein finanzieller Erfolg. Die Kosten für eine solch personalintensive Produktion ließen sich bei dem begrenzten Platzangebot des Spiegelzelts nicht einspielen. So endete die Produktion, trotz weiterer Vermarktung durch Fernsehen, Video- und CD-Produktion, mit einem Schuldenberg. Zugleich brachte sie jedoch einen hohen Imagegewinn und überregionales Renommee bei Medien, Publikum und Meinungsführern, was die Marktposition der »Bar jeder Vernunft« deutlich verbesserte.

Einnahmequellen der »Bar jeder Vernunft« sind, neben den Eintrittsgeldern, die in Eigenregie geführte Gastronomie, die Ausrichtung von Galaveranstaltungen, der Verkauf von Fernsehübertragungsrechten sowie private Sponsoren.

Um in einer Kulturmetropole wie Berlin als Veranstalter wahrgenommen zu werden, ist vor allem ein unverwechselbares Profil nötig. Indem die »Bar jeder Vernunft« kontinuierlich neue Künstler und neue Formen der Unterhaltung sucht bzw. traditionelle Formen in neuer Weise zusammensetzt und präsentiert, ist es ihr gelungen, eine Marktnische zu besetzen.

Die »Bar jeder Vernunft« sieht sich selbst als:

»Ein Theater, in dem intelligent unterhalten wird, in einer Nische zwischen ›Kleinkunst‹ und ›Großkunst‹, jenseits des traditionellen Theaters auf der einen und des seichten Entertainments auf der anderen Seite; die Bar jeder Vernunft fördert Künstler und innovative Formen der Unterhaltungskunst und sie entwickelt Projekte; sie bietet in einem außergewöhnlichen Ambiente neben kultureller Unterhaltung auch kulinarischen Genuss, sie ist über das Theaterprogramm hinaus Treffpunkt für Künstler und Menschen aus der Kultur- und Medienszene.« (Internes Positionspapier, 2002)

Aufmerksamkeit schaffen durch neue Talente, bekannte Stars und außergewöhnliche Eigenproduktionen

Eine Befragung des Studiengangs Gesellschafts- und Wirtschaftskommunikation der Berliner Universität der Künste bei Besuchern und Nicht-Besuchern zeigte, dass Selbstbild und Fremdbild eine hohe Übereinstimmung aufweisen: Die »Bar jeder Vernunft« hat einen hohen Bekanntheitsgrad. Mit ihr verbinden sich fast ausschließlich positive Assoziationen wie »vielfältiges Programm, schräg, gewagt, innovativ, metropolig, künstlernah, exquisit, schön«. Aus Sicht der Besucher bietet die »Bar jeder Vernunft« »anregende, geistreiche und mit sozialer Anerkennung verbundene Unterhaltung in einem besonderen Ambiente«. Die intime Atmosphäre des Spiegelzeltes bietet »bekannte Künstler zum Anfassen«. Als entscheidendes Kriterium für den Besuch werden die »außergewöhnlichen Programme und Künstler« genannt.

Wesentlich für das positive Image der »Bar jeder Vernunft« bei Künstlern, Medien, Förderern und Publikum ist ihr Ruf als Talentschmiede. Viele Künstler wie die Geschwister Pfister, Max Raabe, Georgette Dee oder Cora Frost wurden gemeinsam mit der »Bar jeder Vernunft« groß. Die PR-Arbeit beschränkt sich nicht nur auf die Veranstaltungswerbung, sondern bemüht sich zudem über aufwändige Überzeugungsarbeit bei den Medien unbekannte Künstler zu fördern. So gelang es ihr etwa, den damals noch relativ unbekannten Comedy-Künstler Michael Mittermeier in der »Harald Schmidt Show« zu platzieren, was nicht nur die Verkaufszahlen für die eigenen Mittermeier-Veranstaltungen in die Höhe brachte.

Wichtig für das Image sind neben künstlerischer Innovation und Professionalität »Stars«, welche die »Bar jeder Vernunft« in der Anfangszeit zum Beispiel mit Meret Becker, Gert Wameling oder Otto Sander an sich binden konnte. Später war das Vertrauen in die Institution so weit gefestigt, dass das Publikum auch zunächst unbekannte Künstler akzeptierte. Experimente werden jedoch nur dann vom Publikum (und den Medien) angenommen, wenn das Programm immer wieder auch Publicity-trächtige, prominente Ereignisse bietet.

Am wichtigsten für die Profilbildung sind die Eigenproduktionen der »Bar jeder Vernunft«, mit denen sich eigene Ideen verwirklichen lassen, die offensiv nach außen getragen werden können.

Problem der Imageverschiebung: vom Geheimtipp und Szenetreff zum Schicki-Micki- und Touristen-Etablissement

Wie andere Institutionen auch, die als »hip, angesagt und innovativ« gelten, kämpft die »Bar jeder Vernunft« mit dem Problem der Imageverschiebung. Mit der zunehmenden Etablierung und der damit verbundenen Erweiterung ihrer Zielgruppen verliert die »Bar jeder Vernunft« zugleich ihr Image als

»Szenetreff«, und ein »Geheimtipp« ist sie längst nicht mehr. Hinzu kommt ihr Standortnachteil im »alten« Westen der Stadt, wohingegen sich ein Großteil des Kultur- und Kneipenangebotes in einigen östlichen Bezirken konzentriert. Um dennoch ein junges, unkonventionelles und experimentierfreudiges Publikum nicht zu verlieren, muss beständig gegen eine solche Imageverschiebung angearbeitet werden, etwa durch Programme, die das »gutbürgerliche« Publikum eher vor den Kopf stoßen, oder auch in Form von Partnerschaften mit Medien, die bewusst ein anderes Klientel ansprechen, wie z.B. »die taz«. Hilfreich sind auch besondere Studententarife.

Lobbying bei Politik, Wirtschaft und Kulturprominenz
Kontakte zu vielfältigsten Gruppierungen und Meinungsführern werden von den Betreibern der »Bar jeder Vernunft« mit großem persönlichen Einsatz gepflegt. Premieren in der »Bar jeder Vernunft« sind gesellschaftliche Ereignisse. Dabei ist die persönliche Ansprache durch die beiden stadtbekannten Betreiber nicht zu unterschätzen, die fast jeden Abend in ihrem Theater präsent sind, die Gäste begrüßen und sich als Verantwortliche deutlich in der Öffentlichkeit zu erkennen geben. Hierdurch entsteht eine hohe Verbindlichkeit und Personalisierung. Kontakte zur Wirtschaft sorgen für Sponsoren, deren Förderung für ein nicht subventioniertes Theater existentiell ist.

Auf Grund persönlicher Freundschaften ist die »Bar jeder Vernunft« zudem fest in der Berliner Kulturszene verankert.

Schirmherren als wichtige PR-Agenten
Das PR-Engagement ihrer Schirmherren aus dem Kultur- und Medienbereich, die die »Bar jeder Vernunft« ein halbes Jahr nach Eröffnung in einer konzertierten Aktion gewinnen konnte, hat wesentlich geholfen, die wirtschaftlich schwierige Startphase zu bewältigen. Zu den Schirmherren gehören u.a. Alfred Biolek, Harry Rowohlt, Udo Samel, Otto Sander, Olaf Schwencke, Gerd Wameling und Wim Wenders. Obwohl keiner der Schirmherren sich finanziell engagiert, brachte allein die Tatsache, dass diese Menschen prominente Meinungsführer darstellen und als solche positiv über die Bar berichten, einen hohen Image- und Publicity-Gewinn. Um diesen neu zu beleben, entwickelte die »Bar jeder Vernunft« eine Plakatserie mit den Konterfeis der Schirmherren Otto Sander, Wim Wenders und Alfred Biolek und den jeweiligen Statements: »Ich gehe in die »Bar jeder Vernunft«, weil Wim sagt, dass ich da Alfred treffen kann« bzw. »Ich gehe in die Bar jeder Vernunft, weil Otto sagt, dass ich da Wim treffen kann« etc. –, die auf die »Bar jeder Vernunft« als Künstler- und Szenetreffpunkt setzt, ein Ort, an dem man als Publikum informell Prominenz aus Kultur und Medien treffen kann.

Differenzierte Ansprache eines breit gefächerten Publikums

Für ein Theater, das für Unterhaltung steht, ist es naturgemäß leichter, Zielgruppen über das Kern-Kulturpublikum hinaus anzusprechen. Da bei einem Großteil des potenziellen Publikums von einem eher unspezifischen Interesse auszugehen ist, konzentriert sich die Öffentlichkeitsarbeit nicht auf eine bestimmte kleine Zielgruppe, sondern ist – schon aus wirtschaftlichen Gründen – auf eine möglichst breite Basis von »Nutzern« bezogen. Dennoch werden diese nicht als anonyme Masse, sondern gemäß der jeweiligen künstlerischen Programme möglichst zielgerichtet angesprochen, denn die Künstler sind keineswegs für sämtliche Publikumsgruppen gleich attraktiv. Ein Stand-Up-Comedy-Künstler wie Michael Mittermeier zieht ein anderes Publikum an als ein »Jaques-Brel-Abend« mit Dominique Horwitz. Für Mittermeier werden Postkarten in Szenekneipen verteilt, für Horwitz werden Anzeigen im Feuilleton des Tagesspiegels geschaltet. Um für die bis dato in Deutschland gänzlich unbekannte italienische Sängerin Etta Scollo ein Einstiegspublikum zu finden, wurden ergänzend zur normalen PR CDs, Plakate und eine begrenzte Zahl von Freikarten in sämtlichen italienischen Delikatessenläden und Restaurants verteilt – eine sehr erfolgreiche Aktion, mit der nicht nur das Interesse an der Musikerin geweckt wurde, sondern durch persönliche Kontaktaufnahme neue Besuchergruppen erschlossen werden konnten.

Die »Bar jeder Vernunft« bemüht sich um die Rekrutierung neuer Zielgruppen durch die direkte Ansprache von Kommunikatoren aus verschiedenen Bereichen, wie etwa durch die Platzierung von redaktionellen Beiträgen in der Mitarbeiterzeitschrift der Berliner Taxifahrer; das Angebot verbilligter Eintrittskarten im Intranet der Firma Schering; Artikel im Lufthansa Boardmagazin oder in der Kundenzeitschrift der Landesbank Berlin.

Das Kernstück der direkten Publikumsansprache stellt in der »Bar jeder Vernunft« der monatlich erscheinende Programmflyer dar. Dieser ist hochwertig gestaltet als Informations-, Vermittlungsmedium und Kunstprodukt zugleich, das einen ästhetischen Eigenwert über die reine Veranstaltungswerbung hinaus hat. Bewusst wird darin auf Anzeigenwerbung verzichtet, mit Ausnahme der Darstellung von Medienpartnern und Sponsoren.

Neben der Verteilung in sämtlichen Berliner Szenekneipen wird der Flyer monatlich zusammen mit einem Brief zusätzlich an 8000 Stammkunden verschickt. Dieser soll über Neuerungen, Firmenpolitik und Hintergründe der Künstler informieren und das Gefühl vermitteln, zum Umfeld der »Bar jeder Vernunft« dazuzugehören. Dieser Kreis des Stammpublikums macht einen Großteil der Kunden aus, was daran deutlich wird, dass jeweils direkt nach dem Versand der Flyer ein hoher Prozentsatz der Karten abgesetzt wird.

Das Publikum als Förderer, Aktionär und Fürsprecher

Eine in Deutschland bislang kaum genutzte Form der Mobilisierung privater Kaufkraft durch langfristige Kundenbindung wurde im Vorfeld der Eigenproduktion »Im weißen Rößl am Wolfgangsee« erstmals realisiert. Publikumsaktionäre halfen mit, die Produktion vorzufinanzieren. Für einen einmaligen Betrag von damals 500 DM konnte man zum »Freund und Förderer der vernünftigen Künste« werden. Dafür gab es eine Jahresdividende von 6 Prozent in Form von Eintrittskarten sowie das Angebot, an der Gala-Premiere des »Weißen Rößl« teilzunehmen. Insgesamt konnten knapp 300 »Aktionäre« gewonnen werden, die gleichzeitig zu wichtigen Kommunikatoren wurden und bis heute die Arbeit durch Spenden und Fürsprache unterstützen.

Mundpropaganda gezielt aktivieren

Viel wird dafür getan, dass sich Mundpropaganda entfalten kann. Vor allem wird dafür gesorgt, dass sämtliche Veranstaltungen, allen voran die Premieren, gut gefüllt sind. Da dies mit zahlenden Kunden, vor allem bei wenig bekannten Künstlern, oft nicht zu leisten ist, lädt die »Bar jeder Vernunft« in solchen Fällen neben Freunden und Förderern ausgewählte Dienstleister und Kommunikatoren zu den ersten Vorstellungen ein (wie etwa die Mitarbeiter von Theaterkassen oder die Portiers großer Hotels) und arbeitet zum Beispiel mit großen Berliner Firmen zusammen, deren Mitarbeitern sie stark vergünstigte Karten anbietet. Ein kostenloser Versand von Künstlerpostkarten an den Aufführungsabenden bietet Anreize für schriftliche Empfehlungen an Freunde durch das Publikum.

Zu den Premieren der »Bar jeder Vernunft« werden darüber hinaus viele Prominente aus Kultur, Politik und Wirtschaft eingeladen, was die Premieren zu einem auch von Klatschreportern gut besuchten Ereignis macht.

Künstler zum Anfassen – Förderung informeller Kommunikation

Ein zusätzlicher Faktor für eine gute Mundpropaganda, die sich dann entfaltet, wenn das Publikum inspiriert und begeistert aus einer Vorstellung kommt, besteht darin, möglichst viel Raum für informelle Kommunikation zwischen Veranstalter und Publikum sowie Publikum und Künstler zu schaffen. Dies gelingt nicht zuletzt durch die lange Verweildauer im Ambiente der »Bar jeder Vernunft«: Einlass ist bereits um 19.00 Uhr, die Vorstellungen beginnen jedoch erst um 20.30 Uhr. Das Theater ist dann zugleich Kneipe und Restaurant. In den abendlichen Ansagen wird das Publikum vom Veranstalter persönlich begrüßt und auf nachfolgende Programme aufmerksam gemacht. Nach den Vorstellungen kommt es im Rahmen der Pianobar oftmals zu persönlichen Kontakten zwischen Künstlern und Publikum.

Alte und neue Stars werden durch extensive Medienarbeit zum »Stadtgespräch«

Die »Bar jeder Vernunft« erfährt eine überdurchschnittlich hohe Resonanz in verschiedenen Berliner und auch überregionalen Medien, die größtenteils zusätzlich zu einer Rezension die PR-Arbeit durch Vorberichte und Tagestipps unterstützen. Gründe dafür liegen zum einen in den häufigen Programmwechseln, die auch für die Medien immer neuen, bei den Lesern populären Stoff bieten. Zum anderen liegen sie in der intensiven Betreuung der Medien, die fristgerecht jeweils auf ihre Redaktionsschlüsse abgestimmt mit Presseinformationen, Fotos und CDs beliefert werden; die regelmäßig telefonisch kontaktiert und gemäß ihrer spezifischen Interessen informiert und mit Interviewpartnern versorgt werden; die zu allen Premieren und Premierenpartys eingeladen und mit Künstlern und anderen für sie wichtigen Gesprächspartnern zusammengebracht werden. So ergibt sich häufig eine doppelte Berichterstattung: Zum einen wird die Veranstaltung im Kulturteil rezensiert, zum anderen wird im Lokalen über die Premierenfeier und ihre prominenten Gäste berichtet.

Für jedes neue Programm wird ein Pressetermin angeboten, an dem u.a. Ausschnitte aus dem Programm gezeigt werden und den Bildmedien damit Film- und Fotomaterial zur Verfügung gestellt wird. Neben einer breit angelegten Informationspolitik, die kaum einen lokalen Sender oder ein Wochenblatt auslässt, werden geeignete Themen auch exklusiv bei großen überregionalen Medien wie Spiegel, Stern, ZDF oder ARD angeboten. Der Verkauf von Veranstaltungsübertragungsrechten an Sender wie ZDF und 3sat sorgt für überregionale Bekanntheit.

Medienpartnerschaften bestehen gleich zu mehreren Medien und werden offensiv und kreativ genutzt. So gab es mit einem Stadtmagazin ein gemeinsames Comedy-Programm, das durch Flyer, Postkarten und redaktionelle Seiten begleitet wurde, oder mit einem Hörfunksender eine gemeinsame Kampagne mit Live-Übertragungen, Plakaten und Trailern.

Durch ihre intensive Medienarbeit konnte sich die »Bar jeder Vernunft« in Künstlerkreisen einen sehr guten Ruf erwerben, so dass Gastkünstler ihre Uraufführungen gerne in der »Bar jeder Vernunft« präsentieren. Das wiederum ist für die Pressearbeit der »Bar jeder Vernunft« ein großer Vorteil, denn sie ist in der Lage, aktuellen und damit attraktiven »Stoff« für die Medien zu liefern. Darüber hinaus gelingt es der »Bar jeder Vernunft« immer wieder, Stars und Prominente zu überzeugen, neue Rollen zu probieren.

Durch die Potenzierung ihrer Medienarbeit und die Akquirierung von »Stars« gelingt es, zum »Stadtgespräch« zu werden, so dass auch für Gelegenheitsnutzer und unterhaltungsorientiertes Publikum ein Anreiz besteht, »dabei sein zu wollen« und »mitreden zu können«.

Touristen als neue Publikumsbasis

Berlin ist zum Touristenstandort Nr.1 in Deutschland avanciert, vor allem durch sein Image als eine Stadt mit einem vielfältigen spannenden Kulturprogramm. Schon frühzeitig hat die »Bar jeder Vernunft« darum eng mit der Berlin Tourismus Marketing GmbH kooperiert und gehört zum festen Bestandteil sämtlicher weltweit verteilter touristischer Prospekte über das Kulturangebot in Berlin. Da die Programme in der »Bar jeder Vernunft« und »Tipi« häufig stark musikalisch orientiert sind und häufig Gastspiele von englischsprachigen Künstlern beinhalten, sind sie auch für Touristen ohne Deutschkenntnisse attraktiv. Vor allem mit dem Musical »Cabaret« gelang es der »Bar jeder Vernunft«, viele ausländische Touristen anzuziehen, ist doch in Ländern wie USA und England Berlin zutiefst mit dem Image der 20er Jahre und der beginnenden Nazi-Zeit verknüpft.

Das besondere Ambiente der beiden Aufführungsorte, in Verbindung mit einer gehobenen Gastronomie, bieten einen zusätzlichen touristischen Attraktionsfaktor, so dass »Bar jeder Vernunft« und »Tipi« inzwischen in kaum einem Berlin-Reiseführer fehlen.

Damit einher geht jedoch auch eine schwindende Akzeptanz beim kulturorientierten Berliner Szenepublikum, das sich neue, wenige etablierte und experimentierfreudigere Orte sucht. Um dem entgegen zu wirken, wäre es vermutlich sinnvoll, dass die »Bar jeder Vernunft« und »Tipi« unterschiedliche Programm-Strategien fahren: Touristen orientierte Programme für ein breites Publikum im »Tipi«, neue Experimente der Unterhaltungskunst in der »Bar jeder Vernunft«.

Fazit

Der Erfolg der »Bar jeder Vernunft« basiert vor allem auf ihrem unverwechselbaren Profil als Trendsetter im Bereich der Unterhaltungskunst. Gelungen ist die schwierige Balance zwischen der Ansprache der spezifisch Kulturinteressierten und der Öffnung auch für weitere, vor allem unterhaltungsorientierte Publikumskreise, die für das wirtschaftliche Überleben der Einrichtung unerlässlich sind.

Mit außergewöhnlichen Programmen, mit Prominenten und Stars, die in neuen Rollen zu erleben sind, gelang ihr hohe Publizität und Mundpropaganda. Der Ruf der »Bar jeder Vernunft«, immer »ausverkauft« zu sein, förderte die Begehrlichkeit.

In ihrer PR-Arbeit pflegt die »Bar jeder Vernunft« zum einen ihr Stammpublikum, das eine wichtige Basis für den wirtschaftlichen Erfolg darstellt, zum anderen versucht sie, für jedes neue Programm die passenden Zielgruppen zu finden und entsprechende PR-Maßnahmen zu entwickeln, neue Kooperationspartner einzubeziehen und damit neue Freunde und Förderer an das Haus zu binden.

Eine Medienarbeit, die sich an ein sehr breites Spektrum von Medien richtet und dabei zugleich jeden Journalisten persönlich anspricht, sorgt für eine außergewöhnlich hohe Medienpräsenz. Das hohe persönliche Engagement der beiden Betreiber vor allem auf dem Feld der Lobbyarbeit sichert die Unterstützung in Kulturkreisen, Wirtschaft und Politik.

PR für Musik

Die PR für so genannte E-Musik, der vor allem die klassische Musik zugerechnet wird, und U-Musik, die vor allem den großen Bereich der Popmusik umfasst, unterscheidet sich deutlich.

Popmusik gehört zur Kulturwirtschaft und ist darauf angewiesen, Gewinn zu erzielen. PR für Popmusik ist meistens in eine übergreifende Marketingstrategie eingebunden. Dabei geht es häufig nicht nur darum, Musiker bestmöglich zu vermarkten, sondern bestimmte Musikprodukte speziell für ein bestimmtes Marktbedürfnis zu entwickeln. Bekannte Beispiele dafür sind etwa die als Marketingereignis kreierte Popgruppe »No Angels« oder das Popkulturereignis »Deutschland sucht den Superstar«. Aber auch wenn Popmusik aus einem genuin künstlerischen Anliegen heraus geschaffen wird, muss sie als kulturwirtschaftliches Produkt in ihrer PR sehr viel stärker auf die Gestaltung eines übergreifenden Marken-Images setzen, um zu Popularität zu gelangen. Mindestens genauso wichtig wie die Musik ist das Starimage der Interpreten, das durch PR-Maßnahmen aufgebaut und zu immer neuer Publizität gebracht werden muss. Die Visualisierung dieses Images etwa in Lifestyle- und Jugendzeitschriften sowie in Fernsehmusiksendern wie VIVA und MTV sind dafür von zentraler Bedeutung. Mit der PR für Popmusik sollen Massen erreicht werden und dementsprechend muss es gelingen, die Massenmedien für die Verbreitung zu gewinnen bzw. »Sendezeiten« zu kaufen. Ein neuer Raum der massenhaften Verbreitung ist das Internet, in dem es durch Strategien des viralen Marketings möglich ist, sehr schnell hohe Popularität auch unabhängig von hohen Werbebudgets zu erlangen.

Die klassische Musik gilt als wichtiges Kulturgut und Bestandteil unseres kulturellen Erbes, das der öffentlichen Pflege bedarf. Institutionen klassischer Musik befinden sich deshalb meistens in öffentlicher Trägerschaft. PR hat hier weniger den »Kartenabsatz« zu gewährleisten, als viel mehr das Image einer Institution zu behaupten. Hinzu kommt, dass zunehmend legitimiert werden muss, warum ein solch hoher Einsatz an öffentlichen Mitteln notwendig ist für eine Kulturform, die nur von einer relativ kleinen, zumeist ohnehin sozial privilegierten Gruppe wahrgenommen wird.

Das Publikum klassischer Musik ist im Verhältnis zu anderen Publikumsgruppen eher verbindlich und berechenbar in seinem Nachfrageverhalten und gehört im Durchschnitt eher zu den älteren Bevölkerungsgruppen. Nach wie vor gibt es einen hohen Anteil an Abonnenten. Um mehr junges (Nachwuchs-) Publikum anzuziehen, werden verstärkt Maßnahmen etwa in Form musikpädagogischer Vermittlungsprogramme initiiert.

Erfolgreiche Aufhänger der PR für klassische Musik sind vor allem traditionelle, bekannte Werke und Komponisten sowie »berühmte« Interpreten- und

Dirigentennamen, wobei es relativ wenige, wirklich populäre Künstlerstars gibt. Auffällig ist jedoch die Tendenz, sich auch in der klassischen Musik den Vermarktungsstrategien der Popmusik anzunähern.

Schwierig wird es in der PR für klassische Musik, wenn neue Komponisten zur Aufführung gebracht werden oder solche Interpreten, die nicht breit bekannt sind. Hierfür muss ein stark musikinteressiertes, experimentierfreudiges Publikum gezielt angesprochen sowie sehr viel Vermittlungsarbeit im Vorfeld geleistet werden. Die größten Herausforderungen bestehen in der PR für so genannte »Neue Musik«, die nur einen sehr kleinen Interessentenkreis anspricht. Hier bieten Festivals, wie etwa die Donaueschinger Musiktage, eine Chance, diese Musik konzentriert in einem besonderen Rahmen zu präsentieren und damit das Zielpublikum ebenso wie die Fachmedien komprimiert zu erreichen.

Musik-PR generell hat das Problem, dass sie mit der Musik einen Gegenstand vermitteln muss, der sich nur schwer visuell und verbal kommunizieren lässt. Sie muss also in besondere Weise Übersetzungsleistungen erbringen.

»Welcome, Sir Simon!«
Die Berliner Philharmoniker und ihr Chefdirigent Sir Simon Rattle zwischen Tradition und Innovation

Eine Analyse auf Grundlage eines Gesprächs mit Helge Grünewald, ehem. Pressesprecher, Nathalie Schwarz, Leiterin Marketing, und Sir Simon Rattle

Die Berliner Philharmoniker gehören unbestritten zu den »Leuchttürmen« der deutschen Kulturlandschaft und stehen als eine international bekannte, traditionelle Hochkultureinrichtung für herausragende musikalische Qualität. Mit einer Auslastung von fast 100 Prozent und einem Abonnentenstamm, der alleine fast 70 Prozent aller Plätze abnimmt, gehören die Berliner Philharmoniker zu den wenigen Kultureinrichtungen, bei denen die Nachfrage das Angebot übertrifft. In der PR geht es also weniger darum, Interessenten für die Programme zu rekrutieren als viel mehr darum, gezielt auf das Bild, das in der Öffentlichkeit von den Berliner Philharmonikern besteht, Einfluss zu nehmen.

Das »Produkt Berliner Philharmoniker« besteht eigentlich aus drei verschiedenen Säulen:

1. das Philharmonische Orchester, ein traditionsreiches, weltbekanntes Orchester mit 125 Musikern;
2. der Chefdirigent der Berliner Philharmoniker, der seit Furtwängler und Ka-

2. der Chefdirigent der Berliner Philharmoniker, der seit Furtwängler und Karajan eine prominente Stellung hat, und der zugleich künstlerischer Leiter der Philharmonie ist;
3. der Veranstaltungsort »Philharmonie« mit zwei Häusern, die neben den Philharmonikern auch von vielen Fremdveranstaltern genutzt werden, sowie die Gebäude der Berliner Philharmonie, die 1963 vom Architekten Scharoun in enger Kooperation mit dem damaligen Chefdirigenten Karajan in einer für ein Konzerthaus außergewöhnlichen, neoexpressionistischen Bauweise gestaltet wurde.

»Die Berliner Philharmoniker sind eine Mischung aus Tradition, Hochkultur und Qualität in der Verbindung eines Chefdirigenten mit einem starken, unabhängigen Klangkörper – ›A vision for music‹ – in diesem Satz haben wir unsere gemeinsamen Wünsche, unsere künstlerische Fantasie und unsere besondere Verantwortung zusammengefasst, die wir alle an der Schwelle des 21. Jahrhunderts für eines der besten und wichtigsten Symphonieorchester und für zwei der schönsten Konzertsäle leben wollen«, so beschreiben die Berliner Philharmoniker selbst ihre Mission (vgl. www.berliner-philharmoniker.de).

Die Philharmoniker sind seit 2002 in eine eigenverantwortliche Stiftung überführt. Sie erhält Zuschüsse vom Land Berlin und erwirtschaftet darüber hinaus fast 50 Prozent ihrer Mittel selbst und zwar vor allem durch Gastkonzerte und den Verkauf von Tonträgern. Außerdem wird sie von der Deutschen Bank als zentralem Sponsor unterstützt und erhält weitere Sachleistungen von diversen Kooperationspartnern.

Das Image ist stark, die Nachfrage ist groß, finanziell gibt es keine Probleme auf Grund ausreichender Förderer, sowohl öffentlicher wie privater, und hoher Eigeneinnahmen. Die »Marke Berliner Philharmoniker« ist ein Selbstläufer. Kein Grund also, sich um neue PR-Strategien zu bemühen?

Imagewerbung statt Kartenabsatz – zentrale PR-Ziele

Obwohl es keinen Druck gibt, werden in der PR neue Wege gegangen, verstärkt seit Einzug von Simon Rattle und der Umwandlung von einer landeseigenen Einrichtung zu einer eigenverantwortlichen Stiftung. Zentrales Ziel der PR-Arbeit ist nicht der Kartenabsatz, sondern die langfristige Imagewerbung für die Berliner Philharmoniker als ein zukunftsweisendes Orchester. »Das Orchester hat Vorbildfunktion für viele Orchester in der Welt. Es will Teil seiner Zeit, seiner Umwelt heute sein. Es will ein Orchester des 21. Jahrhunderts sein und nicht ein Fossil des 19.«, so Simon Rattle (Sir Simon Rattle, 2002). Dies soll sich nicht nur im Programmprofil, sondern in der gesamten Erscheinungs- und Handlungsweise der Philharmoniker äußern.

Folgende drei Kommunikations-Ziele ergeben sich daraus für die Philharmonie:

1. Öffnung für neue Besucher
   Ein Exklusivitätsstatus bringt auch Probleme mit sich. Wenn als sicher gilt, dass es für die Konzerte der Philharmoniker ohnehin kaum Karten im freien Verkauf zu erstehen gibt, wird es schwierig, zusätzliche Konzerte zu bewerben und potenzielles neues Publikum anzusprechen. Einerseits ist der Faktor »Verknappung« eines der wirkungsvollsten PR Mittel, denn knappe Güter gelten als besonders begehrenswert und werden umso stärker nachgefragt. Andererseits kann dieses Image Interessenten entmutigen und die Philharmoniker könnten in den Ruf geraten, nur für einen ausgewählten elitären Kreis zu spielen. Insofern müssen nicht nur mehr Karten im freien Verkauf erhältlich sein, sondern dies muss verstärkt kommuniziert werden.
   »Wir dürfen nicht hinter dem Schalter sitzen bleiben und warten, dass die Leute kommen. Wir müssen rausgehen und uns ein neues Publikum suchen. Wir müssen eine Atmosphäre schaffen, in der sich jeder willkommen fühlt. Wir müssen neue Wege finden, um deutlich zu machen, warum es sich lohnt, ins Konzert zu gehen.« (Simon Rattle)

2. Heranführung eines jungen Publikums an Musik
   Junge Menschen in Deutschland interessieren sich immer weniger für klassische Musik, so eines der Ergebnisse des Jugendkulturbarometers. Die Berliner Philharmoniker fühlen sich, initiiert durch Simon Rattle, insbesondere auch für die Vermittlung klassischer Musik an Jugendliche verantwortlich: »Wir Philharmoniker wollen in einer Zeit, in der vielen, zumal jungen Leuten, nicht bewusst ist, welche zentrale Rolle Musik im Leben eines jeden Einzelnen spielen kann, unsere Tore öffnen, um jene Musik, für die wir stehen, zum elementaren Grundbedürfnis werden zu lassen. Dafür wollen wir Lehrer gewinnen, wir gehen in Schulen, wir kümmern uns um Jugendgruppen und schaffen über moderne Kommunikationsmittel neue Bindungen und Beziehungen.« (www.berliner-philharmoniker.de)

3. Verantwortung für die Stadt zeigen
   Was für öffentlich geförderte Kultureinrichtungen in England selbstverständlich ist, nämlich das Ziel, Kunst und Kultur zum Wohle aller Mitglieder der Gesellschaft einzusetzen, wurde unter Simon Rattle auch für die Philharmoniker eines ihrer Ziele: »Für mich stand immer außer Frage, dass sich alle Künste in die Gesellschaft einbringen müssen. Unsere Kunst kann der Stadt helfen, wichtige soziale Aufgaben zu erfüllen – und sei es

nur, die Leute zusammenzubringen. Das Orchester soll jedem in dieser Stadt gehören. Das sind wir den Menschen schuldig.« (Simon Rattle)

Wie lassen sich diese Ziele, ein erweitertes und verjüngtes Publikum zu gewinnen und Verantwortung für das kulturelle und soziale Leben der Stadt zu übernehmen, mit Hilfe von PR umsetzen?

PR für klassische Musik im Spannungsfeld zwischen Bildung und Erlebnisorientierung

Die Abteilung, die sich im engeren um die Kommunikation kümmert, besteht aus insgesamt acht Personen, die sich in die Bereiche »Erstellen von Kommunikationsmitteln«, Marketing und Pressearbeit unterteilen. Hinzu kommt eine eigene Abteilung »Education«, besetzt mit zwei Mitarbeitern.

»Das Klassik-Publikum ist eher konservativ. Es ist schwer lokalisierbar und nur schwer als klare Gruppe ansprechbar« und »Die Philharmoniker lassen sich nicht mit den gleichen Mitteln wie eine Popgruppe vermarkten – das würde ihnen und ihrem Klientel nicht gerecht werden. Dennoch ist es auch hier wichtig, Musik nicht nur als ›Bildung‹, sondern auch als ›Erlebnis‹ zu vermitteln. Wir müssen unserem traditionellen Publikum gerecht werden und gleichzeitig neue Wege gehen«, so benennen die PR-Zuständigen die besonderen Herausforderungen an ihre Arbeit.

»Unser Popstar ist ein Dirigent« – die Einführungskampagne »Welcome, Sir Simon«

Eine erste populäre und sehr erfolgreiche Imagemaßnahme, die über die Ansprache des Klassikpublikums hinausging, war die Einführungskampagne für Simon Rattle. Plakate mit dem Porträt des Dirigenten und dem Slogan »Welcome, Sir Simon« wurden in einer hohen Auflage in Berlin und Brandenburg plakatiert. Das gleiche Motiv fand sich auf sämtlichen anderen Publikationen des Hauses wieder. Parallel wurde eine Doppel-CD mit dem gleichnamigen Titel herausgegeben. Flankiert wurden diese werblichen Maßnahmen durch eine intensive Medienarbeit. »Welcome, Sir Simon!« – dieser Slogan wurde von vielen Medien aufgegriffen: »Berlin freut sich auf Sie!«

Das Medienecho war riesig, von »Die Zeit« über die »Bild-Zeitung« und »Brigitte« bis zum »Uckermark-Kurier« ebenso wie die großen Medien im Ausland wurde über den neuen Chefdirigenten und seinen euphorischen Start in Berlin berichtet; überall gab es Interviews mit Simon Rattle zu lesen, die sehr ungewöhnliche Töne eines Dirigenten wiedergaben: Rattle sprach von der Öffnung der Philharmonie und von »einer Pflicht der Berliner Bevölkerung gegenüber«, das mit seinen Steuern das Orchester subventioniere. Und er sprach von »Kultur als Menschenrecht«.

Die Kampagne erreichte ihr Ziel, den neuen Chefdirigenten und damit zugleich die Berliner Philharmoniker in das Blickfeld einer breiten Öffentlichkeit zu bringen und auch die Nicht-Besucher zu erreichen. So berichtete Simon Rattle, wie er während eines privaten Spazierganges durch die Potsdamer Platz-Arkaden selbst von einer Gruppe türkischer Jugendlicher mit »Hi, Sir Simon« begrüßt wurde.

»Wird Hochkultur jetzt hipp? Unser Popstar ist ein Dirigent!«, schrieb dann auch euphorisch »Die Welt« (7. September 2002). Der Erfolg lag zum einen in den PR-Maßnahmen begründet: das richtige Timing und ein guter, komplett auf die Person Simon Rattle zugeschnittener Maßnahmen-Mix aus dichter Plakatierung und Pressearbeit mit einer Vielzahl von Interviews. Zum anderen ist der Erfolg maßgeblich geprägt von der charismatischen, sehr kommunikativen Persönlichkeit des Dirigenten. In sämtlichen Interviews spricht er ungewöhnlich klar und zugleich voller Begeisterung und Leidenschaft von seiner »Mission« und wird damit zum ersten Pressesprecher der Berliner Philharmoniker.

Die Philharmoniker unterwegs als Musikvermittler – »Education« als zentrales PR-Instrument

Die mit Rattle neu eingerichtete Education Abteilung mit dem Titel »Zukunft@phil« sollte sich nicht nur intensiv um ein neues, junges Publikum bemühen, sondern darüber hinaus einen Beitrag zur musikalischen Bildung in Berlin leisten.

»Zukunft@phil hat das Anliegen, musikalische Aktivitäten, die Arbeit des Orchesters und seine Musik einem breiten Publikum zugänglich zu machen. Es geht darum, Menschen aller Altersgruppen, unterschiedlicher Herkunft und mit unterschiedlichen Talenten in die Lage zu versetzen, ihre eigene Musik zu erfinden und zu spielen.« (www.berliner-philharmoniker.de)

Die künstlerischen Projekte der Berliner Philharmoniker mit Schulklassen wurden von einer breiten, sehr positiven medialen Berichterstattung begleitet, und sie wurden vor allem über den Dokumentarfilm »Rhythm is it« deutschlandweit bekannt und brachten einen wesentlichen Schub für die stärkere Wertschätzung kultureller Bildung in Deutschland generell.

Ein Publikumsmagazin als Geschenk – redaktionelle Kommunikationsmittel der Philharmoniker

Ein weiteres PR-Mittel ist das zweimonatlich erscheinende, sehr aufwändig gestaltete Magazin der Berliner Philharmoniker. Es beleuchtet in journalistischer Weise aktuelle künstlerische Projekte sowie die »Education-Projekte«, enthält Porträts und Künstler-Interviews, musikwissenschaftliche und historische Essays, zusätzlich sogar zwei Seiten für Kinder mit Rätseln, Spielen und Informationen rund um die Musik.

Gedruckt wird es in einer Auflage von 40.000 Stück, von denen 25.000 direkt an Interessenten versandt werden nach Erhebung einer jährlichen Schutzgebühr von 15 Euro – der Rest liegt an den Veranstaltungsorten aus.

Finanzierbar ist diese mit vielen farbigen Bildern und einem interessanten und abwechslungsreichen Layout gestaltete Zeitschrift über die Anzeigen verschiedener Kooperationspartner wie die Deutsche Bank oder die Plattenfirma EMI-Musikproduktion. In ihren Anzeigen beziehen sich diese Sponsoren jeweils direkt auf die Philharmoniker, was die wechselseitige Werbewirkung steigert, wenn etwa die Deutsche Bank dort schreibt: »Musik verbindet – grenzenlos. Die Berliner Philharmoniker stehen für exzellente Interpretation klassischer und zeitgenössischer Musik. Dazu braucht das Orchester starke Partner. Die Deutsche Bank fördert Spitzenleistungen – auch in der Musik«.

Weitere redaktionelle PR-Mittel sind der monatliche Veranstaltungsflyer, der einen knappen Überblick über sämtliche Konzerte der Philharmonie und auch über die der Fremdveranstalter gibt. Er wird in einer Auflage von 35.000 Stück gedruckt, wovon die beachtliche Anzahl von 25.000 über einen Direktverteiler versandt und die restlichen 10.000 in ausgewählten Institutionen ausgelegt werden. Eine monatliche Verteilung über die Kneipenständer, wie sie die meisten anderen Theater Berlins nutzen, ist für die Philharmonie nicht sinnvoll, da ihr Publikum seine Informationen weniger in Kneipen bezieht und zudem seine Karten langfristig bucht.

Des Weiteren werden ca. 80 Programmhefte pro Jahr erstellt, die Hintergründe über die einzelnen Konzerte vermitteln.

Für besondere Musikreihen werden spezielle Plakat- und Postkartenkampagnen entwickelt. Um z.B. für eine Kammermusikreihe Aufmerksamkeit zu erreichen wurde die Aufsehen erregende Plakat- und Postkartenkampagne »Musiker privat« entwickelt. So sieht man beispielsweise unter dem Titel »Bach privat« das Porträt des Komponisten mit einer Spülbürste in der Hand. Auf ironische Weise sollen damit Schwellen gesenkt werden.

Die Redaktion und Gestaltung der Website nach dem In-House-Publishing-Prinzip garantiert hohe Aktualität. Vor allem über die Website konnte die Kartenbestellung erleichtert werden.

Aktive und gezielte Medienansprache

Bei der Pressearbeit gibt es nicht das Problem, Journalisten für die Arbeit der Berliner Philharmoniker zu interessieren. Die Nachfrage nach Pressekarten ebenso wie nach Interviewterminen ist groß, Berichte über die Philharmoniker sind ein »Muss« in jeder Feuilletonredaktion. Und doch wäre es gefährlich, nur auf Nachfrage zu reagieren, denn es gilt, die Themen bei einer so wichtigen Mittlergruppe wie den Medien selber zu setzen und aktiv zu gestalten. Neben regelmäßigen Pressemitteilungen mit Programmhinweisen an einen Verteiler von 250 Medien nicht nur in Deutschland, sondern weltweit, wird alle zwei Monate ein Pressebrief mit Hintergrundinformationen verschickt. Zum Spielzeitauftakt gibt es eine große Pressekonferenz, ansonsten wird eher mit Hintergrundgesprächen in kleinerer Runde mit maximal zehn Journalisten gearbeitet. Diese Gespräche im kleineren Kreis haben sich als sehr effektiv erwiesen, da dialogische und persönliche Begegnungen stattfinden können.

Sehr wichtig für das Image der Berliner Philharmoniker in Berlin und in Deutschland ist die Berichterstattung über die vielen Auslandstourneen. Da Journalisten meistens nicht auf Grund einer Pressemitteilung darüber berichten, werden sie gezielt zu Konzertreisen eingeladen, die ihnen direkte Einblicke in den »Kulturexport« und Erfolge im Ausland ermöglichen.

Anfragen aus Publikum und musikinteressierter Öffentlichkeit

Ein relativ zeitaufwändiger Teil der PR ist die Beantwortung von Fragen aus Publikum und Öffentlichkeit, Fragen sowohl nach historischen Details der Philharmoniker, nach bestimmten Musikern, Komponisten und Stücken. Die PR-Arbeit beinhaltet hier also auch eine Servicefunktion als Informationsstelle und Archiv. Auch in dieser Aufgabe wird eines der PR-Ziele deutlich, nämlich die Verantwortung der Philharmoniker für das Musikleben der Stadt über ihre eigenen Konzerte hinaus.

Fazit

»Die Philharmoniker lassen sich nicht mit den gleichen Mitteln wie eine Popgruppe vermarkten – das würde ihnen und ihrem Klientel nicht gerecht werden«, so der ehemalige Pressesprecher der Philharmoniker. Und dennoch ist es einer charismatischen und hoch kommunikativen Persönlichkeit wie Simon Rattle gelungen, die Aura eines Popstars zu erlangen und sich zugleich in aller Bescheidenheit immer wieder davon zu distanzieren und sein Orchester und die musikalische Arbeit in den Vordergrund zu stellen. Das macht ihn zum unbestrittenen Sympathieträger. Personalisierung ist eines der wichtigsten Mittel der PR-Arbeit, denn über Personen werden Inhalte leichter fassbar, erhalten ein Gesicht, eine Emotionalität. Den Berliner Philharmonikern ist mit ihrem Chefdirigenten ein kommunikativer Glücksfall gelungen.

Dies wird in der PR-Arbeit unterstützt durch eine Ansprache, die zum einen dem traditionellen Klassikpublikum gerecht wird, das seriös bedient werden muss, zum anderen neue Wege einer vorsichtigen Öffnung und Verjüngung geht. Besonders in der Arbeit der Education-Abteilung werden die PR-Ziele wirkungsvoll und nachhaltig umgesetzt.

PR für Literatur

Der Literaturbetrieb ist vorwiegend privatwirtschaftlich organisiert, wird aber in Deutschland durch ein breites Netz öffentlicher und halböffentlicher Einrichtungen der Literaturförderung und -vermittlung unterstützt.

PR für Literatur machen neben den Verlagen u.a. gemeinnützige Institutionen wie Literaturhäuser, literarische Gesellschaften und Literaturfestivals.

PR in Verlagen wird von verschiedenen Personen und Stellen innerhalb des Verlages betrieben:

- von den Lektoren, die erste profilierende Texte über ein Buch schreiben;
- von der Verlags-PR, die für ein glaubwürdiges Image des Gesamt-Verlages sorgt;
- von der Werbeabteilung, die Prospektmaterial über das Verlagsprogramm und Anzeigen für die Branchenpresse erstellt;
- von der Presseabteilung, die Buch-Rezensionen in den Feuilletons initiiert;
- von der Lesereiseabteilung, die Autoren-Lesungen in Buchhandlungen und Literaturhäusern organisiert;
- vom Vertriebsleiter, der die Buchhandelsvertreter über Neuerscheinungen informiert und
- von den Buchhandelsvertretern, die den Buchhandel zum Einkauf von Büchern motivieren.

Auch auf dem Literaturmarkt sind neue Wege der PR erkennbar, um Literatur einen Platz in einer immer vielfältigeren, Event-dominierten Kulturlandschaft zu behaupten. Neben den klassischen PR-Instanzen wie den Buchhandelsvertretern oder den Literaturrezensenten der überregionalen Medien, werden Live-Veranstaltungen in Form von Lesungen immer wichtiger als Medium der Literaturkommunikation. In der PR für Literatur geht es auch darum, Literatur zum kollektiven Erlebnis und Gesprächsstoff werden zu lassen (»Lesen, wovon alle sprechen«). Im Rahmen von Autorenlesungen erhält die Rezeption von Literatur einen öffentlichen und kollektiven Charakter; es kommt zu direkten Begegnungen zwischen Autor und Leser, der Autor wird zum »Werbemittel« für sein Produkt. Die Tendenz zur Personalisierung ist hier deutlich. Der Autor tritt nicht mehr hinter seinem Werk zurück, sondern muss auch persönlich als Star und Marke aufgebaut werden.

Um die notwendige Aufmerksamkeit zu erlangen, reicht eine einfache Lesung in einer Buchhandlung kaum noch aus. So werden Lesungen vielfach in Festivalform verpackt oder finden an außergewöhnlichen Orten statt oder werden mit Rahmenprogrammen wie musikalischen oder theatralen Darbietungen aufgewertet.

Großereignisse wie Literaturfestivals können dazu beitragen, Literatur in eine breitere Öffentlichkeit zu bringen und Literaturrezeption zu steigern. Zudem können sie eine gute Möglichkeit sein, um auch unbekannteren Autoren zu Aufmerksamkeit zu verhelfen, indem diese neben prominente Autoren platziert werden.

Literatur ist ein überregionales »Produkt« und verlangt deshalb überregionale Aufmerksamkeit, die vor allem durch Medienarbeit und die Teilnahme von Autoren an Buchmessen, Symposien und Festivals erreicht wird. Ein sehr wichtiges Forum der Literatur-PR sind die Buchmessen, auf denen die Fachöffentlichkeit und die Fachpresse zentral erreichbar sind. Auch Literaturpreise erhöhen die Aufmerksamkeit für einen Autor stark.

Aber auch das Image eines Verlages trägt zur Positionierung eines Buches bei. Eine starke Verlags-Corporate Identity ist zugleich Gütesiegel für die Bücher und Autoren des Verlages.

Öffentlichkeitsarbeit der Aufbau Verlagsgruppe, Berlin

Ein Gespräch mit Barbara Stang, Leiterin der Presse- und Öffentlichkeitsarbeit des Verlages von 1995 bis 2007

Der Berliner Aufbau-Verlag geht auf eine Gründung des Dichters Johannes R. Becher 1945 zurück und war einer der bedeutendsten Verlage der DDR, der sich vor allem auf deutsche Exil-Schriftsteller und die Werkausgabe von Klassiker-Autoren, später dann auch auf Literatur zeitgenössischer DDR-Literaten wie Christoph Hein oder Literatinnen wie Christa Wolf und Irmtraud Morgner spezialisierte. Nach turbulenten Umbruchzeiten wurde der Verlag 1991 vom Unternehmer Bernd F. Lunkewitz übernommen. Dieser verkaufte den Verlag 2008 an den Privatunternehmer Matthias Koch.

Als Verlagsgruppe besteht der Aufbau-Verlag zudem aus dem Aufbau Taschenbuch Verlag, dem Rütten & Loening-Verlag, dem Gustav Kiepenheuer Verlag sowie der Audio Verlagsgruppe. Hinzu kommen die Zeitschriften »Sinn und Form« sowie »neue deutsche literatur« (ndl), die bereits zu DDR-Zeiten vom Verlag herausgegeben wurden.

Heute ist der Aufbau-Verlag einer der bekanntesten und profiliertesten deutschen Verlage in Privatbesitz. Neben den traditionellen Bereichen der klassischen Weltliteratur mit dem Schwerpunkt auf deutscher Klassik, der Literatur des Exils und des Widerstands und der Literatur der DDR sind gesellschaftspolitisch orientierte Sachbücher und die ganze Bandbreite der gehobenen zeitgenössischen Literatur vertreten.

Ein klares Verlagsprofil und die Pflege der Verlagsgeschichte als zentrale Basis der PR-Arbeit

»Besonders betont wird die emotionale, packende, dramatische Literatur in der Tradition des europäischen Romans, der Partei nimmt für Aufklärung und Emanzipation in der Gesellschaft und sich gegen Krieg und Unterdrückung wehrt. Damit erhebt der Aufbau-Verlag auch einen politischen Anspruch auf Einmischung der Literatur in die Gesellschaft und stellt immer wieder neu die Frage, wie Literatur emanzipatorisch und aufklärerisch wirken kann«, so beschreibt der Verlag selbst sein besonderes Profil und seine Mission (www.aufbauverlag.de).

Für Barbara Stang »braucht ein Verlag vor allem ein verlässliches und aussagekräftiges Profil, das auch retrospektiv, also unter Bezugnahme seiner Geschichte, stabilisiert werden muss«.

Die Geschichte des Aufbau-Verlages als ambitionierter und engagierter DDR-Verlag ist eine wichtige Basis des heutigen Profils, die entsprechend gepflegt wird. So besteht ein Teil der Öffentlichkeitsarbeit darin, das Buch- und Presse-Archiv des Aufbau-Verlages aufzubereiten und zur Verfügung zu stellen und damit zugleich ein wichtiges Stück Literatur- und Rezeptionsgeschichte der DDR zu erhalten. »Wir sind quasi der erste ›gesamtdeutsche‹ Verlag und haben damit eine besondere Verantwortung.«

Der Verlag tritt nicht hinter seine Bücher zurück, sondern bringt sein eigenes unverkennbares Profil mit ein in die Kommunikation jedes einzelnen neuen Buches.

»Ich halte es für wichtig, auch einer Kultureinrichtung wie einem Verlag einen Markencharakter zu geben, der für eine bestimmte beständige Qualität bürgt, und diesen immer neu zu behaupten und kommunikativ zu vermitteln.«

Eine fest angestellte Ausstattungsleiterin mit künstlerischer Ausbildung ist, gemeinsam mit dem Werbebereich, für das Corporate Design, für sämtliche Aufgaben in der Buchgestaltung zuständig. »Der herstellende Bereich wird bei uns, wie das Bücherschreiben selbst, als ein künstlerischer verstanden.«

Auch im Corporate Design für die einzelnen Bücher geht es um Wiedererkennbarkeit im Sinne eines übergreifenden Verlagsprofils.

Öffentlichkeitsarbeit als eine von Marketing und Vertrieb unabhängige Führungsposition innerhalb des Verlages

Die Abteilung Presse- und Öffentlichkeitsarbeit ist direkt bei Verleger und Geschäftsführung angesiedelt. Sie ist nicht Teil des Marketings, nicht Instrument von Vertrieb, Werbung und Verkaufsförderung, sondern stärker an allgemeinen Inhalten orientiert. »Ich begreife PR als eine komplexe journalistisch und politisch geprägte Arbeit. Marketing und Werbung hingegen sind einfacher, eher imperativisch, dem Verbraucher direkter zugewandt. Ich entscheide unabhängig von Vorgaben aus dem Marketing selbst darüber, welche Schwerpunkte ich in der Öffentlichkeitsarbeit setzen möchte, welche Themen mir gesellschaftlich besonders relevant oder auch besonders interessant für die Medien erscheinen, mit welchen Bereichen der Öffentlichkeit ich den Verlag gerne stärker vernetzen möchte. Werbung und Vertrieb richten den Blick grundsätzlich nach vorn – PR hat nicht nur die Zukunft, sondern sehr direkt die Gegenwart und auch die Vergangenheit des Verlags mit im Blick. In der PR-Arbeit agiert man einerseits am ›Puls der Zeit‹ und andererseits muss man die geistige Substanz und den Erfahrungsraum früherer Arbeit mit einbringen. Wichtig ist mir, PR nicht nur als ›Infotainment‹ zu betreiben.«

Zielgruppen der PR-Arbeit sind neben den Kulturjournalisten vor allem die literarische Öffentlichkeit wie Autoren, Literaturwissenschaftler, andere Verleger, aber auch Meinungsbildner in Politik, Wirtschaft und künstlerischen Bereichen.

Öffentlichkeitsarbeit umfasst dabei nicht nur die PR für Bücher und für den Verlag, sondern auch PR für den Verleger, »dessen Stellung für das Unternehmen und Innovationsbestrebungen immer wieder neu kommuniziert werden müssen«.

Den direkten Kontakt zu den Buchhandelsvertretern, Buchhändlern und dem »Endverbraucher Leser« stellen hingegen die Abteilungen Marketing und Vertrieb her sowie die Abteilung, die Autorenlesungen organisiert. Die PR übernimmt jedoch die Pressearbeit für diese Lesungen.

PR als kulturell gestaltende Aufgabe

»Öffentlichkeitsarbeit begreifen wir in unserem Verlag als eine kulturell und inhaltlich gestaltende Aufgabe.«

Basis dafür ist eine enge Zusammenarbeit mit den Lektoren und mit den Autoren, viele intensive Gespräche über Bücher und über deren thematische Hintergründe.

»Es ist wichtig, einen atmosphärischen Raum um ein Buch herum zu schaffen.«

Und so beschränkt sich Barbara Stang auch nicht auf das Umschreiben der von Lektoren verfassten Buch-Klappentexte, sondern erarbeitet sich Texte und Themen für ihre Arbeit zu jedem neuen Buch selbst. Über ihre tagesaktuellen Aufgaben hinaus entwickelt sie immer wieder eigene Veranstaltungen und Ausstellungen, die nicht der direkten Aufmerksamkeitssteigerung eines neuen Buches dienen, sondern viel mehr der langfristigen Profilbehauptung des Verlags als einem gesellschaftlich relevanten Kulturfaktor. In Kooperation mit dem Jüdischen Museum in Wien und dem Verlag Gruner + Jahr konzipierte Barbara Stang z.B. eine Ausstellung über den jüdischen Reporter und in Gesamtausgabe beim Aufbau-Verlag vorliegenden Autor Egon Erwin Kisch; eine zweite Ausstellung zeigte Fotografien des jüdischen Fotografen, Filmemachers und Dichters Alter Kacyzne, von dem ebenfalls ein repräsentativer Bildband bei Aufbau erschienen ist. Beide Ausstellungen tourten sehr erfolgreich durch ganz Europa, jeweils begleitet von Eröffnungen, Matineen, Diskussionsveranstaltungen, und sind damit ein wichtiger PR-Erfolg für den Verlag.

Einen thematischen Standort für einen Autor finden

»Wir übernehmen eine hohe Verantwortung, wenn ein Autor uns seine geistige Arbeit in Obhut gibt. Meine Aufgabe sehe ich darin, einen Standort für den Autor und sein Thema zu finden, um ihm Wahrnehmung und Anerkennung in der Öffentlichkeit zu verschaffen.«

Ausgangspunkt für diese Aufgabe sind intensive Überlegungen darüber, was verschiedene Öffentlichkeiten an diesem Buch interessieren könnte, wo Anknüpfungspunkte zu relevanten gesellschaftlichen und politischen Themen gegeben sind, mit welchen Persönlichkeiten man einen Autor in der Öffentlichkeit zusammen bringen könnte. »Man muss Themen über Persönlichkeiten transportieren, die es ›oben‹ abholen, das heißt ihm eine Wertigkeit geben; darüber sind Menschen manchmal mehr zu begeistern als nur über Lesungen.«

Dabei hält sie es für erfolgreich, bewusst auch kontroverse Diskussionen zu initiieren: »Spannung ist ein wichtiges PR-Moment. Man muss nur den Mut haben, auch mal mit sperrigen Themen in die Öffentlichkeit zu gehen.«

Barbara Stang konzipiert Veranstaltungen, in denen sich ein Autor gemeinsam mit anderen Gesprächspartnern präsentieren kann, vermittelt den Autor als Gesprächspartner auf Tagungen, in Hörfunk- und Fernsehsendungen oder versucht auch mal einen Filmbeitrag über einen Autor zu initiieren.

Den richtigen Ton finden – überregionale, sachbezogene, differenzierte Medienarbeit

»Unerlässlich für die Medienarbeit ist ein guter Überblick über die Medienlandschaft. Man muss wissen, welches Medium zu welcher Verlagsgruppe gehört, wer jeweils verantwortlich ist, wo es Veränderungen gibt, welches Medium mit welcher politischen Tendenz agiert.«

Barbara Stang sichtet täglich gut zehn Tageszeitungen und versucht, sämtliche Neuerscheinungen auf dem Medienmarkt persönlich zur Kenntnis zu nehmen.

Beim Aufbau der Öffentlichkeitsarbeit des Verlages erstellte Barbara Stang ein umfangreiches Kategoriensystem, um über einen möglichst differenzierten Medien-Verteiler zu verfügen. Dabei werden Journalisten nicht nur nach Kategorien wie Sachbuch oder Belletristik gekennzeichnet, sondern nach ihren spezifischen Schwerpunkten wie »Interesse für neue Bundesländer« oder »Nah-Ost-Politik«. Außerdem erhält ihr Verteilersystem für jeden Journalisten eine Rubrik mit Notizen über Themen und Art des letzten Kontaktes. Dies ermöglicht es, auf eine Vielzahl von Journalisten individuell einzugehen und macht diese Kontakte auch den anderen Mitarbeitern der Abteilung zugänglich. »Für erfolgreiche Medienarbeit ist es notwendig, sich auf jeden Gesprächspartner individuell einzustellen, seine Interessen und seine Lesergruppen zu berücksichtigen.«

Zweimal im Jahr, mit Start eines neuen Halbjahresprogramms, lädt der Verlag einen Kreis von 30 ausgewählten Literaturjournalisten zu einem Gespräch über die Neuerscheinungen in das Verlagshaus ein. Darüber hinaus werden Gespräche und Interviews zwischen Autoren und einzelnen Medienvertretern vermittelt und organisiert.

Entscheidend in einem Bereich, der sich mit Literatur befasst, ist nach Ansicht von Barbara Stang, die Sprache der Pressetexte: »Man muss für jedes Buch den richtigen Ton finden, jeder Text muss unverwechselbar sein, ohne dass man das Buch überhöht und der Text zur Werbung wird. Ich versuche, jedes Buch für mich persönlich zu begreifen, indem ich Fragen daran stelle, die helfen, Kernthemen eines Buches herauszuarbeiten. Ein Pressetext kann das Niveau der Diskussion bestimmen.«

Im direkten Umgang mit den Medienvertretern pflegt Barbara Stang »einen sachbezogenen, klaren und nicht zu privaten Kontakt, der sich an den Inhalten orientiert und nicht an persönlichen Verpflichtungen.« Zu einem respektvollen Umgang miteinander gehört ihrer Meinung nach auch, dass man sich bei Journalisten bedankt für eine Rezension und ihnen Feedback gibt.

Ein weiterer Teil der Pressearbeit ist die Vermittlung von Autoren für Interviews in Zeitungen und Talkshows. Barbara Stang versucht möglichst langfristig, inhaltliche Verbindungen zu geplanten Berichten und Sendungen aufzuspüren und Kooperationen herzustellen. So wurde etwa im Abspann der Spielfilmserie über Napoleon, die das ZDF ausstrahlte, auf die Napoleon-Buchkassette des Aufbau-Verlages hingewiesen. Im Gegenzug durfte das ZDF in seinem Internet-Shop das Buch vertreiben. Weitere Kooperationen gab es anlässlich der Fernsehfilme »Der Laden« und »Klemperer«. Solche PR- und Marketingkooperationen werden in engster Abstimmung mit der Werbeabteilung entwickelt.

Buchmessen als wichtigste Präsentationsorte für den Verlag

»Um sich als Verlag in seiner Gesamtheit zu präsentieren und seine aktuellen Halbjahresprogramme vorzustellen, sind die beiden großen deutschen Literaturmessen in Frankfurt und Leipzig unerlässlich. Frankfurt ist vor allem wichtig für internationale Kontakte, Leipzig ist die charmantere, stärker publikumsorientierte Messe.«

Barbara Stang bucht die Pressekonferenz-Termine auf den Messen bereits ein Jahr im voraus, um die besten Zeiten für ihre Präsentationen zu erhalten. Buchmessen sind auch für die Pressearbeit das wichtigste Forum, weil hier in der Regel sämtliche wichtigen Kultur- und Literaturjournalisten erreichbar sind.

Für eine Pressekonferenz reicht es nicht aus, nur ein neues Buch und seinen Autor zu präsentieren, sondern man muss das Buch in größere thematische Zusammenhänge stellen und den Autor mit anderen spannenden Persönlichkeiten zusammenbringen, die einen Bezug zum Thema haben könnten. »Dabei geht es darum, Menschen aneinander zu ›heben‹ und ein Thema oder einen Autor von solchen Persönlichkeiten präsentieren zu lassen, die bekannt, aber noch nicht in öffentlichen Diskussionen ›verbraucht‹ sind. Autoren ebenso wie Journalisten sind glücklich, wenn man ihnen anspruchsvolle Gesprächspartner bietet.«

Darüber hinaus präsentiert sich der Aufbau-Verlag auch auf vielen Literaturmessen im Ausland, so etwa in Bologna und in Jerusalem. »Denn: Erfolg hat ein Verlag, wenn er international angekommen ist.«

Verlags-PR als Dienstleister für interessierte Öffentlichkeiten

Der Aufbau-Verlag unterstützt Initiativen der Leseförderung mit Bücherspenden und inhaltlichem Know-how, stellt Teile seines Archivs für Recherchearbeiten zur Verfügung, beantwortet Fragen zur Literaturgeschichte der DDR, vermittelt Kontakte zwischen Autoren, Wissenschaftlern, Literaturhäusern, oftmals auch in Kooperation mit anderen Verlagen. »Ich fixiere meine PR-Arbeit nicht ausschließlich auf den Verlag, sondern halte es für wichtig, sich als Verlag an öffentlichen Diskussionen zu beteiligen und trage gerne zur Vernetzung von Menschen und Institutionen bei. Jede Art von Hilfestellung, von Kooperation und Vernetzung fällt positiv auf den Verlag zurück und wird irgendwann fruchtbar.«

Sich frei machen von Routinen, neugierig bleiben und die Außenwelt aktiv einbeziehen

Grundlage für gute Verlags-PR sei, neben einer umfassenden Allgemeinbildung, ein großes Interesse und eine hohe eigene Identifikation mit dem Verlag, seinen Autoren und seiner Geschichte. Damit es gelingt, die Arbeit über die reine Informationsvermittlung hinaus zu heben, sei viel eigene Initiative nötig.

»Ich versuche, neugierig zu bleiben und mich immer wieder frei zu machen von der eigenen Routine.«

Ein weiterer wichtiger Aspekt für eine erfolgreiche Öffentlichkeitsarbeit ist das ständige Abfragen und Einbeziehen von Außenreaktionen im Sinne einer dialogischen Kommunikationsarbeit. »Ein ›In-den-Wald-Hinausrufen‹ reicht nicht aus. Man muss um die Reaktionen von außen wissen und sie ernst nehmen.«

Als ständige Erfolgskontrolle dienen vor allem wöchentlich aufbereitete, auch inhaltlich ausgewertete Pressespiegel, Verkaufszahlen von Büchern ebenso wie Reaktionen von Lesern und anderen Öffentlichkeiten zum Beispiel nach Autorenlesungen.

Fazit

Der Aufbau-Verlag zeichnet sich durch eine PR-Arbeit aus, die weit über die Verkaufshilfe für Bücher hinausgeht. Ziel ist vor allem, den Verlag als »Markenprodukt« mit deutlichem Profil und langer, spannungsreicher Tradition zu pflegen und immer neu zu behaupten.

Dies gelingt vor allem durch eine PR-Strategie, die sich an Themen und Inhalten orientiert, die Sachkompetenz, Autorität und die öffentliche Verantwortung des Verlages auf dem Gebiet der Literatur herausstellt. Und es gelingt durch eine PR-Arbeit, die selbst kulturschaffend wirkt, indem sie eigene kulturelle Veranstaltungen produziert und vermittelt.

Das profilierte Image des Verlages ist Basis einer PR-Arbeit, der es gelingt, bekannte Persönlichkeiten einzubinden, Menschen des literarischen, gesellschaftlichen und politischen Lebens in neuen Kontexten zusammenzubringen.

PR für Institutionen der Bildenden Kunst

Neben den privatwirtschaftlich organisierten Galerien und dem Kunsthandel gibt es in Deutschland ein breites Netz von öffentlich geförderten Kunstmuseen, Kunstvereinen und Kunsthallen. Beide Sektoren unterstützen sich in ihrer Außenwirkung. Die Galerien mit Kunsthandel und Kunstmessen haben eine wichtige PR-Funktion für die einzelnen Künstler, die erst durch das Engagement eines Galeristen in Form von Ausstellungen, persönlicher Kundenvermittlung und Messenbeteiligung die Chance haben, bekannt zu werden. In den Kunstmuseen ist neben dem Bewahren, Sammeln und Forschen die Präsentation und Vermittlung zunehmend wichtiger geworden. Nachdem 1987 erstmals mehr Deutsche in Kunstmuseen als in Fußballstadien gingen, schien der Durchbruch geschafft: Kunstrezeption als Massenereignis. Museen werden nicht mehr vorrangig als Bildungsstätten, sondern viel mehr als Freizeiteinrichtungen und touristische Sehenswürdigkeiten wahrgenommen.

Seit Anfang der 80er Jahre ist an vielen Museen der Trend zu großen, spektakulären »Blockbuster-Ausstellungen« erkennbar, die mit ihrem temporären Ereignischarakter besonders hohe Besucherzahlen erreichen. Häufig handelt es sich dabei um internationale Wanderausstellungen, die populäre Klassiker von Kandinsky bis van Gogh zeigen. Der Kunstbetrieb insgesamt ist durch eine zunehmende Globalisierung und Internationalisierung gekennzeichnet, was es schwer macht, für regionale Künstler und Kunstereignisse Aufmerksamkeit zu schaffen.

Die Besonderheit von Ausstellungen besteht in der Präsenz und der Aura von Originalen, so dass diese in der PR-Arbeit in den Vordergrund gestellt werden sollten. Alle Service- und Vermittlungsleistungen sollten dazu dienen, die direkte Begegnung und das Verständnis zwischen Kunstwerk und Betrachter zu fördern.

In der zeitgenössischen Kunst geht es jedoch zunehmend mehr um den Diskurs als um den »ästhetischen Genuss« von schönen Kunstobjekten. Diese stehen häufig nur noch symbolisch für komplexe, individuelle Philosophien. Das heißt, dass die Rezeption zeitgenössischer Kunst oftmals umfangreiches Hintergrundwissen erfordert. PR hat damit auch die Aufgabe, Produktionsprozesse, Hintergründe und Kunst-Diskurse zugänglich zu machen.

Kunstrezeption ist ein stark subjektiver und individueller Akt, der nur bedingt steuerbar ist. Gerade weil sie jedem Einzelnen viel Eigeninitiative abverlangt, müssen die Rahmenbedingungen umso sorgfältiger gestaltet und vielfältige Vermittlungs- und Kommunikationsmöglichkeiten eingebaut werden, um Kunstrezeption bei Bedarf auch zu einem Gemeinschaftserlebnis werden zu lassen.

In der PR- und Vermittlungsarbeit müssen sowohl Besucher mit Bedürfnissen nach vorwiegend Bildung und Kontemplation, wie auch solche, die vor allem Unterhaltung und Erlebnis suchen, berücksichtigt werden. Ein vielfältiges Zusatzprogramm mit Führungen, Vorträgen und Besucherseminaren, aber auch mit Unterhaltungsprogrammen und Events, die im Zusammenhang zu den Ausstellungen stehen, erhöht die Aufmerksamkeit ebenso wie den Zugang zu den Objekten.

Serviceangebote eines Museums, vor allem ein Museumscafé und ein Museumsshop, tragen entscheidend zu dessen Attraktivität bei und sollten in die PR-Arbeit einbezogen werden.

Eine wichtige Rahmenbedingung der PR-Arbeit von Ausstellungsinstitutionen ist deren Architektur und ihr Standort. Vielfach werden Museen vor allem wegen ihrer aufsehenerregenden Architektur besucht. Der Standort entscheidet über das Potenzial an Besuchern. In touristisch attraktiven Großstädten gehört der Ausstellungsbesuch zum Sehenswürdigkeiten-Repertoire, so dass hier in der PR-Arbeit die Gruppe der Touristen besonders berücksichtigt werden muss.

Kunstmuseum Wolfsburg – ein Museum für zeitgenössische Kunst zwischen Bildungsauftrag und Kommunikationszentrum

Eine Analyse auf Grundlage eines Gesprächs mit Thomas Köhler, Leiter Kommunikation von 1994 bis 2007

Kunstfeste für die Nachbarn, Kochen für Kerle, eine Medien-Kunst-Lounge für Wolfsburger Jugendliche, Art and Club für junge Touristen aus Berlin – mit immer neuen, zum Teil spektakulären, jeweils zielgruppenspezifischen Kommunikationsaktionen macht das Kunstmuseum Wolfsburg in direkter Nachbarschaft und weit über die Region hinaus auf sich aufmerksam.

Eröffnet wurde es 1994 als ein Museum zeitgenössischer Kunst, das sowohl über eine eigene Sammlung internationaler Gegenwartskunst verfügt wie auch mit großen, oftmals selbst kuratierten Sonderausstellungen auf sich aufmerksam macht. Dabei geht es im Schwerpunkt darum, aktuelle Zeitströmungen mit dem Medium Kunst zu reflektieren in Themen wie »Let's Entertain – Kunst macht Spaß« oder »Avantgarderobe – Kunst und Mode im 20. Jahrhundert« oder »Sensationen des Alltags – Wolfgang Tillmans und Fischli/Weiss«.

Finanziert wird das Museum von einer privaten, volkswagennahen Stiftung, die eine Unabhängigkeit von öffentlichen Geldern und öffentlicher Einflussnahme garantiert.

Das Museum als Kommunikationszentrum

Der Standort Wolfsburg erwies sich zunächst als großer Nachteil für das ambitionierte Unternehmen. Wolfsburg ist eine Arbeiterstadt mit 138.000 Einwohnern, die weder über ein breites mittelständisches Bildungsbürgertum noch über eine Hochschule verfügt, die ein junges Kunstpublikum stellen könnte. Die Stadt ist abseits von größeren Ballungszentren gelegen und für Touristen als Region weitestgehend uninteressant, mit Ausnahme der neu geschaffenen Attraktionen der »Autostadt Wolfsburg« und des phaeno Science Center. Für das Kunstmuseum Wolfsburg war es umso wichtiger, sich sowohl regional wie überregional als ein Ort zu positionieren, der über weit mehr als eine Sammlung moderner Kunst verfügt, wie sie inzwischen jede größere Stadt aufzuweisen hat.

»Das Museum definiert sich ausdrücklich als Kommunikationsplattform und erweitert so das traditionelle Aufgabenprofil der Institution. Das Kunstmuseum strebt einen Paradigmenwechsel an, ohne die traditionellen Aufgaben eines Museums zu vernachlässigen. Ziel ist die Öffnung der Institution und ihre Anpassung an veränderte Rezeptionsbedingungen«, so das Mission Statement. Neben dem Sammeln, Bewahren und Forschen sind also Kommunikation und Vermittlung die tragenden Säulen.

Bereits das Gebäude des Museums, in Wolfsburgs Einkaufszentrum gelegen, signalisiert Offenheit: Es wurde von seinem Architekten Peter Schweeger als transparente Stadtloggia mit einem weit überspannenden Glasdach konzipiert – im Inneren ermöglicht es durch mobile Ausstellungswände Flexibilität für wechselnde Ausstellungskonzepte. Um das Museums zu einem »Kommunikationszentrum« mit vielfachen Nutzungsmöglichkeiten zu machen, wurden ein großflächiger Museumsshop mit eigenen Merchandising-Artikeln, ein Restaurant und eine Lounge/Nachtbar, gestaltet von der Architektin Zaha Hadid, integriert. Sie steigern die Attraktivität des Hauses und sollen Berührungsängste reduzieren.

Marketing, PR und visuelle Bildung in einer Abteilung Kommunikation

Entsprechend dem zentralen Auftrag der offensiven Kommunikation und Öffnung nach außen wurde eine Abteilung Kommunikation unter Leitung von Thomas Köhler etabliert, die über die beeindruckende Zahl von sieben festen sowie zehn freien Mitarbeitern verfügt und für ihre Arbeit immerhin zehn Prozent des Gesamtetats beanspruchen kann. Alle Bereiche, die sich im weitesten Sinne mit der Vermittlung des Museums und seiner Objekte und Ausstellungen befassen – Marketing, PR und Museumspädagogik –, arbeiten also im Kunstmuseum Wolfsburg gleichberechtigt in einer Abteilung zusammen und haben damit die Chance, integrative Vermittlungskonzepte zu entwickeln und umzusetzen.

Die Abteilung Kommunikation ist bereits in die frühe Planungsphase einer Ausstellung eingebunden. Der Kommunikationsleiter ist Mitglied des Leitungsteams aus Direktor, Geschäftsführer und Projektmanager und nimmt an den Sitzungen der Ausstellungsabteilungen teil. Gemeinsam mit den Kuratoren werden die Ausstellungsideen in Hinblick auf ihre Relevanz für die verschiedenen Zielgruppen überprüft und mögliche Vermittlungskonzepte von Anfang an mitbedacht. Für jedes neue Ausstellungsvorhaben wird ein eigenes Kommunikationskonzept erstellt, das die relevanten Zielgruppen analysiert, die zentralen Botschaften benennt und Maßnahmen für die unterschiedlichen Besuchergruppen konzipiert.

Überregional und international agieren mit lokalem Schwerpunkt

»Wir agieren überregional und international, haben aber einen lokalen Schwerpunkt«, so benennt Thomas Köhler die zentrale Strategie der PR-Arbeit. Mittels außergewöhnlicher Ausstellungskonzepte sollen einerseits Fachpresse und Fachpublikum nach Wolfsburg geholt werden, mittels innovativer, oftmals populärer, vielfältiger Vermittlungsstrategien soll andererseits die in der Regel eher kunstferne, breite Bevölkerung in der Region für das Museum und seine Ausstellungen interessiert werden.

Die Strategie ist aufgegangen: Inzwischen kommen die Besucher des Museums zu zwei Dritteln aus der Region.

Überregionale Medienarbeit

Um in Fachkreisen Beachtung zu finden, ist für das Wolfsburger Museum die Medienarbeit das mit Abstand wichtigste Instrument der PR. Neben der persönlichen Kontaktpflege und der professionellen Versorgung der Medien mit umfassenden, gut aufbereiteten Informationen und Materialien, sorgen vor allem Qualität und Originalität der Ausstellungen für den Erfolg bei der Ansprache von Fachjournalisten. Nur wenn das Konzept neu und interessant ist, schicken die überregionalen Medien Rezensenten zu den Pressebesichtigungen in die Provinz. In den Fachmagazinen werden regelmäßig Anzeigen geschaltet und im Gegenzug wird auch redaktionelle Beachtung erwartet. Je nach Ausstellungsthema werden Medienpartnerschaften geschlossen, so etwa mit der »Vogue Deutschland« für eine Ausstellung über Mode und Kunst oder mit »Max« für eine Ausstellung zu Roy Lichtenstein.

Zweimal pro Jahr wird das Gesamtausstellungsprogramm an wichtige Medienvertreter, auch im Ausland, versandt, jeweils vier Wochen vor einer Ausstellungseröffnung werden Pressemappen und die Einladung zur Pressekonferenz und Pressebesichtigung verschickt. Darüber hinaus werden gezielt die Redaktionen wichtiger Medien besucht, um bestimmte Ausstellungsprojekte persönlich vorzustellen oder Angebote für besondere Storys zu machen, die im weiteren Zusammenhang mit einer Ausstellung stehen. Für ausgewählte Medienvertreter werden Pressereisen nach Wolfsburg organisiert.

Die mit Abstand höchste Publizität für das Museum erbringt die Berichterstattung im Fernsehen. »Während sich regionale Fernsehsender wie der NDR leicht gewinnen lassen, wird es immer schwieriger, in Sendungen wie ZDF Aspekte oder Arte Metropolis reinzukommen. Entscheidend dafür, ob es klappt, sind zum einen die Gewichtigkeit einer Ausstellung, zum anderen der gute persönliche Kontakt, der sich etwa durch Redaktionsbesuche aufbauen lässt.«

Während die überregionale Presse sich auf die Ausstellungen konzentriert, begleitet die lokale Presse auch die vielfältigen anderen Aktivitäten des Museums sehr intensiv.

Direkt-Marketing als erfolgreichste Form der PR

Als erfolgreichstes Format der PR wird das Direktmarketing genannt. »Man muss Menschen direkt und persönlich ansprechen und einladen.« Um dies tun zu können, hat das Museum einen differenzierten Verteiler von gut 20.000 Adressen aufgebaut, der kontinuierlich erweitert und aktualisiert wird. Bei jeder Anfrage und Anmeldung zu einer der Veranstaltungen werden die Daten und Präferenzen der Interessenten in einer Datei festgehalten, weitere Aktionen wie Preisausschreiben oder Coupon-Aktionen und natürlich ein Gästebuch helfen bei der Sammlung von Adressen. Auch der Eintrittskartenverkauf wird dazu genutzt, Besucher zu befragen und von ihren Interessen und Wünschen an das Museum zu erfahren. Grundlage ist ein gutes Adressverwaltungsprogramm und die Schulung aller Mitarbeiter, die in direktem Kundenkontakt stehen.

Eine sehr wichtige Zielgruppe sind die Freundeskreise des Museums, die eine Mitgliedschaft erworben haben und dafür regelmäßig zu Previews, Führungen, Seminaren und Vorträgen, aber auch zu Atelierbesuchen, Galerienbummeln und Kunstreisen eingeladen werden. Hier wurde differenziert in einen »Art Club« für junge Leute und einen Freundeskreis für ältere Erwachsene. Für Senioren bietet die Abteilung Visuelle Kommunikation einen regelmäßigen Kunstgesprächskreis an.

Die Gestaltung der Einladungskarte als Give-away

Zu jeder Ausstellungseröffnung des Kunstmuseums Wolfsburg kommen durchschnittlich 4000 geladene Gäste. Die Eröffnungen werden als bedeutendes kulturelles und gesellschaftliches Ereignis in der ansonsten eher kulturarmen Region gehandelt.

Einladungen werden an einen Verteiler von 17.000 Adressen versandt. Auffällig ist die jeweils sehr aufwändig und edel gestaltete Einladungskarte. Bewusst wird an dieser Stelle sehr viel Geld ausgegeben, um die Wertigkeit der Einladung zu heben und dafür zu sorgen, dass diese Karte nicht gleich im Papierkorb landet.

Corporate Design zwischen Wiedererkennbarkeit und Vielfalt

Mit dem Basislayout und dem Logo des Museums verbunden ist eine rätselhafte Figur, ein pinkfarbener Wal, gestaltet von dem niederländischen Grafiker Gerhard Hadders. Um diesen Wal herum haben der Grafiker und die Museumsgründer einen geheimnisvollen Mythos erfunden, der in einem eigenen Buch zum Logo festgehalten ist. Der Wal habe inzwischen hohen Sympathiewert und gerade seine Rätselhaftigkeit mache einen Teil seiner Attraktivität aus. Nicht nur ist das Restaurant Walino nach ihm benannt, auch gibt es im Museumsshop eine ganze Reihe von Gegenständen, die den Mythos weitertragen.

Das Design sämtlicher ausstellungsbezogener Printprodukte, von den Einladungskarten über Flyer bis zu den Plakaten, entspricht jeweils den Ausstellungsthemen und sieht somit immer anders und überraschend aus. Dahinter steht die Überzeugung, dass sich das Basis-Erscheinungsbild des Museums so sehr gefestigt hat, dass man es sich leisten kann, für jede Ausstellung ein individuelles Layout zu entwickeln, was insofern sinnvoll ist, als es um visuelle Künste geht, die auch in der PR sichtbar werden sollten.

Aktionen und Events mit dem Ziel der Heranführung und Vermittlung von Kunst

Die herausragende Säule in der PR-Arbeit des Museums sind die vielfältigen, zielgruppenspezifischen Events. Von Eat & Art-Angeboten wie »Erst der Braten, dann die Kunst« bis zur Erstellung eines Kunst- und Sinnesparcours mit Lehrlingen der VW AG reichen die Angebote.

Ein Event, das vor allem das junge Berliner Publikum auf das Kunstmuseum Wolfsburg aufmerksam machte, war eine Kooperation mit Berliner Nachtclubs. Anlässlich der Andy Warhol-Ausstellung fuhren Clubbesucher unter dem Motto Art & Shuttle mit drei Bussen einschließlich DJ von Berlin nach Wolfsburg, wo sie eine Führung durch die Ausstellung machten und im Restaurant ein spezielles Menü genießen konnten. Noch in der gleichen Nacht ging es wieder zurück nach Berlin, wo dann in den Clubs weitergefeiert wurde. Diese Aktion sollte nicht nur zeigen, dass Kunst Spaß machen kann, sondern auch, dass das Kunstmuseum Wolfsburg nah an Berlin gelegen ist.

Oftmals werden auch Künstler in Vermittlungsprojekte einbezogen, so gestaltete etwa der Künstler Christian Jankowski ein Projekt über Schichtarbeit bei Volkswagen oder Franz Ackermann initiierte eine Kunstaktion zum Thema »Naherholungsgebiet« in Kooperation mit der Wolfsburger Bevölkerung.

Für Lehrer werden regelmäßige Weiterbildungen angeboten. Schulklassen ermöglicht das Museum freien Eintritt und freie Führungen und den kostenlosen Transfer in einem eigens zur Verfügung gestellten Bus. Mit Schülergruppen wird vor den Kunstobjekten gezeichnet, gemalt, geschrieben, fotografiert oder auch mal ein Videofilm gedreht, T-Shirts werden gedruckt, die sich an Motiven und Zitaten eines ausgestellten Konzeptkünstlers orientieren, ein Theaterstück mit selbst gebauten Puppen entsteht aus Geschichten, die Kinder in den Bildern einer Ausstellung gefunden haben. In Schulen berichten Vertreter des Museums über einzelne Ausstellungen oder die Arbeit im Museum generell und stellen das umfangreiche Programm für Kinder vor. So wird etwa regelmäßig die Kunst-Kinderzeitung »Der kleine Wal« hergestellt, und es gibt eine eigene Website, auf der Kinder ihre Meinungen über Kunst ausdrücken können. Für Jugendliche gibt es das Projekt »Medien-Lounge« – eine Art Bar/Kneipe/Club im Museum, die zugleich interaktive Installation ist, wo Jugendliche unter Anleitung eigene Homepages und eigene Computerspiele kreieren können, wo junge Menschen Gelegenheit haben, sich als DJs zu probieren, wo es Workshops zum »Scratchen« gibt und wo sie Arbeiten zeitgenössischer Künstler aus dem Bereich Neue Medien kennenlernen können.

Immer wieder wird das Museum zum Veranstalter von Konzerten, Lesungen, Partys, Modenschauen und Festen für die Wolfsburger Nachbarn.

Wie verhindert man, dass die Kunst im Spektakel untergeht? »Alle Aktivitäten des Kunstmuseums Wolfsburg dienen dem Primärziel der Vermittlung von Kunst«, so Thomas Köhler. »Es handelt sich nicht um beliebige Events, sondern diese stehen immer in Bezug zur ausgestellten Kunst.«

Genau darin wird das Besondere der PR für ein Museum zeitgenössischer Kunst gesehen. »Die Kunst selbst hat eine so starke Aura, dass sie immer im Vordergrund stehen wird, und zugleich ist sie eine komplizierte Thematik, die als erklärungsbedürftig gilt.«

Fazit

In Wolfsburg ist ein neuer Typus von Kultureinrichtung entstanden, der das Bedürfnis des Publikums nach Unterhaltung und Genuss ernst nimmt und ein lebendiges, vieldimensionales Museum bietet, das sich zugleich um die Vermittlung seiner Gegenstände bemüht.

Die PR-Strategie besteht aus zwei Säulen: Während das Fachpublikum über die professionelle Vermittlung des jeweils Exzeptionellen einer Ausstellung überzeugt wird, positioniert sich das Museum für die regionale Öffentlichkeit als Gesamtpaket zu einem gastfreundlichen, kommunikativen Ort. Aufsehenerregende, populäre Aktionen in und außerhalb des Museums mit unterschiedlichen Partnern werden begleitet von einer vielschichtigen Vermittlungsarbeit bei klarer Fokussierung auf die jeweiligen Zielgruppen. Ein professionelles Data-Base-Management ermöglicht die direkte Ansprache unterschiedlicher Interessengruppen.

Möglich wird diese konsequente Zielgruppenorientierung vor allem dadurch, dass die Abeilung Kommunikation gleichwertig in das Leitungs- und Kuratorenteam integriert ist und die Belange von Kommunikation, PR und Vermittlung bereits in der Frühphase der Planung einer Ausstellung berücksichtigt werden.

Jüdisches Museum Berlin – Nicht das, was Sie erwarten

Eine Analyse auf Grundlage eines Gesprächs mit Eva Söderman, PR-Leitung von 1999 bis 2008 und Ivana Scharf, Bildungsmarketing

»Unser Anliegen ist es, die Geschichte und Kultur der Juden in Deutschland und aus dem deutschsprachigen Raum darzustellen. Das Museum möchte der heutigen wie der zukünftigen Bevölkerung Deutschlands zwei Jahrtausende deutsch-jüdischer Erfahrung nahe bringen, den gesellschaftlichen Wert eines harmonischen Miteinanders verschiedener ethnischer, kultureller und religiöser Gruppierungen hervorheben und an den hohen Preis gemahnen, den alle Beteiligten für Intoleranz zahlen«, so das Mission Statement des Museums.

Das Jüdische Museum Berlin ist das größte jüdische Museum Europas und das einzige Museum für deutsch-jüdische Geschichte von ihren Anfängen bis in die Gegenwart. Neben der Dauerausstellung sorgen große Sonderausstellungen ein- bis zweimal pro Jahr für zusätzliche Aufmerksamkeit. Darüber hinaus zeigt das Museum weitere kleine Sonderausstellungen. Ein vielfältiges Veranstaltungsprogramm mit Vorträgen, Filmen, Workshops, Jazzveranstaltungen, einem Chanukka-Markt zur Winterzeit sowie eine Bibliothek, ein Archiv, ein multimediales Lernzentrum und ein Restaurant sorgen dafür, dass das Museum über seine Kernfunktion hinaus als ein multifunktionales Kulturzentrum und Treffpunkt wahrgenommen werden kann. Das Jüdische Museum gehört heute, nach dem Brandenburger Tor und dem Reichstag, zu einer der zentralen touristischen Attraktionen, wozu maßgeblich auch die Museumsarchitektur von Daniel Libeskind beigetragen hat.

Das Museumsgebäude verbindet einen barocken Altbau mit einem außergewöhnlichen zickzackförmigen Neubau, der auch als geborstener Davidstern interpretiert wird. Im Innern des dekonstruktivistischen Baus erfährt der Besucher körperlich über Gänge mit sich kreuzenden Achsen und schiefen Wänden, die zum Teil in Sackgassen oder vor leeren Räumen enden, auf einer intuitiv sinnlichen Ebene die Inhalte des Museums.

Die PR-Arbeit für das Jüdische Museum setzte bereits zwei Jahre vor Eröffnung des Museums 2001 ein. Für die zeitlich-dramaturgisch und inhaltlich klug geplante und strukturiert durchgeführte Einführungskampagne erhielt das Museum den Deutschen PR-Preis in Bronze.

Außergewöhnlich waren u.a. die Eröffnung des Museums mit einem »Tag der Erinnerung«, zu dem 300 Stifter aus aller Welt eingeladen wurden, die mit persönlichen Objekten und Dokumenten sowie den damit verbundenen Lebensgeschichten aus ihrer Familienhistorie zum Museumsbestand beigetragen hatten. Noch außergewöhnlicher war die Eröffnung mit einem zweiten »Tag der Schüler«, zu dem mehrere 100 Jugendliche eingeladen wurden, die damit zugleich als eine zentrale Zielgruppe des Museums postuliert wurden.

Besucherorientierung als zentraler Auftrag des Museums

»Das Museum orientiert sich in erster Linie an den Bedürfnissen der Besucher. Wir schaffen eine einladende und geborgene Atmosphäre. Wir kommunizieren unmittelbar und verständlich mit allen Besuchern. Sämtliche Abteilungen des Museums tragen dazu bei, den Besuch in unserem Haus zu einer herausragenden Erfahrung zu machen«, so formuliert das Museum seinen Auftrag.

Als angelsächsisch ausgerichtetes Museum mit hoher Besucher- und Dienstleistungsorientierung nimmt das Museum eine Vorreiterposition in der deutschen Museumslandschaft ein. Sehr konsequent spiegelt sich die Mission des »Besucherorientierten Museums« auch in der Einrichtung einer museumseigenen Besucherforschung und der sehr guten Ausstattung mit Stellen im Bereich Marketing, PR und Museumspädagogik wider.

Nicht das, was Sie erwarten – eine Print-Kampagne

Die Werbefirma Scholz and Friends entwickelte unter dem Slogan »Nicht das, was Sie erwarten« für das Museum pro bono eine aufsehenerregende Plakat- und Postkartenkampagne mit insgesamt zehn unterschiedlichen Motiven: Der Schlauch eines Fahrradreifens erweist sich als Schlange, aus einer Kastanienhülle kommt ein Golfball zum Vorschein, in einem Muschelinnern lagert ein Spiegelei, aus einer Zahnpasta-Tube quillt eine Raupe. Erwartungen werden spielerisch durchbrochen.

»Nicht das, was Sie erwarten«, diese Aussage steht für verschiedene Dimensionen des Jüdischen Museums. Wie eine Befragung vor Eröffnung des Museums ergab, assoziieren die meisten mit der Idee eines Jüdischen Museums den Holocaust. Der Holocaust ist jedoch nur eines von vielen Themen des Museums – »es geht auch um Leben und nicht nur um Tod« –; das Museum spiegelt die gesamte Geschichte des Judentums in Deutschland mit unterschiedlichsten Facetten wider.

Eine weitere Erwartung an ein Museum, so das Ergebnis der Befragung, ist die Vorstellung von einer etwas verstaubten, langweiligen und akademisch abgehobenen Einrichtung mit vielen Vitrinen. Das Jüdische Museum hingegen will sich als eine lebendige Kultureinrichtung positionieren, die auf unterschiedlichen Sinnebenen vermittelt und die Besucher auf vielfältige Weise einbezieht. Das kuratorische Konzept orientiert sich an der Idee des »erzählenden Museums«, das deutsch-jüdische Geschichte, wo immer möglich, in Form historischer, häufig sehr persönlicher Geschichten darstellt. Die Ausstellung enthält viele interaktive Elemente und ist als Erlebnisraum inszeniert.

Tourismusmarketing

Den allergrößten Anteil der Besucher des Jüdischen Museums stellen Touristen aus aller Welt dar (2007: 92 Prozent). Das Publikum aus Berlin-Brandenburg macht hingegen nur einen geringen Anteil aus (2007: 8 Prozent). Das Museum profitiert stark von der zunehmenden Bedeutung Berlins als attraktives Ziel des internationalen Städtetourismus. Dies wird durch die Kooperation der Abteilung Tourismusmarketing mit Tourismusagenturen, Reiseveranstaltern, Hotels, Taxifahrern etc. systematisch gefördert. Inzwischen ist das Museum in jedem Prospekt oder Reiseführer über das Tourismusziel Berlin vertreten. Dementsprechend werden auch Audio Guide-Führungen in acht verschiedenen Sprachen angeboten.

Ein Museum für Kinder und Jugendliche in ganz Deutschland – Jüdisches Museum on.tour

»Alle Schülerinnen und Schüler in Deutschland sollten das Jüdische Museum Berlin mindestens einmal besucht haben, bevor sie die Schule beenden«, so das von Direktor Michael Blumenthal postulierte ehrgeizige Ziel.

Mit dem Projekt »on.tour – Das Jüdische Museum macht Schule« – eine Outreach Aktion, die in der deutschen Museumslandschaft bislang ebenfalls einmalig ist – soll diesem idealistischen Ziel ein Stück näher gekommen werden. Eine mobile Ausstellung mit ausgewählten Objekten, die besonders für Jugendliche von Interesse sind, tourt mit einem Bus und jungen Vermittlern des Museums durch Schulen in ganz Deutschland. In einem zweistündigen interaktiven Workshop werden Einblicke in jüdisches Leben vermittelt. Ziel ist es, weiterführendes Interesse an Fragen des deutsch-jüdischen Zusammenlebens zu wecken, ebenso wie Lust zu machen auf einen Besuch des Museums in Berlin.

Um Schulen zu finden, die an diesem mobilen Ausstellungsprojekt Interesse haben, war es wesentlich, die Bedürfnisse (und Bedenken) von Lehrern in Bezug auf die Kooperation mit Kultureinrichtungen zu eruieren und ihnen eine Konzeption und Organisationsform anzubieten, die den Lehrern fast die gesamte Organisationsarbeit abnimmt, die Angebote kostenlos oder zu sehr günstigen Tarifen anbietet und perfekt aufbereitete Schülermaterialien liefert.

Lokal- und Regionaljournalisten in den Bundesländern Deutschlands, in denen das mobile Museum in Schulen ging, mussten ausfindig gemacht und von dem Wert und der Besonderheit dieses Ereignisses überzeugt werden.

Aber auch die genaue Analyse der Zielgruppe selbst, der Jugendlichen, war von Bedeutung für den Erfolg des Projekts. Mit der Methode der teilnehmenden Beobachtung wurde an Jugendorten recherchiert, was eigentlich Interessen und Themen von Jugendlichen sind, wie man Anknüpfungspunkte zwischen ihrem Alltag und der Ausstellung herstellen kann.

»Wesentlich bei diesen outreach-Workshops ist es, die Schüler zu begeistern«, was vor allem durch die jungen, sehr engagierten Vermittler gelingt.

Auch Give-aways spielen für Schüler eine wichtige Rolle. Das Museum verteilt nicht nur koschere »Jelly-Belly-Beans«, sondern verschenkt im Rahmen von Quizaktionen diverse speziell für das Museum hergestellte Merchandising-Artikel.

Neben der Schultour durch alle Bundesländer geht das Jüdische Museum in Jugendstrafanstalten, präsentiert sich auf Jugendveranstaltungen, am Tag der offenen Tür der Bundesministerien in Berlin und nimmt an Jugend-Messen teil.

Im Museum selbst kommt man den Bedürfnissen Jugendlicher entgegen durch multimediale Angebote wie Computer-Spiele, Filme, I-Pod-Audio-Führungen und nicht zuletzt auch einer Schüler-Snack-Box, die nicht nur koscheres Essen enthält, sondern zudem die Hintergründe und Regeln jüdischer Speisenzubereitung vermittelt. Die Ausstellung selbst enthält Elemente, die mit dem Lebensalltag der Jugendlichen korrespondieren wie etwa der Jeans-Erfinder Levi Strauss oder der Verweis auf den jüdischen Fabrikanten und Hersteller des ersten Markenkondoms, Julius Fromms. Ein Hip-Hop- und Graffiti-Tag, zu dem 100 Schüler aus Haupt- und Realschulen eingeladen wurden, zeigte, dass viele Aspekte des Museums mit dem Leben der Jugendlichen zu tun haben. Ferien-Workshops, Spiele zum Chanukka-Fest, Hebräisch-Schnupperkurs und Schülertage zum Thema Antisemitismus versuchen junge Menschen zu interessieren und zu binden. Darüber hinaus sind Lehrerfortbildungen ein wichtiger Bestandteil der Bildungsarbeit.

Immerhin 40 Prozent aller Besucher des Museums sind unter 30 Jahren, was den Erfolg der Maßnahmen für Jugendliche und Twens zeigt.

Mit populären Veranstaltungen Interesse bei den Berlinern wecken

Um auch die Bevölkerung Berlins stärker als Zielgruppe zu erreichen und zu Mehrfachbesuchen zu bewegen, ist ein vielfältiges Veranstaltungsprogramm mit Vorträgen, Filmen, Festen, Lesungen unter Beteiligung von prominenten und populären Protagonisten von Bedeutung, das durch eine kontinuierliche Berichterstattung in den Tageszeitungen Berlins kommuniziert wird. So wurde etwa 2003 das Veranstaltungsformat des »Kultursommers« entwickelt mit »Jazz in the Garden«, Lesungen u.a. mit Iris Berben, Brigitte Grothum und Nina Hoss.

Wesentlich für die Wahrnehmung in der deutschen Öffentlichkeit ist auch die Einmischung des Museum in gesellschaftspolitische Diskussionen etwa in Form der Verleihung eines jährlichen Preises für »Verständigung und Toleranz« an einen prominenten Vertreter aus Politik, Kultur und Wirtschaft.

Stärker noch soll das Museum zukünftig auch als ein »Hands on« Familienmuseum wahrgenommen werden, wo es für jede Altersgruppe angemessene Vermittlungsangebote gibt und man gemeinsame Familien-Freizeit angenehm und anregend erleben kann.

Interesse bei den direkten Nachbarn wecken – Community Marketing

Bislang gelingt es dem Museum kaum, das ebenfalls anvisierte nichtakademische Publikum aus Berlin zu erreichen. Das Museum ist im Berliner Bezirk Kreuzberg angesiedelt, der zu einem Großteil von Deutsch-Türken mit Migrationshintergrund bewohnt wird.

Die Museums-PR begreift es auch als ihre Aufgabe, diese in direkter Nachbarschaft des Museums lebende Bevölkerungsgruppe anzusprechen. Eine Einladung in türkischer Sprache zu einem Tag der offenen Tür ins Museum, verteilt an alle Haushalte in Kreuzberg, erwies sich 2002 als erfolglos. Deutlich wurde, dass man eigene Programme entwickeln muss, die bei der Lebensrealität dieser Gruppen ansetzen und dass man Multiplikatoren in diese Bevölkerungsgruppe hinein benötigt, um über direkte persönliche Ansprache Interesse zu wecken. So entwickelte das Jüdische Museum eine dialogische Führung unter dem Titel »Ist das im Islam nicht auch so?«, die u.a. von drei türkischstämmigen Guides in deutscher und türkischer Sprache für Schulklassen mit vielen Migrantenkindern durchgeführt und zunehmend nachgefragt wird. Zukünftig sollen noch mehr gezielte Projekte speziell für Deutsch-Türken entwickelt werden.

Kulturnutzerforschung als integrierter Bestandteil von PR

Das Jüdische Museum gehört zu den wenigen Kultureinrichtungen in Deutschland, die Kulturnutzerforschung fest in ihr Aufgabenprofil integriert haben und zwar nicht nur als Instrument zur Erfolgsmessung, sondern auch als Front-End-Evaluation. Schon vor der Museumseröffnung wurde an Probanden getestet, wie verständlich Objekttexte sind und wie einladend und selbsterklärend kuratorische Konzepte auf unterschiedliche Nutzergruppen wirken. Die Ergebnisse haben direkte Auswirkungen auf die Gestaltung der Ausstellung und der Vermittlungsformate des Museums. Zugleich evaluiert die Abteilung immer wieder die bestehenden Angebote, indem sie etwa Besucher befragt, welche Informationen und Eindrücke sie von einem Ausstellungsbesuch mitnehmen.

Museums-Development als Entwicklung von Freunden und Förderern des Museums

Neben den Stammbesuchern des Museums, die eine Mitgliedskarte erworben haben, mit der sie kostenlosen Eintritt in das Museum, Zusatzinformationen, spezielle Führungen etc. erhalten, gibt es eine Freundes- und Förderkreisgesellschaft. Der Verein wurde im Sommer 2001 gegründet und bietet mit seinen fünf verschiedenen Förderkreisen und gestaffelten Mitgliedsbeiträgen ein abgestuftes Programm an Leistungen und Angeboten. Insgesamt hat er inzwischen mehr als 300 Mitglieder.

Darüber hinaus bemüht sich die Abteilung um Sponsoren für das Museum, das ansonsten aus Bundesmitteln finanziert wird.

Aktiv Themen setzende Pressearbeit

2007 wurde das Museum in insgesamt 4291 Medienbeiträgen thematisiert. Besonders umfangreich berichtet wurde über die Eröffnung des Glashofes, die Verleihung des Preises für Verständigung und Toleranz und die Sonderausstellung »Charlotte Salomon«. Aber auch über Aktionen wie die Darfur-Aktionswoche und die Museumspädagogik gab es viele Beiträge.

57 Prozent der Medienberichterstattung waren durch die Pressemitteilungen des Hauses initiiert. Durch eine aktive Pressearbeit gelang es der PR des Museums, die Themen, Inhalte und Botschaften der Medienberichterstattung in großem Maße mitzubestimmen. Damit nimmt das Museum beträchtlichen Einfluss auf das Bild des Museums in der Öffentlichkeit, was entscheidend zum Imagegewinn beiträgt.

Fazit

Die PR des Jüdischen Museum zeichnet sich durch eine konsequente Besucherorientierung aus auf der Grundlage einer engen Kooperation mit den Abteilungen Marketing, Development und Bildung und der fest in alle Arbeitsbereiche integrierten Besucherforschung.

Das Museum kommt den Bedürfnissen nach Vermittlung auf verschiedenen Sinnesebenen entgegen, Veranstaltungen über die Museumsinhalte hinaus sorgen für gesellschaftliche Bezüge, Outreach-Aktionen und Kooperationen mit unterschiedlichen Partnern bringen das Museum in den Lebensalltag der avisierten Zielgruppen. Vor allem Jugendliche werden in ihren Bedürfnissen und Interessen sehr ernst genommen.

Auch die gezielt Themen setzende Pressearbeit bezieht sich nicht nur auf die Ausstellungen, sondern initiiert Artikel über das gesamte Spektrum der Aktivitäten des Museums.

FESTIVAL-PR

Festivals machen einen großen Anteil der Kulturlandschaft Deutschlands aus und zwar mit zunehmender Tendenz. Inzwischen gibt es ca. 1200 Festivals in Deutschland. Offensichtlich haben es künstlerische Produktionen im Festivalformat mit Eventcharakter leichter, Aufmerksamkeit zu finden. Förderer, Sponsoren, Medienpartner und auch Publikum lassen sich eher für ein Festival gewinnen, da es verschiedene Interessen vernetzt und als ein besonderes Ereignis wahrgenommen wird.

Immer häufiger werden Festivals auch gezielt als (touristischer) Standortfaktor initiiert.

Ein Festival ist ein aus dem Alltag herausragendes kulturelles Ereignis, das periodisch stattfindet. Es zeichnet sich durch seine begrenzte Dauer, die hohe Veranstaltungsdichte, die einmalige Zusammenstellung von besonderen Produktionen und die spezielle Festatmosphäre aus. Das Rahmenprogramm von Festivals dient zugleich auch als Kommunikationsplattform für die verschiedenen Beteiligten, von den Künstlern über die Fachmedien, die Sponsoren bis zum Publikum.

Die PR für Festivals stellt besondere Anforderungen:

Da es für ein Festival zumeist keine kontinuierlichen Arbeitsstrukturen, sondern nur temporäre gibt, müssen interne und externe Kommunikationsstrukturen jedes Mal neu aufgebaut bzw. intensiviert und gepflegt werden.

Festival-PR sollte sich um die Vernetzung mit anderen Institutionen vor Ort bemühen und deren kontinuierliche Kommunikationskanäle für ihre Arbeit mit nutzen.

Festivals sind mehr als die Summe ihrer einzelnen Veranstaltungen. Statt einzelner Produktionen steht das Festival-Gesamtkonzept im Zentrum der PR-Arbeit als ein herausragendes Gesamtereignis, mit dem sich Menschen identifizieren können.

Dazu muss das Festival-Profil deutlich herausge arbeitet werden, das sich zusammensetzt aus den einzelnen künstlerischen Veranstaltungen, dem programmatischen, künstlerischen Konzept, der Persönlichkeit der Festival-Leitung, dem Ort des Festivals, seinen Räumlichkeiten und dem Rahmenprogramm. Ziel ist es, das Festival zu einer Marke zu machen, die über den Festivalzeitraum hinaus bestehen bleibt und an deren Profil mögliche zukünftige Festivals anknüpfen können.

Ein Festival kann für eine Stadt oder auch eine Region eine stark Image prägende Kraft haben (denkt man etwa an die Bayreuther Wagner-Festspiele), und umgekehrt kann die Stadt ein Festival in ihrer Kommunikationsarbeit unterstützen. Ein prominenter Schirmherr mit Symbolkraft in Bezug auf das

Festivalprofil kann dazu beitragen, das Festival im Vorfeld bekannt zu machen und es in der Wertung zu heben.

Notwendig ist die Langfristigkeit der PR-Arbeit weit vor Festivalbeginn, um für die Vorberichterstattung in den Medien zu sorgen und Aufmerksamkeit bei allen relevanten Zielgruppen zu schaffen. Da ein Festival bereits lange vor seinem Start publik sein muss und nicht erst auf Rezensionen warten kann, sind Medienpartnerschaften, die für eine breite Werbung in relevanten Medien sorgen, unerlässlich. Die lange Vorlaufzeit und ein relativ kurzer Festivalzeitraum machen eine strategische, systematische und punktgenaue Vorgehensweise um so wichtiger. Fehler und Versäumnisse sind nicht wieder gutzumachen, jedes Festival ist ein einmaliges und einzigartiges Ereignis.

In der Presse- bzw. Medienarbeit sind Dramaturgie und Timing noch entscheidender als bei anderen Veranstaltungsformaten, es gilt bei Festivals mit Informationen zu »haushalten«, das heißt, diese wohl dosiert aufzubereiten und in strategisch genau bedachten Zeiteinheiten zu liefern, um im Vorfeld immer neue Anlässe für die Berichterstattung zu schaffen. Neben Programminformationen können auch die organisatorischen Rahmenbedingungen eines Festivals, wie etwa die Eröffnung eines Festivalbüros, zum Anlass für eine neue Pressemitteilung genommen werden. Zu Beginn der Pressearbeit geht es vor allem darum, ein Gesamtkonzept zu vermitteln: Je näher der eigentliche Festivalzeitraum rückt, um so stärker können dann auch einzelne Produktionen und Künstler kommuniziert werden.

Der PR kommt in Festivals die Rolle zu, den Überblick zu bewahren und die Informationsflüsse zwischen den unterschiedlichen Kooperationspartnern am Laufen zu halten. Die PR muss informieren und sowohl innerhalb des Festivalteams wie zwischen den externen Partnern vermitteln.

Sie sorgt für die Übersichtlichkeit eines Festivals, von klar strukturierten Programmflyern bis zu einem Wegeleitsystem.

Die Einzigartigkeit eines Festivals sollte sich auch in der Einzigartigkeit ihrer PR-Maßnahmen widerspiegeln. So sollte hier besonders viel Energie darauf verwendet werden, wie das besondere Profil eines Festival sich in einzelnen PR-Maßnahmen ausdrücken kann, von originellen Give-aways bis zu aufsehenerregenden Live-Aktionen auf öffentlichen Plätzen.

Die Website ist von zentraler Bedeutung. Zum einen ändert sich der Stand der Programmplanung bei Festivals meist in sehr kurzen Rhythmen, und das Medium Internet bietet die Möglichkeit, Informationen immer aktuell und schnell zu präsentieren. Zum anderen bietet es Festivals, die meistens überregional wirken, die Möglichkeit für Interessenten weltweit aktuelle Informationen bereit zu halten und Eintrittskarten auch von außerhalb zu buchen. Auch für die interne PR ist das Internet eine wertvolle Plattform, um den Informationsfluss zwischen den vielen, häufig auch räumlich getrennten Akteuren aufrechtzuerhalten.

Die Evaluation der PR ist bei Festivals noch wichtiger als bei Dauereinrichtungen. Während bei kontinuierlich arbeitenden Institutionen Erfahrungswissen durch kontinuierliche Zuständigkeiten gesichert ist, arbeiten Festivals oftmals mit wechselnden Teams, die darauf angewiesen sind, dass ihnen Erfahrungen früherer Festivals zugänglich gemacht werden, damit sie aus den Fehlern und Chancen lernen können.

Und schließlich: Festival kommt von »Fest«. Die PR sollte sich auch dafür verantwortlich fühlen, Begegnungen und gemeinsames Feiern zu befördern. Ein vielfältiges Rahmenprogramm, in dem alle zu Akteuren werden können, sorgt für nachhaltige Erlebnisse und garantiert die Mund-zu-Mundpropaganda als wichtigstem Mittel der PR.

Kommunikation für die documenta 11

Eine Analyse auf Grundlage eines Gesprächs mit documenta 11-Kommunikationsleiter Markus Müller

Die documenta ist eines der größten und meist beachteten Kunstereignisse in Deutschland. Obwohl sie im Sinne eines Kunstfestivals nur alle vier Jahre stattfindet, ist sie eine feste Marke im internationalen Kunstbetrieb. Eine Marke, die von jedem neuen künstlerischen Leiter und seinem Team neu bewiesen und neu akzentuiert werden muss.

Die documenta 11 stellte sich insofern einer besonderen Herausforderung, als sie das Ziel verfolgte, Interesse zu schaffen in der Kulturszene und für die Kulturszene von Staaten, die nicht zur westlichen Szene gehören.

»Die documenta 11 ist inhaltlich, räumlich und zeitlich weiter gefasst als alle vorangegangenen documenta-Ausstellungen. Sie besteht aus einer Folge von fünf Plattformen, die auf vier Kontinenten im Zeitraum von 18 Monaten realisiert werden. Die ersten vier Plattformen sind als Diskussionsforen mit interdisziplinärer Ausrichtung angelegt, die kritisch die zeitgenössische Problematik von Kunst, Politik und Gesellschaft untersuchen. Die Ausstellung in Kassel ist die fünfte Plattform und verleiht dem Hauptanliegen der documenta 11, der Erforschung und Präsentation von innovativen und konzeptionell überzeugenden Kunstwerken und Ideen, konkrete Gestalt«, so benennt die documenta 11 ihr Anliegen (vgl. Flyer der documenta 11).

Die documenta 11 im Sommer 2002 erreichte einen neuen Besucherrekord von 650.000, insgesamt gab es über 15.000 Besprechungen in den Medien – mehr als je zuvor.

Zentrale PR-Aufgabe: Vermittlung eines komplexen Konzepts

Ziel der PR für ein solch viel beachtetes, prominentes Ereignis ist es weniger, überhaupt öffentliche Aufmerksamkeit zu erreichen, denn die ist reichlich gegeben, als viel mehr, diese Aufmerksamkeit in die gewünschte inhaltliche Richtung zu lenken. »Es ging darum, das Gesamtkonzept des künstlerischen Leiters Enwezor verständlich zu machen und die Inhalte so differenziert wie möglich zu vermitteln«, so Markus Müller. Hauptadressat der documenta ist das internationale Kunstpublikum, doch daneben sind auch andere Nicht-Experten-Gruppen wie Touristen, Schulklassen und die einheimische Bevölkerung zu berücksichtigen.

Lange Vorlaufzeiten, Timing und Dramaturgie der Kommunikationsabläufe

»Das Besondere an der documenta ist, dass die PR hier keinen Anfang und kein Ende kennt. Die documenta ist eine Wortmarke mit allen Unzulänglichkeiten, die in Permanenz durch die Medien und den Kunstbetrieb läuft – die documenta wird ständig als Maßstab und Referenz genutzt, sie hat einen herausragenden Status. Das ist der Unterschied zu anderen Kunstausstellungen.« Das heißt für die PR dieses Festivals, dass sie keineswegs nur die eigene Kunstkonzeption ihres aktuellen Leiters und die spezifische Identität herausarbeiten und vermitteln muss, sondern in einer langen Tradition steht, mit vielfältigen Erwartungen und Vergleichen konfrontiert ist.

Konkret startete die PR-Arbeit für die documenta 11 zwei Jahre vor der Eröffnung in Kassel mit Bekanntgabe des künstlerischen Teams einschließlich der Kommunikationsleitung. »Obwohl dies als ein sehr langer Vorlauf erscheint, müsste man eigentlich noch früher beginnen, um etwa Kooperationen mit der Tourismusbranche aufzubauen, die noch langfristiger denkt. Immerhin kommen über 28 Prozent der documenta-Besucher aus dem Ausland. Zukünftig sollte man langfristigere Buchungssysteme überlegen, um den Besucherfluss besser zu steuern. Erfahrungsgemäß ist es am Anfang und am Ende der Ausstellung unerträglich voll, während es dazwischen immer auch Flautezeiten gibt.«

Unerlässlich für ein Festival mit einer langen Vorlaufzeit ist eine genaue Zeit- und Maßnahmenplanung. »Es gab eine kommunikative Strategie, eine genau geplante Dramaturgie, in der wir eine Zeitachse und eine Landkarte entworfen haben, wo die verschiedenen Zielgruppen, Zielregionen und die relevanten Kommunikationsanlässe in ein Gesamtraster eingebracht wurden: Welche kommunikativ spannenden Anlässe gibt es vor Eröffnung, bei Eröffnung, nach Eröffnung, zum Schluss – über zwei Jahre wurde alles durchdekliniert.«

Künstlerische Inhalte sowie das Prinzip maximaler Transparenz bestimmten die PR

»Im Kulturbereich muss Öffentlichkeitsarbeit aus den Inhalten entwickelt werden. Bestimmte PR-Weisheiten und allgemeines Marketingwissen sind einfache Raster, die über Literatur und Erfahrungswissen schnell erlernbar sind. In der Kultur-PR muss man aber mehr noch seine Vorgehensweise entlang der künstlerischen Vorgaben entwickeln. Das haben wir sehr konsequent getan. Ich bin von Anfang an auf allen Reisen rund um die Welt dabei gewesen und habe die Auswahl der Künstler also hautnah miterlebt. Enwezor hat die klare Entscheidung getroffen, dass jemand, der die Sache kommuniziert und nach außen vertritt, auch am gesamten Entstehungsprozess beteiligt ist. Das ist etwas völlig anderes, als wenn die PR ausgegliedert ist und nur über kurze Briefings informiert wird. Strategie war es, die inhaltlichen Entstehungsprozesse und Kunst-Politik-Diskurse möglichst differenziert über einen langen Zeitraum zu kommunizieren.«

Auch während der Ausstellung stand das Primat der Inhaltlichkeit im Vordergrund, und so wurde etwa auf ein Ereignisprogramm, wie es Jan Hoet 1992 präsentierte, ebenso verzichtet wie auf eine Ess- und Souvenirmeile vor den Ausstellungsgebäuden.

Die zweite zentrale Kommunikationsstrategie war die der »maximalen Transparenz«. »Gerade weil man der vorherigen documenta-Leiterin Catherine Davide Geheimnistuerei vorgeworfen hat, versuchten wir, Medien und Öffentlichkeit so früh wie möglich in die künstlerischen Entscheidungsprozesse einzuweihen. Sobald Künstler feststanden, redeten wir darüber, luden Medien zu Künstlervorträgen ein.« Anfang April 2002 wurde die endgültige Künstlerliste veröffentlicht.

Um Transparenz zu gewährleisten, war auch die Selbstdokumentation der Arbeit wichtig. Sämtliche Plattformdiskussionen wurden komplett auf Video aufgenommen und ins Internet gestellt.

Die »fünf Plattformen« als inhaltliche Kommunikationsanlässe

Ein zentraler Bestandteil der inhaltsorientierten Kommunikationsarbeit war das von Enwezor entwickelte Prinzip der fünf Plattformen. Über ein Jahr vor Eröffnung der Ausstellung in Kassel fanden die ersten vier Plattformen in Form von Diskussionskongressen zum Verhältnis von Kunst und Politik in Wien, Neu Delhi, St. Lucia und Lagos statt.

Die Organisation dieser Plattformen war Teil der PR-Arbeit. Damit wurde die ausschließliche Fixierung auf die Großausstellung in Kassel verhindert und schon lange im Vorfeld gab es Anlässe für inhaltliche Diskussionen und Berichterstattung über die Ideen der documenta. »Die Plattformen nahmen etwas von dem Erwartungsdruck, der auf den Kunstpräsentationen in Kassel liegt. Im Vorfeld konnte und wurde über Inhalte geredet und nicht nur über die Künstlerliste spekuliert.« Bereits vor Eröffnung der eigentlichen Kunstausstellung in Kassel gab es so viele Medienvorberichte wie im Verlauf der gesamten documenta 10 – insofern waren die Plattformen ein großer kommunikativer Erfolg.

Enge Kooperation zwischen Künstlern und PR-Team

Zu den Künstlern gab es schon auf Grund der Tatsache, dass Markus Müller sämtliche Auswahlprozesse begleitete, von Anfang an engen Kontakt. Dieser Kontakt wurde durch permanente Austauschprozesse über die Gestaltung von redaktionellen Materialien und die Vermittlung von Künstlern für die Medienarbeit beibehalten.

Für die Medienarbeit wurden komplexe »Stundenpläne« entwickelt, wann welcher Künstler anwesend ist und welchem Journalisten aus welchem Land mit welchem Schwerpunktinteresse als Interviewpartner zur Verfügung steht. Darüber hinaus wurden künstlerische Projekte gemeinsam mit dem Medienpartner Hessischer Rundfunk realisiert.

Medienarbeit als zentrales PR-Mittel im Verhältnis zum bescheidenen Einsatz eigener Werbemitteln

»Die Kommunikationsarbeit bezog sich in hohem Maße auf redaktionelle Arbeit, da diese im Gegensatz zur Werbung kostengünstig ist, und der Werbeetat der documenta mit etwa fünf Prozent sehr klein ist.« Eine Besucherumfrage, die der Fachbereich Wirtschaftswissenschaften der Universität Kassel für die documenta erstellte, bestätigte die große Bedeutung der Medienarbeit: 87 Prozent aller befragten Besucher sind durch die Berichterstattung in Printmedien, Hörfunk und Fernsehen auf die documenta aufmerksam geworden.

Dramaturgie der Pressearbeit

Insgesamt gab es 50 Pressekonferenzen anlässlich der documenta 11 weltweit, die oftmals in Kooperation mit den Goethe-Instituten organisiert wurden. Pressekonferenzen z.B. in New York können auf gewachsene Tradition und Interessentenkreise zurückgreifen, an anderen entlegeneren Orten geht es darum, die documenta überhaupt erst bekannt zu machen.

Auf Grund der teilweise sehr komplexen Inhalte war es besonders wichtig, mit bestimmten Medien sehr intensiv zusammenzuarbeiten und die Möglichkeit zu haben, Inhalte auch umfassender transportieren zu können.

»Bei einem so bekannten Festival wie der documenta ist es unmöglich, alle Medienanfragen nach Interviews zu bedienen. Hier geht es viel mehr darum, Entscheidungen zu fällen, mit wem man bevorzugt zusammenarbeitet. Es geht um gutes Timing und Koordinierung, um die Frage, wo sind die Allianzen?«

Eine wichtige Entscheidung besteht darin, welches Medium das erste Interview kriegt, die im Falle der documenta 11 für »Der Spiegel« als ein wichtiges, an Inhalten orientiertes Leitmedium ausfiel.

Medienpartnerschaften gab es mit dem Fernsehsender Arte, mit dem Hessischen Rundfunk und auch mit der Lokalzeitung HNA. Denn gerade weil die documenta ein überregionales Ereignis ist, müssen die lokale Presse und damit die lokale Bevölkerung einbezogen werden, damit sie sich mit diesem Großereignis identifizieren können, das drei Monate das gesamte städtische Leben dominiert. So gab es etwa in der HNA täglich eine documenta-Seite, die gemeinsam von PR und zuständigem Redakteur konzipiert wurde. »Wir sind durch die gesamte Zeitung gewandert: Auf der Politikseite wurde über die Plattformen berichtet, im Wirtschaftsteil über »Kultur als Wirtschaftsfaktor«, für den Lokalteil wurden Geschichten rund um das Alltagsleben der documenta (er-)funden wie die Bezugnahme neuer Büros, die Vorstellung einzelner Mitarbeiter etc.«

Eine weitere Partnerschaft gab es mit dem Kunstmagazin »Art«, das ein eigenes documenta-Heft herausbrachte.

Ideal verlief die Medienpartnerschaft mit dem Hessischen Rundfunk, der weit über Ankündigungen und Berichterstattung zu allen Plattformen hinaus, eigene Ideen bis hin zur Realisation und Koproduktion von Kunstwerken einbrachte.

Der Verteiler für die Pressearbeit umfasste 18.000 Medien weltweit. Ein solcher Verteiler wäre über Printmail finanziell und personell kaum zu bearbeiten, so dass die gesamte Medienarbeit über E-Mail lief. »Medienarbeit für ein Ereignis wie die documenta ist vor allem ein logistisches Problem.«

Zur Eröffnung der documenta in Kassel wurde für die Printmedien eine Presse-CD-ROM mit Abbildungen von Kunstwerken und kurzen Texten zu sämtlichen der beteiligten Künstler entwickelt. Bei der inhaltlichen Informationsvergabe gab es eine zunehmende Differenzierung und Konkretisierung. Ging es anfänglich um die »allgemeine Idee« des Konzepts von Enwezor, so gerieten kurz vor und während der Ausstellung zunehmend einzelne Kunstwerke und Künstler in den Blickpunkt des Interesses.

Kurz vor Eröffnung wurde eine »Kommunikationslawine« gestartet – zweimal pro Woche wurden Pressemitteilungen mit einem großen Verteiler verschickt. Nach Eröffnung der documenta ging es darum, Anlässe für die mediale Berichterstattung zu finden, um den Publizitätsfluss am Laufen zu halten. So gab es etwa eine Zwischenbilanz-Pressemitteilung, Pressemitteilungen zu den verschiedenen Publikationen, zu Veranstaltungen des Rahmenprogramms und zur Besucherstudie.

Eigene Werbe- und PR-Mittel

Der größte Werbeposten, die deutschlandweite Hängung von Plakaten drei Monate vor und während der documenta, wurde gesponsert durch die Deutsche Städtereklame, eine Leistung, die allein einem Gegenwert von 2,5 Millionen Euro entspricht.

Die Deutsche Bahn als Hauptsponsor übernahm einen weiteren Großteil der Werbekosten und Kommunikationsarbeit, indem sie auf ihren Fahrplänen und in ihrem Bahnmagazin offensiv für die documenta warb und sich in Kassel mit der Bereitstellung des Kulturbahnhofes direkt an den Serviceleistungen der documenta beteiligte.

Ein Überblicksflyer über das gesamte documenta-Programm mit allen fünf Plattformen wurde deutschlandweit in Kunstinstitutionen verteilt. Vor Ort gab es einen Flyer, der einen Überblick der verschiedenen Spielorte in Kassel gab sowie einen Flyer, der zeigt, welche Künstler in welchen Ausstellungsräumen zu finden sind. Sämtliche Flyer waren übersichtlich gestaltet und boten dem Besucher eine gute Orientierung durch das Festival mit seinen verschiedenen Orten. Weitere von der Abteilung Kommunikation erstellte Publikationen waren der Kurzführer sowie der ausführliche Gesamtkatalog. So konnten die Bedürfnisse der unterschiedlichen Besucher, mehr oder weniger tief in die Materie einzusteigen, befriedigt werden.

Die Website als international zugängliche Informations- und Dokumentationsfläche

Bereits ein halbes Jahr vor der Eröffnung ging die Website der documenta 11 online. Die Website ist für die documenta als einem Großereignis von internationalem Interesse neben der Presse das wichtigste PR-Instrument, weil sie uneingeschränkte Erreichbarkeit ermöglicht. Die Website bot zum einen differenzierte Informationen in drei Sprachen, und war zum anderen Dokumentationsfläche sämtlicher Arbeitsschritte und machte damit den Forschungsprozess der documenta 11 zugänglich. Sie wurde von mehreren Millionen Nutzern weltweit aufgesucht.

Der künstlerische Leiter als »Medienstar«

Der jeweilige künstlerische Leiter einer documenta steht zentral im Interesse von Medien und Öffentlichkeit und ist, über sein jeweiliges künstlerisches Konzept hinaus, auch als Person von großem Interesse – von seiner Kommunikationsfähigkeit hängt viel ab für den Erfolg der PR-Arbeit. »Die Funktion eines künstlerischen Leiters ist eine extrem schwierige Kommunikationsleistung. Für einen kurzen Zeitraum ist man plötzlich ein Star, ist im Blickpunkt der Medien und des öffentlichen Interesses, ohne darauf wirklich vorbereitet zu sein, und muss plötzlich bei jedem Interview strategisch sehr genau überlegen, was man sagt. Jeder kommunikative Ausreißer ist nicht wieder gutzumachen.« Hier kommt der PR wichtige beratende Funktion zu, indem etwa die inhaltlichen Leitlinien und jeweiligen Schwerpunkte für die Interviews gemeinsam mit dem künstlerischen Leiter vorbereitet werden.

Defensive Reaktion auf externe Kritik

Wie kann man als Kommunikationsleiter mit der zum Teil heftigen Kritik an der documenta umgehen, bezieht man Stellung, schlägt man zurück oder bleibt neutral?

»Man selbst hält sich möglichst zurück mit Kommentaren, auch wenn man einzelne Kritiken als ungerecht oder sogar falsch recherchiert empfindet, um die Sache nicht unnötig aufzubauschen. Stellungnahmen finden höchstens indirekt statt, indem man im Hintergrund Gespräche mit anderen Medienvertretern führt, die dann wiederum zu Gegendarstellungen führen können. Der Außendruck ist enorm hoch. Entscheidend ist in dieser Situation ein gutes und enges Verhältnis zur künstlerischen Leitung. Man kann keine konfliktfreie documenta machen. Die documenta in ihrer offenen, vielfältigen Kunststruktur erlaubt den Besuchern und Medien ein vielschichtiges Bündel an Projektionen zu entwerfen, sich ihre eigene documenta zu bauen. Aus dem Bedürfnis nach einer Gesamtbewertung entstehen so genannte ›truisms‹, die als Wahrheiten weitergegeben werden und nur bedingt steuerbar sind.«

»Jeder Besucher erfindet seine eigene documenta« – die PR bietet den Bezugsrahmen

Wie lässt sich die Kluft zwischen dem Massen-Event documenta auf der einen und der sehr schwer zugänglichen, kopflastigen Kunst auf der anderen Seite bewältigen? Werden nicht zwangsläufig Erwartungen enttäuscht?

»Man erlebt diesen Spagat und muss damit leben. Wir haben als kalkuliertes Risiko von Anfang an eingeplant, dass die Leute die documenta zu kopflastig, zu politisch empfinden, aber das war uns lieber, als wenn das Urteil gelautet hätte, die documenta sei zu banal. Diese documenta war in weiten Teilen, besonders in ihren ersten Plattformen, eine intellektuelle Übung, die geistige Anstrengungen verlangte. Man kann also auch in der Kommunikation nicht so tun, als ginge es um Sackhüpfen oder Phantasialand.« Dennoch haben über zwei Drittel der Gäste, gemäß der Besucherumfrage die Ausstellung mit der Note »gut« bzw. »sehr gut« bewertet. Viele Besucher sind mehrfach gekommen.

»Die Besonderheit eines künstlerischen Großereignisses wie der documenta liegt darin, dass sie eine riesige Projektionsfläche ist, in die jeder seine eigenen Ideen und Geschichten hineinlegen kann – wir bieten ein Angebot, das jedoch so offen ist, dass jeder es weiterdenken kann. Wir bieten Hintergründe und Interpretationsansätze, aber schreiben nichts fest. Der Besucher erzählt von seinem individuellen Besuch auf der documenta, jeder erfindet seine documenta.« Sicherlich maßgeblich beigetragen zum positiven Verständnis haben die Vermittlungsangebote.

Das Education-Projekt als Teil des künstlerischen Konzepts und wichtiger Beitrag zur PR

Rund 200.000 der insgesamt 650.000 Besucherinnen und Besucher nahmen die Führungsangebote des Besucherdienstes wahr, 14.500 Führungen fanden während der drei Monate statt. Damit wird deutlich, welch großen Einfluss die 120 Kunstführerinnen und Führer auf die Rezeption und Kommunikation der documenta haben.

Bereits ein halbes Jahr vor der Eröffnung wurden die »guides« in vielfältigen Künstlervorträgen, Diskussionsveranstaltungen, Workshops und Seminaren auf ihre Vermittlerrolle vorbereitet. »Enwezor war das Education-Projekt sehr wichtig und insofern wurde das Ausbildungsprogramm gemeinsam im Kuratorenteam entwickelt. Die guides waren sehr eng und diskursiv eingebunden.« Der Vermittlungsarbeit wurde bei der documenta 11 ein höherer Stellenwert als je zuvor eingeräumt.

Gesteigert wurde dies durch die documenta 12, die das Thema »Vermittlung« explizit zu einer Säule des kuratorischen Konzepts erhob.

Fazit

Bei einer renommierten, langjährig eingeführten Marke wie der documenta geht es in der PR Arbeit nicht darum, grundsätzliche Aufmerksamkeit zu erreichen, sondern viel mehr darum, diese in die gewünschte Richtung zu lenken. Medienarbeit ist das zentrale Mittel in der PR. Anders als bei den meisten anderen Kulturereignissen übersteigt die Nachfrage der Medien nach Informationen und Interviews die zeitlichen Möglichkeiten bei weitem. Die Informationskoordination und die Auswahl der Medien wird damit zur strategischen Aufgabe.

Die PR-Strategie war von zwei zentralen Ideen geprägt:

1. Die künstlerischen Inhalte bestimmen die Art der Öffentlichkeitsarbeit und
2. das Bemühen um größtmögliche Transparenz.

Mit dem Konzept der Plattformen ist es der documenta 11 gelungen, eine öffentliche Diskussion über Inhalte und Prozesse einer Ausstellung weit vor Beginn der eigentlichen Eröffnung zu initiieren und diese Entstehungsprozesse offenzulegen.

Mit ihrer Konzentration auf den Kunstdiskurs und einer genau geplanten

Dramaturgie über zwei Jahre erreichte die PR eine kontinuierliche, qualitätsvolle und inhaltliche Medienberichterstattung.

Zur Ausrichtung der PR an den künstlerischen Inhalten gehörte auch die Integration der PR in vielfältige künstlerische Entscheidungsprozesse. Die Kommunikationsleitung wurde als Teil des künstlerischen Führungsteams begriffen, was der PR den notwendigen Stellenwert, die notwendige Autorität und das notwendige inhaltliche Know-how gab.

PR für das Schleswig-Holstein Musik Festival

Eine Analyse auf Grundlage eines Gesprächs mit Prisca Biermann, Leiterin Presse- und Öffentlichkeitsarbeit von 2001 bis 2007

»Klassische Musik für ein breites Publikum erlebbar machen« – das war das Gründungsanliegen des 1986 von Justus Frantz und Leonard Bernstein ins Leben gerufenen Schleswig-Holstein Musik Festivals, das bis heute als Mission Statement über dem Festival steht. Es ist inzwischen das größte Musikfestival Deutschlands mit rund 140 Konzerten und 138.000 Besuchern im Jahr 2008. Die Festival-Spielorte in ganz Schleswig-Holstein haben optisch, inhaltlich und musikalisch unterschiedlichen Charakter, um möglichst viele Musikhörer anzusprechen und auch solche neuen Besuchergruppen für klassische Musik zu gewinnen, die den Schritt in ein Konzerthaus bislang gemieden haben.

Bereits kurz nach dem Gründungskonzert des Festivals hatten sich 700 Mitstreiter in einem Verein zusammengefunden, um die Festivalidee zu unterstützen. Das Schleswig-Holstein Musik Festival ist eine »große musikalische Bürgerinitiative«, so Richard von Weizsäcker in seiner damaligen Eröffnungsrede – eine Bürgerinitiative, die sich immer mehr ausgeweitet und zugleich professionalisiert hat, ohne ihren bürgerschaftlichen Charakter zu verlieren.

Finanziert wird das Festival zu geringen Teilen aus Landesmitteln. Den Hauptteil des Budgets liefern Sponsoren und die Eintrittsgelder des Publikums. Jedes Jahr steht das Festival unter einem anderen Länderschwerpunkt und bietet damit eine klare Fokussierung, die es in der Konkurrenz anderer Musikfestivals profiliert.

Die Bandbreite der Spielstätten reicht von Konzertsälen über Kirchen und Schlösser bis hin zu Gutshäusern und Scheunen; die Programmvielfalt von einer »Carmen«-Aufführung in der Lübecker Konzerthalle bis zu einer Reihe elektronischer Musik auf Kampnagel in Hamburg. Das Festival spricht sehr heterogene Zielgruppen und Motivationslagen an, vom Fachbesucher bis zum breiten Laienpublikum, das mit Picknickkorb und Großfamilie zu den Konzerten auf dem Lande reist. Wie kann ein solcher Spagat in der PR gelingen?

Presse- und Öffentlichkeitsarbeit, Werbung und Dramaturgie in einem Team

Sechs Prozent des Gesamtetats von acht Millionen Euro, also insgesamt 500.000 Euro wurden im Jahr 2002 für Werbung und PR ausgegeben. Sämtliche Aufgaben im Bereich PR, Marketing und Werbung werden von einem kleinen vierköpfigen Team getragen, das in enger Abstimmung mit der künstlerischen Leitung des Festivals tätig ist. Der in das Team integrierte Dramaturg fühlt sich als »Marketingdramaturg« vor allem für die zielgruppenadäquate Programmplanung zuständig. Diese enge Verknüpfung aus künstlerischer Programmplanung und PR/Marketing ermöglicht ein Mitdenken der PR von Anfang an und erleichtert spätere Maßnahmen. Dabei geht es nicht darum, die Ansprüche an das künstlerische Programm populären Publikumswünschen anzupassen, sondern viel mehr darum, die richtigen Orte und das adäquate Publikum für die jeweiligen Programme zu finden.

Differenzierte Publikumsansprache: vom Musikexperten bis zum Freizeit-Publikum

Das Fachpublikum interessiert sich speziell für bestimmte Konzerte mit Musikern und Musik, die man andernorts nicht erleben kann. Für diese Gruppe ist ein hochkarätiges, außergewöhnliches Programmprofil die entscheidende Motivation. Genau darauf wurde in den letzten Jahren verstärkt hingearbeitet, denn angesichts der Konkurrenz von immer neuen Musikfestivals in anderen Bundesländern werden die Touristen weniger, und es gilt umso mehr, sich in Fachkreisen zu profilieren.

Das »Freizeitpublikum« ist vor allem an der besonderen Festivalatmosphäre, an einem stimmungsvollen Ambiente und an prominenten Namen interessiert. Es besteht zu geringen Teilen aus Touristen und zu großen Teilen aus einheimischer Bevölkerung. 80 Prozent der Besucher kommen aus Schleswig-Holstein und Hamburg, so ergab eine Publikumsbefragung.

Das Stammpublikum macht den größten Anteil aus; sie sind jedes Jahr dabei und besuchen mehrere Konzerte. Diese »treuen« Kunden werden gut gepflegt und bereits langfristig, vor Medien und breiter Öffentlichkeit, über Programme direkt informiert.

Vereinsmitglieder als Stammpublikum und ehrenamtliche Mitarbeiter

Der Verein als Keimzelle des Festivals besteht inzwischen aus rund 4000 Mitgliedern, von denen gut 500 ehrenamtlich als so genannte »Beiräte« in der Organisation des Festivals mitarbeiten. Auch wenn das ehrenamtliche Engagement inzwischen weniger überlebensnotwendig ist als in den Anfangsjahren, ist es vor allem auf Grund der Dezentralität des Festivals noch immer von hohem Wert. Die Vereinsmitglieder kümmern sich um die Infrastruktur vor Ort und um zusätzliche Werbung, sie betreuen Künstler und Besucher, organisieren Sektempfänge und reichen selbst gebackenen Kuchen, vor allem aber mobilisieren sie die heimische Bevölkerung.

Sämtliche Mitglieder des Vereins haben die Möglichkeit, vorzeitig Karten zu erwerben, erhalten kontinuierlich Informationen und können außerhalb der Festivalzeit an eigens organisierten Musik-Reisen teilnehmen. Eine hauptamtliche Geschäftsführung sorgt für die »Pflege« des Vereins, organisiert zentrale Veranstaltungen und Feste und stellt sicher, dass sich alle Mitglieder eingebunden fühlen. Der Verein und seine Mitglieder sind wichtige Botschafter des Festivals und bedeuten für die Öffentlichkeitsarbeit eine große Unterstützung.

Sponsoren als »Paten« und Multiplikatoren für spezifische Programmpunkte

Sechs Hauptsponsoren, die sich über mehrere Jahre an das Festival binden, und gut 20 zusätzliche Sponsoren für die Finanzierung einzelner Veranstaltungen sind die wichtigste Säule in der Finanzierung des Festivals und bedeuten natürlich auch für die PR eine wesentliche Zielgruppe, mit der intensiv kommuniziert wird.

»Wichtig war es, miteinander zu reden, um zu erfahren, wo gemeinsame Interessen sind, statt nur über Logogrößen zu diskutieren.«

Neben Präsentationsmöglichkeiten in den sehr auflagenstarken Festivalpublikationen werden den Sponsoren eigene Programme und Veranstaltungen vorgeschlagen, für die sie eine Art Patenschaft übernehmen können, wie etwa der »Leonard Bernstein Award«, der von der Sparkassen-Finanzgruppe finanziert wird. Ein solches Engagement erhöht für die Sponsoren die Chance, in den Medien genannt zu werden. Auch die PR-Stellen der Sponsoren werden in die Festivalkommunikation eingebunden, ihre großen Hauszeitschriften und Mitarbeiterzeitschriften, ihre Displays in den Filialen und vieles mehr wird für die PR des Musikfestivals genutzt.

Rundum-Betreuung der Künstler als Aufgabe interner PR

Die auftretenden Künstler erhalten eine Rundumbetreuung durch ein großes Team, das vorwiegend von Studierenden kultur- und musikwissenschaftlicher Studiengänge gestellt wird. Von der Bühnenausstattung bis zu individuellen Wünschen bei der Hotelauswahl wird auf ein Höchstmaß an organisatorischer Perfektion und persönlicher Gastfreundschaft geachtet. Eine Investition, die sich auszahlt, denn auch Künstler sind in ihre Kreise hinein wichtige Botschafter.

Überregionale und internationale Medienarbeit

Die Medienarbeit startet mit einer großen Pressekonferenz Anfang März, die das Festivalprogramm für den Sommer präsentiert. Im Schnitt nehmen daran 100 vorwiegend regionale Medienvertreter aus Schleswig-Holstein teil. Einige ausgewählte überregionale Medienvertreter werden darüber hinaus zu einem Pressegespräch mit der künstlerischen Leitung eingeladen. Um überregionale Medien anzuziehen, bedarf es eines profilierten, möglichst außergewöhnlichen Programms, wobei zusätzliche persönliche Vermittlungsarbeit nötig ist, um aus der Fülle von 140 Konzerten die Medien auf besonders ungewöhnliche Aufführungen aufmerksam zu machen. Neben deutschen Journalisten werden auch Medienvertreter aus dem jeweiligen Schwerpunktland des Festivals eingeladen.

Kurz vor Festivaleröffnung gibt es kleinere Pressekonferenzen zu einzelnen Programmschwerpunkten.

Medienpartner NDR garantiert Medienpräsenz im gesamten norddeutschen Raum

»Die Unterstützung durch unseren Medienpartner NDR ist unbezahlbar!« Der NDR, der in jedem Jahr mit dem Festival kooperiert, berichtet täglich in seinen verschiedenen Fernseh- und Rundfunkprogrammen und sendet sogar eine tägliche Live-Festivalsendung auf N3 Schleswig-Holstein. Damit ist eine hohe Publizität in ganz Norddeutschland garantiert. Darüber hinaus ist der NDR mit seinen eigenen Klangkörpern im Festival präsent.

Direkt nach der Pressekonferenz im März beginnt der Vorverkauf. Innerhalb der ersten vier Wochen werden etwa 40 Prozent der Karten abgesetzt. Trotz dieses beachtlichen Vorverkaufs ist jedoch auch beim Schleswig-Holstein Musik Festival die Tendenz zu beobachten, dass Karten kurzfristiger und spontaner gekauft werden. Damit das Festival bis zu seinem Start im Juli im Gespräch bleibt, müssen weitere Presseinformationen und Publikationen wohl dosiert »nachgeschoben« werden.

Überblicks-Leporello als wichtigstes Werbemedium

Der Leporello, in einer Auflage von 700.000 Stück, präsentiert das Programm nach Festival-Orten sortiert im zeitlichen Überblick. Die überwiegende Anzahl der Besucher richtet ihre Programmauswahl danach aus, welche Konzerte in ihrer Nähe stattfinden. Das einige Wochen später erscheinende Festivalmagazin, das in populärer und unterhaltsamer Weise das Programm vorstellt, wird in einer Auflage von 600.000 in ganz Norddeutschland verteilt. Darüber hinaus gibt es Festivalbeilagen in verschiedenen Tageszeitungen in Schleswig-Holstein.

Zum Festival wird außerdem ein zentrales Imageplakat erstellt, das in ganz

Schleswig-Holstein und Hamburg präsent ist. Die Gemeinden, in denen Aufführungen stattfinden, verteilen und hängen selbst Fahnen und Banner an den Aufführungsorten.

Direktmarketing für Stammkunden

Eines der wichtigsten Kartenvertriebsinstrumente ist das Direktmarketing. Es spart Ressourcen, weil sich das Festival damit direkt an diejenigen wenden kann, die voraussichtlich Interesse an den Programmen haben. Das Schleswig-Holstein-Musik-Festival verfügt inzwischen über umfangreiche Datenbanken mit Adressen potenzieller Besucher und Hinweisen zu ihren musikalischen Präferenzen. Ergänzend wurde ein E-Mail-Verteiler angelegt, um aktuell, preiswert und schnell informieren und werben zu können. Das erstaunlich positive Ergebnis: Nur einer der über das Web Angeschriebenen meldete zurück, dass er zukünftig keine Mails mehr empfangen möchte; sehr viele bedankten sich für den Informationsservice.

Ein Schaufensterwettbewerb als populäre und kreative Form der Kultur-PR

Ein ungewöhnliches und zugleich sehr wirkungsvolles Medium der PR ist der alljährlich vom Verein organisierte Schaufensterwettbewerb. Jedes Geschäft in Schleswig-Holstein kann sich an dem Wettbewerb beteiligen und sein Schaufenster passend zum Festival dekorieren – dabei bieten die jeweiligen Länderschwerpunkte thematische Gestaltungsanregungen. Das Festivalbüro stellt allen Beteiligten ein Paket mit Plakaten, Logos etc. zur Verfügung sowie zwei Freikarten für das Festival und lädt zu einem abschließenden Sektempfang ein. In den letzten Jahren beteiligten sich über 300 Geschäfte, die sich mit den phantasievollsten Dekorationen gegenseitig überboten. Jurys vor Ort ermitteln den jeweiligen Ortssieger, eine überregionale Jury ermittelt den Landessieger.

Mit Hilfe der engagierten Beteiligung der Händler am Schaufensterwettbewerb erhält das Festival zusätzliche Präsenz in vielen Einkaufsstraßen Schleswig-Holsteins, und es gewinnt zusätzliche Freunde und Förderer. Seit einigen Jahren kooperieren zudem die Initiatoren des jährlichen Straßenfestes in Lübecks zentraler Geschäftsstraße mit dem Festival, was positive Synergieeffekte für beide Seiten erzielt hat.

Einbezug der lokalen Initiativen in die Festival-PR

Die Dezentralität des Festivals ist einerseits wichtige Grundlage, um möglichst viele Menschen in ganz Schleswig-Holstein zu erreichen, andererseits ist sie einer spezifischen Festivalatmosphäre, die von der Dichte der Ereignisse lebt, eher abträglich.

Wie kann sich trotzdem eine besondere und spezifische Festivalatmosphäre durchsetzen? »Wir sind das zentrale Festival für Schleswig-Holstein, damit identifizieren sich die Bürger in ganz Schleswig-Holstein, und die beteiligten Orte tragen selbst zur Festivalstimmung bei«, so die Erfahrung der Veranstalter.

An vielen Veranstaltungsorten werden von den lokalen Kulturinstitutionen eigene Ausstellungen zum Festivalschwerpunkt gezeigt und Beiprogramme wie Filmreihen, Modenschauen oder Lesungen entwickelt. Die regionalen Institutionen wollen und können von der Popularität des Festivals profitieren. Umgekehrt sind all diese Aktionen zusätzliche PR für das Festival.

Um auch während des Festivals selbst, das ja aus einer Kette einmaliger Gastspiele besteht, Mund-zu-Mundpropaganda nutzen zu können, ist es wichtig, ein absolutes Highlight zeitnah zur Eröffnung einzusetzen, wie zum Beispiel 2002 die »Carmen«-Aufführung. Eine Veranstaltung nicht für Spezialisten, sondern eine, die als Initialzündung funktioniert und garantiert beeindruckt und mitreißt. Eine solche besondere Begeisterung sorgt für Schneeballeffekte.

Menschen heranführen an klassische Musik – PR als Vermittlung

»Klassische Musik zu verkaufen, ist immer schwierig, bei aller Popularität unseres Festivals. Umso wichtiger ist es, dass man sich ohne Arroganz auf sein Publikum einstellt.« Dies bedeutet beim Schleswig-Holstein Musik Festival, dass auf verschiedenen Ebenen versucht wird, Interesse an den Programmen zu erregen. An zahlreichen Orten bietet die Dramaturgie so genannte Präludien an, Einführungsveranstaltungen, in denen Hintergründe zu einzelnen Konzerten und Künstlern vermittelt werden. Der Intendant selbst reist im Vorfeld durch das Land und hält Vorträge über die Besonderheiten der jeweiligen Musikprogramme. »Man muss den Leuten Mut machen, sich auch mal etwas Neues, Ungewohntes anzuhören, man muss ihre Neugier wecken.«

»Das größte Problem im Musikbetrieb ist, dass wir es zunehmend mit einer Starkultur zu tun haben, und es schwer ist, für Unbekanntes Interesse zu wecken.« Insofern bedient das Festival das Bedürfnis nach großen Namen und bietet Künstler wie Anne-Sophie Mutter, Daniel Barenboim und Sir Simon Rattle im Programm. »Es gibt jedoch in der klassischen Musik wenige Stars, die breit bekannt sind. So besteht die besondere Herausforderung darin, Menschen auch für Neues zu interessieren. Dabei kann es durchaus gelingen, bestimmte Musikernamen aufzubauen. Im zweiten Jahr kommt das Publikum dann bereits von selbst zu diesen Musikern.«

Um langfristig für ein Nachwuchspublikum zu sorgen, wurde eine Kinderkonzertreihe eingeführt. Im Rahmen der Musikfeste auf dem Lande, die sich bewusst an die ganze Familie richten, gibt es während der Konzerte für Kinder Musikwerkstätten.

Zur Vermittlung gehören auch die Festivalbroschüren. Die Texte für diese Ankündigungspublikationen von Dramaturgen werden in enger Zusammenarbeit mit der PR-Abteilung verfasst. Sie sind populär geschrieben und von großen, farbenfrohen Bildern begleitet – im Gegensatz zu den Pressemappen für die Fachmedien, die sehr anspruchsvolle Texte aus der Dramaturgie enthalten.

»Das Besondere in der Kommunikation eines Festivals klassischer Musik besteht darin, Bedürfnisse zu wecken und Menschen heranzuführen an einen eher schwierigen Gegenstand wie klassische Musik. Ist es gelungen, Menschen zu einem Erstbesuch zu bewegen und sie zu begeistern, muss man sie halten. Das Stammpublikum ist das wichtigste Kapital. Man muss versuchen, kontinuierlich mit diesem Publikum im Gespräch zu bleiben.«

Fazit

Herausragende PR-Strategie ist die Einbindung verschiedener Gruppen als aktiv Beteiligte in das Festival. Dabei sind die 4000 Vereinsmitglieder die tragende Säule der Öffentlichkeitsarbeit. Bei einer so hohen Zahl von Menschen, die sich mit dem Festival verbunden fühlen, ist eine breite Mundpropaganda garantiert, ebenso wie ein großer Kartenabsatz.

Aber auch die zahlreichen Sponsoren, die mithilfe gemeinsamer Veranstaltungen weit über einen Logoabdruck hinaus einbezogen werden, ebenso wie die vielen Geschäftsleute, die sich in ihrer Schaufenstergestaltung mit dem Festival beschäftigen, sind hervorragende Mittler der PR.

Nicht zuletzt sei die Vermittlungsarbeit als PR-Erfolgsfaktor genannt, in der sich auch ein Intendant nicht zu schade ist, die Bevölkerung in Kleinstädten für Konzerte zu begeistern.

Film-PR

Das Medium Film zeichnet sich durch sehr lange Produktionszeiten, hohe Produktionskosten und viele beteiligte Menschen aus. Im Film sind die verschiedensten Einzelkünste involviert. Filme werden kulturwirtschaftlich produziert, sieht man von einigen Zuschüssen der Filmförderanstalten ab. Insofern steht auch Film-PR in besonderer Weise unter wirtschaftlichem Erfolgsdruck, denn letztlich ist es immer auch Ziel, eine möglichst große Zahl an Besuchern zu erreichen.

Die PR-Arbeit im Film richtet sich nach den Produktionsphasen: Drehbuchentwicklung, Dreharbeiten, Postproduktion, Festivals und Messen, Kinostart.

In der Film-PR ist zu unterscheiden zwischen deutschlandweiter, evtl. sogar internationaler PR von Produktion und Verleih und lokaler PR bzw. Werbung der einzelnen Kinos.

Film-PR beginnt also bereits lange vor der Produktion, häufig bereits bei der Werbung um Förderung für das Drehbuch. Bei Blockbuster Produktionen starten PR- und Marketingüberlegungen sogar schon vor Erstellung eines Drehbuchs, bestimmen also das künstlerische Produkt maßgeblich mit. Die so genannten »Marketing Hooks«, bekannte und aktuelle Anknüpfungspunkte für das Publikum in Form von weltweit bekannten inhaltlichen Stoffen, einer einprägsamen Story und bekannten Filmstars, sind entscheidend für die spätere Publizität und werden darum bei der Entwicklung des Drehbuchs berücksichtigt.

Fehlen die großen Regie- und Schauspieler-Stars, wie das oftmals beim arthouse-Film der Fall ist, sind künstlerische Auszeichnungen sowie ein öffentlichkeitswirksames Thema wichtige Anknüpfungspunkte für die PR.

Ein Film ist immer ein überregionales, wenn nicht sogar internationales Produkt, das entsprechende PR mit großer Reichweite verlangt, die vor allem durch überregionale Medienarbeit und Festivalbeteiligungen hergestellt wird.

Aber auch die richtige zeitliche, inhaltliche und grafische Platzierung eines Kinofilms, die in der Regel vom Filmverleih übernommen wird, ist relevant für den PR-Erfolg.

Die lokale Werbung wird meistens, mit Unterstützung des Verleihers, von den einzelnen Kinobetreibern selbst umgesetzt. Diese schalten Anzeigen, verteilen Handzettel, hängen Plakate auf oder machen spezielle Promotion-Aktionen wie etwa die Aufstellung großer Pappkameraden im Foyer.

Für die konkrete Publikums-Bewerbung eines Films ist ein ansprechender Trailer das entscheidende Werbemittel, denn Kinobesucher erreicht man vor allem im Kino. Trailer bestimmen nach einer Untersuchung der Projektgruppe »zukunft.film« zu 75 Prozent die Entscheidung, sich einen bestimmten Film anzusehen.

Bei großen Blockbuster-Produktionen spielen auch Merchandising-Artikel eine wichtige Rolle, denkt man etwa an die riesige Palette der Harry Potter Artikel, die die Popularität weiter vorantreiben.

Bislang gibt es in Deutschland nur wenige Marketing- und PR-Agenturen, die übergreifend sämtliche Aufgaben der Vermarktung und der Kommunikation eines Films übernehmen.

In der Regel haben die Produzenten eine eigene PR-Abteilung, die Verleiher haben Marketing- und PR-Abteilungen, die Kinobesitzer haben zumindest eine Abteilung »Werbung«. Hinzu kommen diverse Agenturen, die für Teilaufgaben eingeschaltet werden.

Das macht es in der Regel schwierig, für einen Film eine einheitliche Kommunikationsstrategie zu verfolgen. Eine enge Koordinierung aller Beteiligten und eine möglichst übergreifende Gesamt-Strategie sind jedoch entscheidend für eine effiziente PR-Strategie.

PR-Strategien für den arthouse-Film »movie.relations«, Köln – Barbara Obermaier

Barbara Obermaier betreibt eine der wenigen Full-Service PR-Agenturen in Deutschland für das Medium Film. Sie bietet Kommunikationsleistungen in den Bereichen »Positionierung, Presse- und Öffentlichkeitsarbeit, Promotion und Produktion«, von der Marktanalyse und der PR für ein Drehbuch bis zur Werbung und der Konzeption von Events für einzelne Kinos.

Zentrale Kompetenzen für die Film-PR: fundiertes Sachwissen, Leidenschaft für den Film und Kommunikationstalent

»Film ist meine Leidenschaft«, so Barbara Obermaier über ihre Motivation zur Gründung einer Film-PR-Agentur. Nach dem Studium der Kunstgeschichte, Medienwissenschaften, Slawistik und Romanistik arbeitete sie in einem Kino und in der Filmproduktion, machte dann eine zusätzliche Ausbildung als Filmtheaterkauffrau und absolvierte schließlich noch einen Fernstudiengang Kommunikationsmanagement. Sie arbeitete als Filmjournalistin, als Production Coordinator für Koproduktionen beim WDR und bei einem Filmverleiher, um sich dann in der Film-PR selbständig zu machen. »Im Filmbereich ist es wichtig, sein Handwerk von der Pieke auf gelernt zu haben, sich in den unterschiedlichen Bereichen der Filmherstellung und Verwertung auszukennen. Der Filmbereich ist ein riesiges Haifischbecken. Man muss die unausgesprochenen Regeln und Codes sehr genau kennen, um bestehen zu können.«

Aber auch ihr akademisches Studium ist eine wichtige Basis vor allem bei der ästhetischen Beurteilung von Filmen. »Man kann mit geisteswissenschaftlichem Wissen im Hintergrund differenzierter über einen Film sprechen, hat ein schärferes Bewusstsein für Form und Gestaltung, für Symbolik.«

»Auf der einen Seite ist eine hohe Sachkompetenz über Film und den Filmmarkt wichtig und ein eigenes leidenschaftliches Interesse für das Medium. Auf der anderen Seite muss man äußerst kommunikativ sein und dabei die Sensibilität und Sprachkompetenz haben, mit unterschiedlichsten Spielern umgehen zu können. Es ist die Fähigkeit, zuhören und heraushören zu können, welche Bedürfnisse die Menschen haben. Wichtig ist dabei, dass man kein PR-Gefühl aufkommen lässt, sondern den Film selbst in den Mittelpunkt des Interesses stellt.«

Die Kundenakquise läuft vor allem über zufriedene Auftraggeber, die die Agentur weiterempfehlen und über ein breites Kontaktnetz, das sich vor allem auf Festivals ausbauen lässt.

Von der Drehbuch-Promotion bis zur Kinowerbung. Zentrale Methoden und Strategien der Film-PR

PR-Aufgaben, die von movie.relations übernommen werden, sind vor allem die Erstellung strategischer PR-Konzepte, Markt- und Filmpotenzialanalysen, die Positionierung eines Films etwa in Form von Festivalbeteiligungen, Lobbyarbeit, Medienarbeit, Beratung bei der Erstellung von Werbemitteln und die Organisation von Events und Premieren.

Im Idealfall werden Marketing und PR bereits in der Konzeptionsphase eines Films entwickelt. Dies haben auch die Filmförderanstalten begriffen, die inzwischen Fördergelder speziell für Marketingkonzepte und Marktanalysen eines Films vergeben, in denen geprüft wird, welche Chancen ein Filmprojekt auf dem nationalen oder internationalen Markt hat. Diese Potenzialanalysen sind entscheidend dafür, welche weiteren Geldgeber für einen Film akquiriert werden können.

Die Teilnahme an Festivals ist wesentlich für die »awareness« in Fachkreisen. Auch darin besteht eine der Aufgaben von Barbara Obermaier: einen Film in das Bewusstsein von Festivalmachern und Jurys zu bringen.

Vor dem Kinostart muss adäquates Promotion-Material entwickelt werden. Neben Plakaten sind das vor allem die Kino-Trailer, die einen Film bekannt machen. Auf lokaler Ebene muss mit den wichtigen Kulturprogrammzeitschriften eines Ortes zusammengearbeitet werden. Zum Kinostart bietet sich ein themenrelevantes Premieren-Event möglichst in einer großen Stadt an. Relevant für die PR ist auch, wann ein Film anläuft, welche Konkurrenzfilme zeitgleich starten, in welchen Städten und mit wie vielen Kopien. Danach richten sich die Einsätze eines arthouse-Filmes: »Entweder schwimmt man mit dem Strom mit oder man orientiert sich an der Gegenströmung des Marktes.« Dann greifen auch Instrumente des sogenannten Guerilla-Marketings.

PR für den deutschen arthouse-Film: Orientierung an Themen, ästhetischer Form und an Anerkennung in der Fachöffentlichkeit statt an Stars

»In Deutschland ist der Anteil und die Bedeutung der Filmkultur geringer als in vielen anderen Ländern. Es ist also noch schwieriger, breites öffentliches Interesse für anspruchsvolle Kinofilme zu erlangen. Das Kernpublikum, das sich für solche Filme interessiert, gehört zum kleinen Kreis der Filmliebhaber, die mit Filmen bereits aufgewachsen sind«, so Barbara Obermaier.

»PR für einen arthouse-Film zu machen ist jedoch erheblich reizvoller als für einen Blockbuster-Film etwa aus den USA, wo sämtliche Werbestrategien schon vorgegeben sind und man nur noch die Vorgaben für den deutschen Markt umsetzen muss.«

Regisseur und Schauspieler von deutschen Kunst-Filmen sind nur selten einem breiteren Publikum bekannt. »Ein arthouse-Film verkauft sich nicht über große Schauspieler- und Regiestars, sondern vor allem über sein Thema und seine Geschichte und seine spezifische Regie.« Handelt es sich bei einem Blockbuster-Film eher um ein Marketingprodukt, dessen Marketing-Hooks (Aufhänger) und »pre-sold-properties« (Vorverkäufe) bereits vor Drehbuchentwicklung festgelegt wurden (»stars, exciting story, high budget«), so zählen bei Kunst-Filmen vor allem die gesellschaftliche Relevanz eines Themas und innovative filmische Mittel. Für die PR-Arbeit sind Festivalbeteiligungen und möglichst Festivalpreise, also die Anerkennung in Fachkreisen, zentral. Wichtig ist auch eine Strategie, wie der Film an gesellschaftlich aktuelle Themen angeknüpft werden kann. Erfolgreicher als direkte Promotion ist inhaltliche Pressearbeit.

Medienarbeit als wichtigstes PR-Mittel für den arthouse-Film

Entscheidend sind gute persönliche Kontakte zu einem Deutschland- und z.T. auch europaweiten Netz von Fachjournalisten in den Tagesmedien, Fachzeitschriften und Kulturmagazinen. Barbara Obermaier arbeitet mit einem Gesamt-Medienverteiler von gut 5000 Adressen. »Ich fühle mich dabei nicht in der Bittstellerrolle. PR funktioniert wechselseitig. Die Journalisten sind ebenso an guten Themen interessiert wie ich daran, den Film in den Medien unterzubringen.« Notwendig sei es jedoch, immer neue Themen und Anlässe für die Medienberichterstattung zu finden – etwa über die Rahmenbedingungen der Dreharbeiten, die Vita und Heimatorte der Darsteller, das Thema des Filmes im Verhältnis zu gesellschaftlich relevanten Diskussionen.

Dabei komme es darauf an, jedem Medium ein adäquates Thema anzubieten statt pauschal Pressemitteilungen zu versenden. »Besser gezielte Kontakte anstatt Gießkanne.«

PR-Arbeit für den Film schließt PR-Arbeit für die beteiligten Schauspieler mit ein, die etwa in Fernsehshows und Talkshows vermittelt werden müssen.

Längerfristig vor Filmstart wird ein Film vor allem durch Hintergrundstorys publik, durch Berichte der Dreharbeiten und Homestorys über die beteiligten Künstler.

Relativ kurz vor Filmstart werden in einer oder auch in verschiedenen großen Städten so genannte »press junkets« organisiert, in denen die Medien, unterteilt in kleinere Gruppen, die »Talents«, also die Künstler einer Produktion, interviewen können.

Da der Film ein visuelles Medium ist, braucht man aussagekräftige Bilder für die Medienarbeit in Form von Produktionsfotos und elektronischen »presskits« für Fernsehsender und Radiostationen. Für die Medien wird meistens wenige Tage vor der offiziellen Premiere eine Pressevorführung gegeben; alternativ erhalten sie DVDs des Films.

Kommunikationspartnerschaften mit unterschiedlichsten Unternehmungen, die in Zusammenhang mit einem Film stehen

Neben dem klassischen Product-Placement kooperiert Barbara Obermaier auch in anderen Bereichen der Öffentlichkeitsarbeit mit Firmen, die in irgendeiner Weise thematisch verwandt sind mit einem Film. So arbeitete sie für den argentinischen Film »Der Sohn der Braut« mit einer argentinischen Weinfirma zusammen, die nicht nur Weine für die Kinopremiere sponserte, sondern auch über ihre Verteiler Direktmarketing für den Film machte.

Je nach thematischem Bezug geht sie auch mit Verbänden, Vereinen, Kulturämtern und Botschaften und natürlich mit Zeitschriften, Hörfunk und Fernsehen Kommunikations-Partnerschaften ein.

Enger Kontakt zu den Kreativen eines Films

»Ohne einen engen Kontakt zu den Kreativen ist Film-PR nicht möglich. Man muss genau um deren Persönlichkeit und Hintergründe wissen, sämtliche Maßnahmen absprechen und immer wieder miteinander reden. Dann ist die Zusammenarbeit mit den Künstlern erfolgreich, sind diese bereit, die PR-Arbeit zu unterstützen, auch mal zu einem unbequemen Termin extra anzureisen. Dabei ist viel psychologisches Einfühlungsvermögen nötig und der Verzicht auf Marketingvokabular, das bei Künstlern eher auf Misstrauen stößt sowie natürlich ein Interesse an ihrer Person und ihrer schauspielerischen Arbeit.«

»Die Reise nach Kafiristan« – ein Fallbeispiel

Ein Beispiel für die Positionierung eines künstlerischen Films ist »Die Reise nach Kafiristan«, eine europäische Koproduktion, mit deren PR Barbara Obermaier betraut war. Bereits zu Beginn der Dreharbeiten konnte sie zwei Fernsehender dafür gewinnen, Reportagen über den Dreh an den verschiedenen Orten Usbekistan, Jordanien, Schweiz und Deutschland zu erstellen.

Nachdem die Dreharbeiten abgeschlossen waren, organisierte Obermaier in Kooperation mit dem Buchverlag, bei dem der Roman von und über Annemarie Schwarzenbach zum Film erschienen ist, eine deutschlandweite Lesereise mit der Hauptdarstellerin Jeanette Hein.

Die Firma Davidoff und Moet Chandon sponserten nicht nur Sachleistungen für den Film, sondern übernahmen auch PR-Leistungen, indem sie den Film in ihrer Firmenzeitschrift vorstellten und eine Vorankündigung im Direktversand an einen großen Firmenverteiler schickten. Ein weiterer Kooperationspartner war die Firma Ford, die auf zwei Seiten ihrer Autozeitschrift über den Film berichtete, in dem auch ein altes Fordmodell eine Rolle spielt.

Kurz vor Filmstart konnte Barbara Obermaier »Nachwuchsstar Jeanette Hein« in der »Harald Schmidt Show« unterbringen. Für die Frauenzeitschrift »Elle«, eine der Publikumszeitschriften mit der höchsten Auflage in Deutschland, gelang ein Vorbericht über den Film mit dem Aufhänger »Mutige, moderne Frauen in den 30er Jahren«. Die Uraufführung des Films fand auf dem Internationalen Filmfestival von Locarno statt. Die Deutschlandpremiere wurde dann zum Filmstart in Köln organisiert. Für die Regisseure Fosco und Dubini, sowie die beiden Hauptdarstellerinnen Jeanette Hain und Nina Petri wurden in den größeren Städten Interview-junkets organisiert. Außerdem reiste jeweils eine der Hauptdarstellerinnen zu den ersten Vorstellungen in den Kinos fast aller größeren Städte in Deutschland.

Mit Buchhandlungen, Literaturhäusern und den Verlagen wurden Lesungen vor der Filmvorstellung und Gespräche im Kino veranstaltet, die großen Zuspruch fanden. Mit Programmzeitschriften wurden Verlosungen der Bücher organisiert. In München fand gleichzeitig eine Fotoausstellung statt mit Reisefotografien von Annemarie Schwarzenbach und Ella Maillart, so dass die Ausstellungsveranstalter und movie.relations sich gegenseitig in ihrer PR unterstützen konnten. Auch dort las Jeanette Hain aus dem Schwarzenbach-Roman. Sämtliche Events wurden auf der Webseite zum Film angekündigt. An Werbematerialien wurden Plakate in A1 und A4, Aushangfotos, ein farbiger Flyer sowie ein 32-seitiges Begleitheft für Kinos und Buchhandlungen entwickelt. Nach Auswertung im Kino erschien der Film mit Begleitmaterialien auf DVD.

Vision und Kommunikation als Basis für erfolgreiche Film-PR

Was macht eine erfolgreiche Kampagne für einen Film aus, was sind die entscheidenden Grundlagen für die Film-PR?

»Erstens die Vision und zweitens die Kommunikation.«

»Visionär zu arbeiten, bedeutet vom Idealfall auszugehen, eine ideale Strategie dafür zu entwickeln, was die interessanten Themen eines Films sind, wie ein Film sämtliche unterschiedlichen Interessenten erreicht, sein Potenzial voll ausschöpft.« Dafür erarbeitet Barbara Obermaier ein ideales Gesamtszenario, das die Kommunikationsziele und Maßnahmen aufzeigt. Dies hängt sie an zentraler Stelle im Büro auf. »Visionär arbeiten heißt auch, unbedingt an den Erfolg des Films zu glauben.«

Sämtliche Beteiligte, ob Drehbuchautor, Regisseur und Schauspieler, die Produktionsfirma, der Verleih, die Agenturen müssen zusammenarbeiten und vor allem miteinander im Gespräch bleiben. »Ich sehe meine Rolle als PR-Agentur sehr stark darin, den Kommunikationsprozess in diesem komplexen Geflecht aus unterschiedlichen Interessen aufrechtzuerhalten und zu steuern. Man muss sich gut verständigen untereinander und dafür ist es wichtig, um die verschiedenen Fokusse zu wissen. Man muss wissen, wen was bewegt, um bei den jeweiligen Interessen ansetzen zu können. Kommunikation ist das Wichtigste, denn beim Film geht es um eine Idee, statt um ein materielles Produkt, und diese wird auf verschiedenen Ebenen vermittelt.«

Die Wirkung der PR-Arbeit ist quantitativ nur bedingt messbar. »Es ist oft so, dass eine erfolgreiche PR nicht mit einem wirtschaftlichen Erfolg gleichgesetzt werden kann.«

Als ein Faktor werden die Publikumszahlen nach dem ersten Filmstart-Wochenende gewertet, die natürlich insofern viel über den Erfolg der PR sagen, als zu diesem Zeitpunkt noch nicht die durch das Filmerlebnis selbst ausgelöste Mundpropaganda einsetzen konnte.

Messen lässt sich zudem die Zahl der Vorberichte und Kritiken, die Zahl der Events, die Zahl der Medienpartnerschaften.

»Mir geht es darum, Aufmerksamkeit für den Film bei den unterschiedlichen Öffentlichkeiten zu schaffen. Ich beschränke meine Arbeit dabei nie auf eine bestimmte PR-Leistung, sondern setze mich auch »off the records« für ein Projekt ein, rede mit Leuten auf Festivals darüber, engagiere mich über Kontakte zu den Festival-Entscheidern dafür, dass ein Film überhaupt auf einem Festival gezeigt wird. Es ist eine besondere Herausforderung, Ideen und Visionen, die aus meiner Sicht bedeutsam und ansprechend sind, so zu vermitteln, dass sie ihren Weg ins Kino finden. Gute Film-PR ist visionär.«

Fazit

Gute Film-PR beinhaltet das sensible Begleiten von künstlerischen Prozessen über einen längeren Zeitraum. PR für den arthouse-Film hat u.a. die Aufgabe, zu erkennen und zu vermitteln, welche inhaltlichen Potenziale in einem Film stecken, in welche gesellschaftlichen Themen sich ein Film einbetten lässt, worin sein besonderer ästhetischer Wert besteht. Die Produktion und Distribution eines Films sind ein langer Prozess mit vielen Beteiligten. Strategische Film-PR sichert die kontinuierliche Kommunikation in diesem Prozess.

PR für Kulturmedien

Kulturmedien sind nicht nur Medium der Kommunikation und Vermittlung von Kunst und Kultur, sondern oftmals zugleich auch eigene Kulturveranstalter und Kulturproduzenten, die zunehmend PR-Arbeit in eigener Sache betreiben. Mit der Einführung des dualen Systems seit 1987 ist der deutsche Rundfunk für private Sender geöffnet. Nachdem sich eine Vielzahl von Fernseh- und Hörfunkprogrammen etabliert hat, steht der öffentlich-rechtliche Rundfunk in starkem Wettbewerb um die Aufmerksamkeit der Fernseh- und Hörfunknutzer. Die privaten Sender mit ihren extensiven Werbekampagnen zwangen auch die Öffentlich-Rechtlichen dazu, aktiv zu werben.

Anders als die Privaten hat der öffentlich-rechtliche Rundfunk einen Informations- und Bildungsauftrag. Unter diesen Auftrag fallen auch die Kultursendungen im engeren Sinne, die sich in den vor allem an leichter Unterhaltung orientierten privaten Medien nur sehr peripher finden. Denn: Berichte über Kunst und Kultur sind ein Quotenkiller, Kultur ist ein Minderheitenthema. Die größte TV-Zuschauergruppe sind die so genannten »kunstfernen« Bevölkerungsgruppen, das ergaben die ARD/ZDF-Medienanalysen.

Kulturprogramme von 3sat, arte oder Deutschlandradio richten sich speziell an den kleinen Kreis der Kulturinteressierten, die sonst eher wenig fernsehen bzw. Radio hören, sondern »live« unterwegs sind, um Kunst zu rezipieren. Es handelt sich also um Zielgruppensendungen für ein kleines Publikum, wobei die Sendungen eine deutlich herausgehobene Reputation aufweisen. Das Image ist besser als die Quote. Ein Großteil der Bevölkerung kennt die Sender und verbindet sie mit Qualität und Intellektualität, nur ein kleiner Teil gehört tatsächlich zu den Nutzern.

Aufgabe der PR für solche Kulturprogramme ist es zum einen, die Reputation bei verschiedenen, vor allem medienpolitisch relevanten Öffentlichkeiten, immer neu zu behaupten, und zum anderen, den Kreis der Nutzer zu erhöhen. Programme, die auf eine kleine, spezifische Zielgruppe zugeschnitten sind, müssen sich in ihrer Kommunikation stark inhaltlich orientieren. Dabei müssen sie sich sehr viel konsequenter auf ihr Zielpublikum bzw. Marktsegment ausrichten als Breitenprogramme wie ZDF, ARD oder RTL.

Die Stammhörerbindung ist ein zentrales Ziel in der PR-Arbeit. Dafür braucht jedes Medium ein unverkennbares Profil und wiedererkennbare Zeichen wie einen prägnanten Trailer, einen spezifischen Moderationsstil oder eine bestimmte Musikfarbe. Ein weiteres wichtiges Mittel, um Menschen mit einem Sender zu identifizieren, besteht in Live-Auftritten, in denen ein Medium und seine Macher sichtbar werden. Auch Medienpartnerschaften mit Kulturinstitutionen können den Rahmen für imageprägende Auftritte eines Senders bieten.

Deutschlandradio Kultur

Eine Analyse auf Grundlage eines Gesprächs mit Dr. Karl Heinz Stamm, Pressesprecher Deutschlandradio Kultur und Dietmar Boettcher, Leiter Öffentlichkeitsarbeit Deutschlandradio/Deutschlandfunk

»Deutschlandradio ist ein Informations- und Kultursender, der qualitativ hochwertige, in die Tiefe gehende Beiträge zu politischen, gesellschaftlichen und kulturellen Themen anbietet.« (Vgl. Imagebroschüre) Deutschlandradio entstand nach der Wiedervereinigung auf der Basis der Sender Deutschlandfunk, RIAS Berlin und dem vom Runden Tisch gegründeten Deutschlandsender Kultur. Am 1. Januar 1994 ging der nationale Hörfunk mit den Programmen Deutschlandfunk und Deutschlandradio Berlin, jetzt Deutschlandradio Kultur, mit den Standorten Köln und Berlin auf Sendung. Deutschlandradio gilt als federführend bei den gehobenen Rundfunkprogrammen. Der große »Produktvorteil« von Deutschlandradio liegt in dem hohen Informationsniveau und der Überregionalität seiner Programme.

Der Sender berichtet nicht nur in exzeptioneller Ausführlichkeit über Kunst und Kultur, sondern zeichnet sich auch selbst als Kulturproduzent und Veranstalter aus. Zuständig für die »Presse- und Öffentlichkeitsarbeit« von Deutschlandradio sind zwölf Mitarbeiter in Köln und Berlin. Für die PR-Arbeit steht ein Etat von rund fünf Millionen Euro zur Verfügung sowie eine weitere Million Euro für veranstaltungsbezogene PR.

Ein Sender, zwei Programme – Wie grenzt sich Deutschlandradio Kultur in der Selbstdarstellung gegenüber Deutschlandfunk ab?

Die PR bezieht sich in vielen Bereichen auf die Dachmarke Deutschlandradio und nicht differenziert auf die Programme Deutschlandradio Kultur und Deutschlandfunk. So gibt es ein gemeinsames Programmmagazin, einen gemeinsamen Internetauftritt, vielfach gemeinsame Pressemitteilungen, und es gibt ein gemeinsames Corporate Design.

Dennoch bestehen Unterschiede im Profil, die perspektivisch stärker herausgearbeitet werden sollen. »Deutschlandfunk und Deutschlandradio Kultur sind wie eine Münze mit zwei Seiten. Deutschlandfunk setzt vor allem auf Informationskompetenz im Bereich Politik, Deutschlandradio Kultur stärker auf Kultur. Deutschlandfunk ist seriöser, Deutschlandradio Kultur ist bunter, vielfältiger, kein Spartensender, sondern ein Programm zum Durchhören.« Dabei hat es sich in der PR für ein deutschlandweites Programm eher von Nachteil erwiesen, den Standort Berlin in den Vordergrund zu stellen, weil dies Hörern in anderen Bundesländern suggeriert, die lokale, berlinspezifische Kulturberichterstattung könnten zu dominant sein.

»Deutschlandradio Kultur bietet viel mehr als ein klassisches Kulturprogramm: Es ist ein Programm für Neugierige, aktuell und pointiert, täglich voller Überraschungen. Mit Berichten aus der Szene- und Hochkultur und Musik zwischen Klassik, Pop, Jazz und Chanson.« Deutschlandradio Kultur möchte ein tendenziell jüngeres, gebildetes Publikum ansprechen und verfolgt dabei das Ziel, nicht nur bei ausgewählten Sendungen eingeschaltet, sondern stärker ein den Alltag begleitendes Programm zu werden.

Hörerprofile

Aus verschiedenen Untersuchungen ist bekannt, dass Deutschlandradiohörer zu den hochgebildeten ebenso wie zu den besonders an (Hoch-)Kultur interessierten Bevölkerungsgruppen gehören. Ihr Altersdurchschnitt liegt bei 50 Jahren. Als Zielgruppe sind sie relativ klar auszumachen. Als einmalig ist zu bewerten, dass die Anteile der Hörer in Ost und West bezogen auf die jeweilige Bevölkerung prozentual gleich sind.

Für Deutschlandradio Kultur besteht eines der zentralen PR-Ziele darin, ein jüngeres Publikum hinzu zu gewinnen.

PR-Strategie: Programme und inhaltliche Kompetenz in den Vordergrund stellen

»Bei uns steht die Programm-PR im Verhältnis zur Image-PR im Vordergrund, denn unser Alleinstellungsmerkmal und größter Vorzug sind die hohe inhaltliche und journalistische Qualität unserer Programme.« Die wichtigsten PR-Mittel sind dementsprechend die vielfältigen eigenen Kulturveranstaltungen, mit denen Deutschlandradio seine kulturelle Kompetenz beweist sowie die ausführliche monatliche Programmdarstellung on-air wie off-air, mit der vor allem eine Stammhörerschaft bedient wird.

Weitere wichtige Mittel sind die Pressearbeit und die Multiplikatorenarbeit. Die stärker emotionale Ansprache durch Werbung spielt im Verhältnis eine untergeordnete Rolle, doch auch sie wird durch wechselnde Imagekampagnen bedient.

Deutschlandradio als Veranstalter und Produzent von Kultur

Deutschlandradio tritt selbst als Veranstalter von Musik, Literatur und politischen Diskussionen auf. Mehr noch leistet es sich mit 40 Prozent Beteiligung an der »Rundfunkorchester und -chöre GmbH« sogar ein eigenes Rundfunkorchester.

Deutschlandradio veranstaltet ca. 100 Konzerte pro Saison sowohl im Bereich klassischer wie auch Neuer Musik und Jazz und ist an 35 Musikfestivals in ganz Deutschland durch eigene Konzerte oder Konzertmitschnitte beteiligt. Der Sender betreibt eigene Nachwuchsförderung durch Reihen wie »Debüt im

Hörfunk« oder »Hörprobe«, eine Konzertreihe in Kooperation mit Lehrenden und Studierenden von Berliner Musikhochschulen.

Neben der Musik ist die Hörspielproduktion ein weiteres zentrales Tätigkeitsfeld. Insgesamt werden jährlich 65 neue Produktionen erstellt, die nicht nur im Radio ausgestrahlt, sondern zweimal monatlich auch im »Hörtheater« vor Live-Publikum präsentiert werden.

Deutschlandradio nimmt mit zwei Stunden täglicher Berichterstattung über Literatur bei den Medien einen Spitzenplatz in der Literaturrezension ein. In Kooperation mit Berliner Literaturveranstaltern hat der Sender einen eigenen Literatursalon etabliert, der einmal im Monat stattfindet.

In seinem Veranstaltungsprofil konzentriert sich Deutschlandradio klar auf die hörfunkadäquaten Genres, die parallel on-air und off-air präsentiert werden.

Synergieeffekte durch Cross Promotions

Bei vielen seiner öffentlichen Veranstaltungen kooperiert Deutschlandradio mit weiteren Medien wie »Handelsblatt«, »FAZ«, »Die Zeit« oder auch mit TV-Sendern wie Phoenix oder 3sat. Dadurch wird der PR-Effekt der Veranstaltungen um ein Vielfaches erhöht. Häufiger arbeitet Deutschlandradio mit externen Partnern wie dem Deutschen Bundestag, dem Berliner Abgeordnetenhaus und verschiedenen Botschaften sowie mit vielen Kulturinstitutionen zusammen.

Deutschlandradio als redaktioneller Medienpartner

Deutschlandradio ist ein werbefreier Sender. Das schränkt auch die Möglichkeiten für Medienpartnerschaften ein, denn Deutschlandradio darf keine Werbetrailer für die Institutionen senden. Kooperationen spielen sich demnach nur auf redaktioneller Ebene ab, und so werden Medienkooperationen nicht mit der PR-Abteilung, sondern mit dem jeweiligen Programmredakteur vereinbart. Dennoch ist Deutschlandradio ein gefragter Medienpartner, weil der Sender über Kulturveranstaltungen sehr viel ausführlicher berichten kann als die meisten anderen Sender.

Was sind die Kriterien für die Auswahl von Medienpartnerschaften mit Kulturinstitutionen?

»Programmverträglichkeit ist das oberste Kriterium. Da es bei Medienpartnerschaften um Imagetransfer geht, müssen wir inhaltlich und qualitativ zusammenpassen.« Als Gegenleistung für die Präsentation erwartet Deutschlandradio neben der Nennung des Namens in den Werbemitteln der Partnerinstitution auch die Möglichkeit, sich inhaltlich darzustellen. Die Vor-Ort-Präsenz von Deutschlandradio wird nicht durch Promotion-Aktionen wie das Verteilen von Give-aways gesichert, sondern vor allem durch inhaltliche Beteiligung.

»Wir schicken Moderatoren ins Rennen und bringen uns mit journalistischer Kompetenz ein. Das ist für einen Sender wie Deutschlandradio die beste PR.«

Service- und programmorientierte Ansprache von Stammhörern durch Direkt Mailing

Die monatlich erscheinende Programmvorschau, die beide Programme komplett abbildet, ist das zentrale Mittel der PR, das kostenlos an 90.000 Stammhörer verschickt wird. Sie bietet neben dem kommentierten Programmkalender ein Magazin mit detaillierten Informationen über spezielle Reihen, mit Kurzporträts und Interviews zu Musikprogrammen, Konzerten, neuen Hörspielproduktionen sowie Features. Die »Abonnenten« zeigen ihre Verbindlichkeit, indem sie freiwillig einmal jährlich eine Spende für den Versand leisten.

Die Website als Kulturinformationsservice

Die Website bietet neben Informationen über den Sender und ausführliche Programmvorschauen als Zusatznutzen aktuelle Weltnachrichten sowie Nachrichten rund um die Medienbranche, außerdem einen Wetter-/Reise- und Verkehrsservice. Ein stark nachgefragter Service ist die Literaturrezensionsdatenbank, die eine der größten Sammlungen von Buchbesprechungen in Deutschland bietet. Über einen Internet-Shop können CDs und (Hör-)Bücher zu Sendungen von Deutschlandradio bestellt werden.

Eine sehr wirkungsvolle Mischform aus Werbung und PR im Netz, mit denen es Deutschlandradio gelingt, sehr gezielt Kulturinteressierte positiv auf sich aufmerksam zu machen, ist die Kooperation mit einem Online-Newsletter für Kultureinrichtungen. Deutschlandradio ko-finanziert diesen Service. Auf diese Weise wird Deutschlandradio in den Newslettern von gut 100 Kulturinstitutionen deutschlandweit als Sponsor genannt und kann darüber hinaus eigene Programmhinweise platzieren. Begleitet wird diese Aktion im Netz von Postkarten, die an den Kassen der beteiligten Kulturinstitutionen ausliegen.

Mit dem Hörer in Kontakt treten und als Radio sichtbar werden

Da ein Hörfunksender selbst nur über akustische Signale präsent ist, muss er zusätzliche Kanäle bedienen, um auch visuell in Erscheinung zu treten. Deutschlandradio ist den Landessendern gegenüber im Nachteil, da er kein TV-Medium der gleichen Sendeanstalt als Werbeübermittler mitnutzen kann. Umso stärker setzt Deutschlandradio auf Live-Präsenz durch eigene Veranstaltungen.

Weitere wichtige Mittel, um mit den Hörern direkt in Kontakt zu kommen, sind neben Programmen mit Hörerbeteiligung ein Hörerservice sowohl via E-Mail wie auch telefonisch. Eine eigene Abteilung beantwortet Fragen nach

Sendungen, vermittelt Kontakte und versendet Manuskripte. Deutschlandradio ist u.a. auf Medienkongressen, auf der Kunstmesse in Köln und auf den beiden deutschen Buchmessen in Frankfurt und Leipzig mit einem Stand sowie mit einem dichten Programm an Lesungen und Diskussionen vertreten. So wird Deutschlandradio zum einen für seine schon vorhandenen und auch für potenzielle neue Hörer sichtbar, zum anderen sind solche Messen ein wirkungsvolles Kontaktforum zu Multiplikatoren.

Pressearbeit als wechselseitige Promotion

Durch das wöchentliche Versenden seiner kommentierten Programmvorschauen sowie Pressemitteilungen zu einzelnen Sendungen und Themen versucht Deutschlandradio die Aufnahme in sämtliche Rundfunkzeitschriften sowie in Kalender und Medienseiten großer Tagezeitungen zu erwirken. Redaktionelle Tagestipps tragen viel zur Bekanntheit bei. Neben gelegentlichen großen Pressekonferenzen aus Anlass neuer Programmreihen werden vor allem Hintergrundgespräche, zum Beispiel mit ausgewählten Musikjournalisten, angeboten, die in angenehmer, informeller Atmosphäre in einem Restaurant stattfinden.

Umgekehrt verhilft Deutschlandradio mit seinen täglichen Presseschauen einem weiten Spektrum von Tageszeitungen zu bundesweiter Aufmerksamkeit. Neben den Pressezitaten zu aktuellen politischen Themen bietet Deutschlandradio täglich auch eine Feuilleton-Presseschau aus den überregionalen Tages- und Wochenzeitungen sowie eine Kultur-Presseschau, die einmal wöchentlich einen Rückblick auf die wichtigsten Kulturthemen der Woche gibt. »Qualitätsmedien ergänzen sich multimedial. Das Ziel: ein Maximum an Öffentlichkeit für den klassischen Journalismus und multimediales Agenda Setting.«

Multiplikatorenkontakte

Da die Anerkennung bei zentralen Meinungsbildern für einen Sender wie Deutschlandradio wichtiger ist als Einschaltquoten, liegt hier ein besonderer Arbeitsschwerpunkt. Eine Person der Abteilung Öffentlichkeitsarbeit ist speziell zuständig für die Anbahnung von Multiplikatorenkontakten, die Vernetzung und die Konzeption von Projekten mit externen Partnern. Ein Großteil der Arbeit spielt sich im Rahmen von gesellschaftlichen Abendterminen bei anderen Institutionen ab, um Deutschlandradio zu repräsentieren und neue Kooperationspartner zu finden.

Eine sehr wirkungsvolle Maßnahme bei Multiplikatoren im politischen Bereich ist der Nachrichtenservice, den Deutschlandradio auf großen Parteikongressen anbietet. Mehrmals täglich erhalten die Politiker eine Medienschau, in der sie aktuell erfahren, wie sich der Parteitag in den Medien widerspiegelt.

Anzeigen-Kampagnen als Werbung um Interesse und Sympathie

Neben den rational begründbaren Stärken und Vorzügen braucht auch ein Sender wie Deutschlandradio emotionale Sympathiewerte. Dafür werden seit einigen Jahren Werbekampagnen entwickelt, die auf Witz, Ironie und Mehrdeutigkeit setzen.

1996 startete Deutschlandradio die erste Kampagne, bei der in Porträtserien die Programmmacher und -macherinnen gezeigt wurden: die Menschen, die hinter den Programmen stehen.

In der nachfolgenden Kampagne 1999 wurde deutlich unterschieden zwischen Deutschlandfunk und Deutschlandradio Berlin. Während Deutschlandfunk als meinungsbildender Nachrichtensender und oft zitiertes Schlüsselmedium in der deutschen Medienlandschaft positioniert wurde, sollte Deutschlandradio Berlin deutlich als Kultursender mit einem weiten Kulturbegriff gezeigt werden. Mit drei verschiedenen Motiven und den Headlines »Von Mozart bis Madonna«, »Von Punk bis Penck« und »Von Info bis Ufo« sollte »die Vielfalt und Farbigkeit des Berliner Programms mit seinen Markenzeichen Information-Kultur-Musik« herausgestellt werden.

2003 wurde eine weitere Anzeigenkampagne für Deutschlandradio Berlin unter den Leitbegriffen »Modernität, Anspruch, Offenheit, Stil und Urbanität« entwickelt. Zu künstlerisch inszenierten Fotografien von überwiegend jungen Menschen in Alltagssituationen gibt es Headlines, die als Dreisatz mit dem wiederkehrenden Slogan »überall« gestaltet sind. So findet sich etwa unter der Fotografie eines jungen Paares der Dreisatz: »Über Beuys. Über Girls. Überall«. Die Kampagne spricht rational und emotional gleichermaßen an, hat einen gewissen mehrdeutigen und exklusiven Witz, der nur für eine gebildete Zielgruppe verständlich ist, ebenso wie eine poetische Dimension. Die Anzeigen wurden überwiegend in ausgesuchten überregionalen Medien und führenden Tageszeitungen in Großstädten geschaltet.

Das Image ist besser als die Einschaltquote – Deutschlandradio als Markenprodukt

Faktoren zur Messung des Erfolgs sind die Medienanalysen, Zitate-Rankings, die zählen, wie häufig Deutschlandradio in anderen Medien zitiert wird, und das Standing bei Multiplikatoren, das sich u.a. in der Vergabe von weiteren Sendefrequenzen zeigt sowie in Auszeichnungen. Deutschlandradio erhält jährlich ca. 15 Preise für seine Kunstproduktionen und seine journalistische Arbeit.

Deutschlandradio hat mit seinen beiden Programmen gegenwärtig 8,5 Millionen regelmäßige Hörer. 1,8 Prozent aller Deutschen hören Deutschlandfunk, 0,5 Prozent Deutschlandradio Kultur. Sehr viel höher als die tatsächliche Nutzung ist der Bekanntheitsgrad: 90 Prozent wissen von Deutschlandfunk und Deutschlandradio. Deutschlandradio ist es gelungen, zu einem der deutschen Leitmedien zu werden, das die öffentliche Meinungsbildung maßgeblich mitbestimmt.

Welchen Anteil die PR an diesen Erfolgen hat, lässt sich nur vermuten: »PR kostet zunächst mal, und zwar immer. Direkte Effekte sind kaum messbar. Wir gehen davon aus, dass der Imageerfolg zu einem Drittel durch die Programme, zu einem Drittel durch die PR- und zu einem Drittel durch die Lobbyarbeit zu Stande kommt.«

Fazit

Die PR-Maßnahmen von Deutschlandradio tragen gezielt dazu bei, Programmqualität und inhaltliche Kompetenz herauszustellen, indem sie vor allem auf die Ansprache von Stammhörern, Multiplikatoren-PR sowie auf öffentliche Präsenz durch eigene Veranstaltungen setzen. Mit seinem großen Spektrum an eigenen Kulturveranstaltungen in den radioadäquaten Kunstsparten Musik, Literatur und Hörspiel hat sich Deutschlandradio sowohl on-air wie off-air als aktiv kulturschaffende Institution etabliert.

Auffällig ist jedoch, dass Deutschlandradio Kultur sich bislang wenig als Programm mit eigenem Profil kenntlich gemacht hat, sondern stark durch das vorwiegend von politischer Kompetenz geprägte Image des Deutschlandfunks mitgetragen wird. Ein Großteil der PR-Maßnahmen bezieht sich auf beide Programme, wobei nach außen die unterschiedlichen Profile nicht deutlich werden. Damit Deutschlandradio Kultur sich stärker als eigener Kultursender emanzipieren kann, der mit einem weiteren, auch Off- und Szenekultur einschließenden Kulturbegriff ein jüngeres Publikum anspricht, wird er zukünftig, über rationale Qualitäts-Argumente hinaus, stärker auf emotionale, lebensstilbetonende Image-Aspekte setzen.

PR für Soziokultur

Der Begriff Soziokultur, geprägt im Zuge der Neuen Kulturpolitik in den 70er Jahren, steht für interdisziplinäre Kulturformen, die Kunst und Alltag zusammenbringen und über den Kulturkonsum hinaus die kreative, ästhetische Eigentätigkeit von Menschen nach dem Prinzip »Kultur für alle und Kultur von allen« fördern wollen.

Soziokultur hat den Anspruch, Alternativ- und Gegenkultur zu den etablierten und elitären »Hochkultureinrichtungen« ebenso wie zu kommerzieller Unterhaltung zu sein. Das bedeutet für PR, sowohl die Idee einer Gegenöffentlichkeit und Alternative zu etablierten, konventionellen Kulturformen sichtbar zu machen und zugleich professionell aufzutreten und bestimmte gängige Kanäle zu bedienen, um überhaupt wahrgenommen zu werden.

Auch die Soziokultur steht heute in vielfältiger Konkurrenz zu anderen Freizeitanbietern. Soziokulturelle Einrichtungen, wozu vor allem die ca. 500 soziokulturellen Zentren in Deutschland gehören, sind größtenteils keine selbst organisierten Bürgerinitiativen mehr, sondern zunehmend Veranstaltungsanbieter und Dienstleistungsunternehmen für unterschiedliche Formen von Kultur. Früher waren Publikum und Macher dieselben und es brauchte keine Werbemaßnahmen, heute ist der Kontakt zu einer in sich geschlossenen Szene weggebrochen, und die Einrichtungen müssen um Publikum und Teilnehmer werben.

In vielen soziokulturellen Einrichtungen gibt es keine klare Zuständigkeit und wenig Professionalität für die PR. Jeder macht für sein eigenes Projekt nebenbei auch etwas Presse- und Öffentlichkeitsarbeit, aber es gibt häufig keine Gesamtstrategie. Zusätzlich erschwert wird die Entwicklung einer klaren Strategie durch die vielfältigen Ziele der unterschiedlichen Beteiligten und das Mitspracherecht vieler bei Entscheidungen, das programmatisch ist für soziokulturelle Zentren mit ihrem demokratischen Anspruch. Hinzu kommt oftmals auch die emotionale Ablehnung eines an Effizienzkriterien orientierten Kulturmanagements.

Soziokulturelle Zentren wollen und müssen für unterschiedliche Gruppen und Szenen Offenheit signalisieren und müssen zugleich auch ein klares Profil entwickeln, mit dem sich (potenzielle) Nutzer identifizieren können.

Für eine erfolgreiche PR-Arbeit in der Soziokultur ist entscheidend, dass es gelingt, zu den unterschiedlichen Szenen, die erreicht werden sollen, möglichst direkte Zugänge herzustellen. Dafür müssen die unterschiedlichen Angebote einer Einrichtung sehr gezielt kommuniziert werden und Teilnehmer für Aktionen möglichst persönlich angesprochen werden. Zugleich muss die PR der soziokulturellen Einrichtung in ihrer Gesamtheit, trotz aller Vielfalt, ein klares Dachprofil geben, sie muss die Offenheit, Zugänglichkeit und Lebendigkeit eines Hauses fassbar machen.

Neben der reinen Werbung für den Besuch einzelner Veranstaltungen geht es in der Soziokultur immer auch um die komplexe Frage, wie PR dazu beitragen kann, Menschen zu aktivieren und sie gemäß dem Anspruch »Kultur von allen« zum selbsttätigen Teil eines soziokulturellen Projekts werden zu lassen.

Kommunikationskonzepte müssen, auch wenn sie genau strukturiert sind, flexibel gehandhabt werden, damit der grundlegende Anspruch der Selbstverwirklichung aller Beteiligten gewährleistet bleibt.

Ein Dorf spielt Theater – Die Heersumer Sommerfestspiele als temporäres soziokulturelles Zentrum auf dem Lande

Eine Analyse auf Grundlage eines Gesprächs mit Birgit Schulz, Vorsitzende des Trägervereins »Forum für Kunst und Kultur«, und Jürgen Zinke, Geschäftsführer und Verantwortlicher für die Öffentlichkeitsarbeit

Der 1990 von einer Handvoll Kulturpädagogen und Künstlern gegründete »Verein für Kunst und Kultur auf dem Lande« hat inzwischen viele aufsehenerregende Sommertheater-Spektakel inszeniert, in denen ein ganzes Dorf mehrere Monate lang Theater spielt. 260 Beteiligte, von der Rentnerin über die freiwillige Feuerwehr und den Landwirt bis zu Vorschulkindern, machen mit. Feldscheunen und Feuerwehrteiche, Autobahnbrücken und Klärwerke, Rübenfelder und Obstgärten werden zu temporären Kunstorten. Regionale Volkskultur, Populärkultur und zeitgenössische Kunst- und Theaterformen verbinden sich zu einem soziokulturellen Großprojekt.

Die Projektleiter begreifen die »Heersumer Sommerfestspiele« als ein »interdisziplinäres, sparten-, generations- und schichtenübergreifendes temporäres soziokulturelles Zentrum, das sowohl prozess- wie produktorientiert arbeitet. Dabei liegt der Schwerpunkt nicht auf Pädagogik im Sinne des erhobenen Zeigefingers, sondern auf gemeinsamem Kulturschaffen mit den Leuten für die Leute.«

»Das Forum Heersum wischt den Gegensatz zwischen dörflichem Alltag und professioneller Kunst nicht vom Tisch, sondern lässt das eine durch das andere wachsen. Die künstlerischen Laien sind die Experten des Landlebens. Und umgekehrt. [...] Obwohl es sich um ein soziokulturelles Projekt mit Laien handelt, ist es uns wichtig, herauszustellen, dass es sich dabei keineswegs um Kunst zweiter Klasse handelt. Wir leisten hochwertige künstlerische Arbeit und zeigen, dass dies auch mit Laien möglich ist.« (Vgl. Imagebroschüre)

Voraussetzung für das hohe künstlerische Niveau der Großprojekte ist eine professionelle künstlerische Leitung. Der künstlerische Projektleiter Uli Jaeckle wird unterstützt von durchschnittlich fünf professionellen Schauspielern, einem Musiker, einer Bühnen- und einer Kostümbildnerin. Die Story wird vorab in groben Zügen festgelegt und in der gemeinsamen Projektarbeit mit allen Beteiligten durch Improvisationsarbeit im Detail weiterentwickelt. Die Probenarbeit geht von April bis Ende Juni, Aufführungen sind von Juli bis September.

Die PR gehört ganzjährig zum Aufgabenfeld des Geschäftsführers, der als einziger durch eine Förderstelle des Landes Niedersachsen fest angestellt ist. Die anderen Mitglieder des Projektteams arbeiten auf Honorarbasis. Für die PR gibt es keinen eigenen Etat.

Konzentration auf eine große Inszenierung pro Jahr

Während in den Anfangsjahren unterschiedliche Projekte, Veranstaltungen und Workshops ganzjährig vom Verein im Dorf veranstaltet wurden, fasste man vor einigen Jahren den Entschluss, sich klar auf das zu konzentrieren, was das Besondere des eigenen soziokulturellen Ansatzes ausmacht: Einmal im Jahr gibt es eine große Theaterinszenierung, in die die unterschiedlichsten Kulturformen eingehen und im Prinzip die gesamte Dorfbevölkerung auf irgendeine Weise, sei es nun als Spieler oder als Unterstützung beim Kulissenbauen, als Küchenfee oder als Fahrer einbezogen ist. Dadurch gelang es dem Verein, nach innen und außen ein klares Profil zu entwickeln. Die Heersumer Sommerfestspiele sind inzwischen ein weit über die Region hinaus bekanntes Markenzeichen für innovative Soziokulturarbeit.

Um über die Großinszenierung hinaus einen öffentlich zugänglichen Fokus zu haben, wurde im Vereinshaus ein Heimatmuseum eingerichtet, das neben sehr alten Fundstücken aus der Geschichte des Dorfes Heersum, auch neuere Objekte und Requisiten aus 20 Jahren Sommerspektakel ausstellt.

Zwischen den großen Inszenierungen gibt es gelegentliche »Außenauftritte« auf Festen, Märkten und Kulturveranstaltungen mit kleineren Ausschnitten aus einer Inszenierung. Diese Auftritte haben eine wichtige PR-Funktion für das Projekt.

Die Vereinsmitglieder als dauerhafte Multiplikatoren

Der Verein hat inzwischen 70 Mitglieder, die aus den unterschiedlichsten Bevölkerungsgruppen des Dorfes oder der Region stammen, von den Landwirten bis zu neu zugezogenen jungen Familien.

Die Vereinsmitglieder engagieren sich ehrenamtlich bei der Organisation des alljährlichen Theaterspektakels, sie ermöglichen einen ganzjährigen Informationsfluss in die Bevölkerung hinein, und sie werben neue Teilnehmer und Vereinsmitglieder.

Es gibt einmal monatlich eine Sitzung, in der über die Jahresplanung, über neue Projektideen und deren organisatorische Umsetzungen beraten wird. Zu jeder Sitzung gibt es ein Protokoll, das an alle Mitglieder versandt wird. Darüber hinaus ist auch die »Freundschaftspflege« ein wichtiger Teil der internen Vereins-PR, so dass gesellige Aktivitäten bewusst eingeplant werden, um den Verein für möglichst viele Dörfler attraktiv zu machen.

Werbung von Teilnehmern durch direkte Ansprache über dörfliche Vereine und Mundpropaganda

»Wir sind offen für alle. Jeder kann bei uns mitmachen. Es gibt keine Teilnehmergebühren, es gibt kein Casting.« In der Anfangsphase gelang der Kontakt mit der Dorfbevölkerung in erster Linie dadurch, dass einer der Initiatoren des Projekts zugleich Leiter des heimischen Chores sowie Musikschullehrer am Ort war und dadurch bereits das Vertrauen einer wichtigen Gruppe von Musikinteressierten im Dorf hatte, die er persönlich zum Mitmachen motivieren konnte. Im Schneeballprinzip weitete sich die Zahl derjenigen aus, die Lust zum Mitspielen hatten. Auch heute noch werden immer wieder gezielt bestimmte Laiengruppen, wie etwa eine Square-Dance-Gruppe aus der Region für das Wildwest-Projekt »Bördiana Jones« angesprochen. Der PR-Zuständige sowie der künstlerische Leiter gehen in die Vereine, um für ein neues Projekt zu werben. Wichtige Voraussetzung für den Erfolg ist die Fähigkeit, »bodenständig und klar über künstlerische Ideen reden zu können und ohne Arroganz das Laienschaffen der Vereine anzuerkennen und wertzuschätzen«.

Auch diejenigen im Dorf, die nicht direkt mitwirken, müssen eingebunden werden, denn ein Spektakel von diesem Ausmaß geht an niemandem vorbei.

Die Gestaltung einer guten internen Atmosphäre zwischen allen Beteiligten als wichtigste PR-Aufgabe

Bei einem Kulturprojekt mit dem Ziel, Menschen generationsübergreifend zur gemeinsamen, kulturell gestaltenden Arbeit zu bewegen, zählt nicht nur das künstlerische Produkt, sondern der gesamte Prozess von der Ideenfindung über die Organisation der Infrastruktur bis zum »geselligen Beisammensein« nach den Proben. Das Projekt ist dann erfolgreich, wenn nicht nur Publikum und Kulturberichterstatter begeistert sind, sondern sich auch alle Mitwirkenden mit ihren Ideen ernst genommen fühlen, stolz sind auf ihre Leistungen, sich untereinander gut verstehen und Spaß haben. »Das zentrale Ziel der Heersumer Sommerfestspiele ist es, über Kulturarbeit Gemeinschaft zu stiften.« Insofern ist die Gestaltung des guten internen Klimas für das Gelingen entscheidend. »Schwerpunkt der PR, sowohl was den zeitlichen als auch was den finanziellen Aufwand betrifft, ist die persönliche Ansprache und Umsorgung der Mitwirkenden. Das Catering für die Teilnehmer ist der größte PR-Posten.« Eine Aufgabe besteht in der ständigen Information aller Beteiligten über den jeweils aktuellen Stand des Projekts. Neben täglichen Gesprächen mit allen Probengruppen gibt es regelmäßige Rundbriefe und Rundmails.

Einbezug des Publikums als Teilnehmer der Theaterinszenierung
Auch die Zuschauer werden beim Heersumer Sommerspektakel gezielt aus einer eher passiven Zuschauerrolle herausgeholt. Das beginnt damit, dass bereits in den Ankündigungen und auf den Eintrittskarten festes Schuhwerk und regendichte Kleidung empfohlen werden. Der Zuschauer wird gut drei Stunden an die unterschiedlichen Schauplätze des Geschehens geführt, und oftmals ist er nicht nur Beobachter am Rande der temporären Bühnen, sondern wird inmitten des Geschehens plötzlich selbst zum Mitspieler. Am Schluss jeder Aufführung feiern Zuschauer und Darsteller gemeinsam bei Essen und Trinken. Dadurch erhält der Besuch der Heersumer Festspiele im besten Sinne Event-Charakter.

Verzicht auf sämtliche klassischen Werbemittel
Wie eine Publikumsbefragung vor einigen Jahren ergab, erfuhren nur ein Prozent der Zuschauer von dem Projekt über Werbemittel wie Flyer, Plakate und Postkarten. Alle anderen hatten von Freunden und Bekannten oder aus der Zeitung davon gehört. Der Verein zog aus diesem Ergebnis die Konsequenz und verzichtet seitdem auf sämtliche Werbemittel. Allein die hohe Anzahl der Beteiligten sorgt für eine hoch effektive Mundpropaganda und garantiert den Ausverkauf sämtlicher Veranstaltungen. Einziges Printmittel ist ein aufwändig gestaltetes Programmheft, das an alle Besucher als Souvenir verschenkt wird und damit zugleich die Mundpropaganda unterstützt, indem es aufbewahrt und Freunden gezeigt wird. Die Veranstalter haben in der Vergangenheit die Erfahrung gemacht, dass Programmhefte, die zum Verkauf angeboten werden, in der Regel nur sehr geringen Absatz finden. Gleichzeitig ist ein Programmheft aus ihrer Sicht unverzichtbar, um die Namen aller Mitwirkenden und Beteiligten zu nennen sowie das Engagement von Förderern und Sponsoren zu veröffentlichen und um Hintergründe zum Thema der Inszenierung ebenso wie der Vereinsarbeit vermitteln zu können. Zudem hat der Verein eine attraktive Imagebroschüre mit humorvollen Texten und aussagekräftigen Fotos über seine Arbeit erstellt, die so formuliert ist, dass sie unterschiedliche Zielgruppen gleichzeitig ansprechen kann, von Förderern über die Medien bis zu den Heersumer Bürgern.

Die Website des Vereins (www.forumheersum.de) hat neben der wichtigen Funktion des Kartenvorverkaufs ebenfalls zunehmende Bedeutung für die interne Kommunikation. Dort finden sich neben aktuellen Terminen auch ein großes Album mit Fotos von Proben und Aufführungen, das die Beteiligten ebenso wie die Besucher nach der Vorstellung intensiv nutzen.

Lokale Sponsoren werden in das Projekt einbezogen

Auf Grund des guten Rufs, den sich das Projekt inzwischen erworben hat, ist es relativ einfach, in der Region ansässige Unternehmen als Sponsoren zu gewinnen. »Mit unserer Mischung aus Volkskultur und Popkultur bieten wir solchen Unternehmen, die sich als offen, jung und zugleich bürgernah zeigen wollen, einen guten Imagerahmen.« Neben Dauersponsoren wie der Kreissparkasse werden jeweils passend zum Thema Unternehmen gezielt angesprochen. So förderte etwa ein großer Zuckerfabrikant aus der Region die Produktion »Rübe Null«, in der es unter anderem um die Zuckerrübe ging.

»Um Sponsoren zu überzeugen, muss man ihnen etwas anderes anbieten als den Logoabdruck im Programmheft. Wir versuchen sie auf humorvolle Weise in die Inszenierung einzubinden.« So gab es etwa in dem Ganovenstück »Bördiana Jones« einen Banküberfall auf den Geldtransporter der Kreissparkasse, eine humorvolle kurze Werbeeinlage, an der sowohl Sponsor wie Zuschauer ihren Spaß hatten.

Enge Zusammenarbeit mit der regionalen Tageszeitung

Anders als in großen Städten gibt es in ländlichen Regionen nur eine Tageszeitung, die fast von der gesamten erwachsenen Bevölkerung gelesen wird. Das erleichtert die Medienarbeit auf der einen Seite, weil es nur einen, persönlich bekannten Ansprechpartner gibt, führt jedoch auch zu hoher Abhängigkeit von diesem Medienpartner. Dem Verein Kunst und Kultur ist es gelungen, sehr gute Beziehungen zur Lokal- wie zur Kulturredaktion dieser einen Zeitung aufzubauen. Den alljährlichen publizistischen Auftakt des Projekts bildet ein inszenierter Redaktionsbesuch. Mit Kostümen und Requisiten, passend zum jeweiligen Thema des Theaterprojekts ausgestattet, stürmt das Leitungsteam die Redaktion der Tageszeitung. Resultat ist in der Regel ein ganzseitiger Artikel mit großem Foto, in dem der Start des Projekts bekannt gegeben und die Bevölkerung zum Mitmachen aufgefordert wird. Ein weiterer Artikel einige Wochen später berichtet über den Stand der Proben und kündigt den Beginn des Kartenvorverkaufs an. Wenige Tage danach sind in der Regel alle zwölf Vorstellungen ausverkauft. Pressekonferenzen veranstaltet der Verein keine, da sich diese bei der geringen Mediendichte nicht lohnen.

Überregionale Medienaufmerksamkeit durch spektakuläre Inszenierungen und originelle Themen, die an populäre Motive anknüpfen

»Überregionale Aufmerksamkeit erreicht man durch spektakuläre Projekte, originelle Themen und gute Bilder.« Themen wie »Ufos über der Börde«, »Bördiana Jones«, »Aste Rix in Astenbeck. Ein comiceskes Theaterspektakel auf dem Brennereigut zu Astenbeck« oder »Hakelmann – eine gefährliche Flussfahrt mit 007« knüpfen an sehr bekannte und populäre Figuren an und verbinden sie mit regionalen Ereignissen. So sind bereits die Titel gute Zugpferde.

»Wir verknüpfen regionale Themen und Orte mit Themen aus der Weltgeschichte und globalen Popkulturthemen zu einer Art trashigem Lokalpatriotismus. Wir versuchen, in unserer überregionalen Ansprache das Einzigartige unseres Projekts deutlich zu machen und dabei auch mal humorvoll mit Superlativen zu protzen, mit ungeheuerlichen Behauptungen eines ›Hinz-und-Kunz-Dorfes‹, das für einige Wochen im Jahr zum ›Hinz-und-Kunst-Dorf‹ wird. Dabei betonen wir den Modellcharakter. Wir zeigen exemplarisch, was eigentlich überall möglich wäre, würde man es anstiften. In der Soziokultur-PR muss man die regionalen Eigenarten und Begebenheiten ebenso interessant gestalten und aufbereiten, als ginge es um überregional bekannte Größen und Stars.«

»Wir haben die Erfahrung gemacht, dass ein Bericht in einem überregionalen Medium eine ganze Reihe von Berichten in anderen Medien nachzieht.« Dem Verein gelang es über einen persönlichen Kontakt, den NDR zu einem Bericht von einer Dreiviertelstunde zu überzeugen, was für den Durchbruch in der überregionalen Medienlandschaft und hohe Bekanntheit sorgte.

»Problematisch ist nur, den vielen Anrufern aus ganz Deutschland, die sich nach einem solchen Fernsehbericht melden, um Karten zu erstehen, Absagen erteilen zu müssen.« Die Aufnahmekapazität ist mit 500 Zuschauern pro Vorstellung nicht mehr zu steigern, ebenso wenig wie die Anzahl von zwölf Vorstellungen nicht ausgeweitet werden kann, da es sich vorwiegend um Laienbeteiligte handelt, die nicht unbegrenzt in ihrer Freizeit zur Verfügung stehen können. Die Medienberichterstattung ist für den Kartenabsatz kaum notwendig, aber wichtig für die Anerkennung in Fachkreisen wie vor allem für den Stolz der Teilnehmer auf den »Ruhm« ihres Projekts.

»Wichtig in der Medienarbeit sind Hartnäckigkeit und Kontinuität sowohl in den Programmen wie bei den zuständigen Personen. Wir bieten über viele Jahre die gleichen Ansprechpartner; das ist gerade in der soziokulturellen Arbeit selten.« Für die überregionale Medienarbeit wird in den Hochzeiten des Projekts ein freier Journalist auf Honorarbasis eingestellt, der die Kontakte professionell anbahnt und organisiert.

Vernetzung und PR in die soziokulturelle Fachöffentlichkeit

Da ein Beirat der Landesarbeitsgemeinschaft Soziokultur Niedersachsen über die Vergabe der Landesfördermittel in diesem Bereich entscheidet, sind enge Kontakte für den Verein überlebensnotwendig. Diese werden zusätzlich gestützt durch die ehrenamtliche Mitarbeit der Vereinsvorsitzenden in der Landesarbeitsgemeinschaft. Einen wesentlichen Teil der PR-Arbeit nimmt die Formulierung von Förderanträgen ein. Dabei ist es wichtig, die Kriterien des Beirates zu kennen und zudem nicht nur die üblichen Formulierungen zu verwenden, sondern »witzig und sinnlich zu beschreiben, was das Besondere des eigenen Projekts ausmacht«.

Neben der erfolgreichen Akquise von Projektfördergeldern gelingt es dem Verein, in den Fachzeitschriften der Soziokultur Artikel über sich zu platzieren.

»Unser Projekt hat in der Fachszene durchaus Modellcharakter und gilt als Vorzeigeobjekt. Wir wünschen uns jedoch darüber hinaus die Anerkennung in der künstlerischen Fachöffentlichkeit und versuchen darum verstärkt, auch die Theaterfachpresse zu erreichen.« Eine solche Anerkennung in der Fachöffentlichkeit ist auch in finanzieller Hinsicht wichtig, da das Projekt mit professionellen Künstlern arbeitet, die mit knappen Soziokultur-Gagen auf Dauer nicht zu binden sind.

Fazit

Dem Verein Kunst und Kultur in Heersum ist es gelungen, generations- und milieuübergreifend große Teile der Bevölkerung eines Dorfes und der näheren Region zur gemeinsamen kulturellen Arbeit zu motivieren. Die Konzentration auf eine große Inszenierung pro Jahr, die die unterschiedlichsten Akteure und Kulturformen einbindet, bietet einen Ausweg aus dem Dilemma vieler soziokultureller Einrichtungen, die sich in der Vielfalt ihrer Angebote verzetteln und nach außen gesichtslos werden.

Die zentrale Aufgabe der PR besteht in der Gestaltung einer guten internen Atmosphäre unter allen Beteiligten. Der Erfolg der PR-Arbeit bemisst sich nicht nur an den immer ausverkauften Vorstellungen und einer umfangreichen Medienberichterstattung, sondern vor allem am »Stimmungsbarometer« der Mitwirkenden.

PR ist hier eine Aufgabe, die ein Höchstmaß an kommunikativer Kompetenz erfordert, um mit den unterschiedlichsten Menschen und Gruppen ins Gespräch zu kommen und sie zu überzeugen. Die kontinuierliche Kommunikation in die Bevölkerung hinein wird zusätzlich durch die Vereinsmitglieder gesichert. Auf Grund der hohen Anzahl an Beteiligten und der intensiven persönlichen Kontaktpflege kann die PR komplett auf klassische Werbemittel verzichten und setzt vorwiegend auf Mundpropaganda.

Eine enge Zusammenarbeit mit der für die Region zuständigen Tageszeitung garantiert maximale Publizität in der Region. Spektakuläre Inszenierungen, originelle Themen, die an bekannte und populäre Motive anknüpfen, und eine Medienarbeit, die dies offensiv verkauft, schaffen Aufmerksamkeit auch bei überregionalen Medien.

Die Vernetzung mit der soziokulturellen Fachöffentlichkeit sorgt für deutschlandweite Aufmerksamkeit und Anerkennung der Vereinsarbeit in der Soziokultur und kulturellen Bildung.

PR für Kinderkultur

Ein Recht von Kindern auf Kultur wurde in den vergangenen 20 Jahren zunehmend anerkannt, was nicht zuletzt in der Etablierung vielfältiger Kinderkulturprojekte in Deutschland und in der Entstehung von landes- und bundesweiten Interessenverbänden für die Kinderkulturarbeit deutlich wird. Kinderkultureinrichtungen sind fast immer auf öffentliche Förderung angewiesen, und so ist die Lobbyarbeit bei Politikern und Förderern eine der zentralen Aufgaben der PR.

Multiplikatoren wie Lehrer und Eltern sind eine zweite große Zielgruppe der PR-Arbeit. Kinderkultur wird vor allem über große Gruppen, zumeist über Kindergärten und Schulen, abgesetzt. PR-Mittel entsprechen darum in der Regel eher dem Geschmack der Erzieher als dem der Kinder.

Kinder selbst anzusprechen, stellt besondere Herausforderungen an die PR, denn Kinder lassen sich nicht mit den gleichen Formen von PR und Werbung erreichen wie Erwachsene. Kinder haben ein anderes Informations- und Rezeptionsverhalten. Nachfolgend soll darauf ausführlicher eingegangen werden, weil sich die Methoden der PR-Arbeit in diesem Bereich deutlich von denen für die erwachsenen Zielgruppen unterscheiden. Um kindgerechte PR-Formen zu entwickeln, muss zuerst die Zielgruppe genau beobachtet werden, denn als Erwachsener kann man keinesfalls von seinen eigenen Bedürfnissen auf Kinderbedürfnisse und Wahrnehmungsweisen schließen:

»Schauen Sie sich die jungen Zielgruppen an: wie sie sich kleiden, wie sie reden, wie sie sich zum Beispiel in der U-Bahn verhalten oder vor der Schule. Sehen Sie die Sendungen an, die Kids lieben, wie ›Gute Zeiten, schlechte Zeiten‹ oder Tigerentenclub. Und lesen Sie zumindest manchmal die relevanten Jugendzeitschriften wie Bravo oder Popcorn«, so rät das erste deutschsprachige Handbuch zum Thema »Marketing für Kids und Teens« (Dammler/Balovic 2000: 23).

Selbstverständlich gilt es, das Alter zu berücksichtigen. Im Allgemeinen zählt das Kindesalter bis ca. zehn Jahre, danach spricht man bereits von Jugendlichen. Während sich Kinder noch sehr stark mit ihren Eltern identifizieren, erreicht man Jugendliche viel mehr über die Szenen, denen sie sich zugehörig fühlen. Szenen sind vor allem dadurch charakterisiert »welche Musik gehört wird, welche Mode getragen wird, welcher Sport ausgeübt wird« (Dammler/Balovic 2000: 42).

Grafische Werbemittel müssen farbenfroher und detailreicher sein als für Erwachsene, sie müssen ein »In-Thema« aufgreifen, genau auf das Alter der jeweiligen Zielgruppe abgestimmt sein, und sie sollten möglichst einen Zusatzwert haben wie einen Aufkleber oder ein Spiel, das sich evtl. auch zum Tauschen und Sammeln eignet. »Variationsarme Werbung langweilt in allen

Altersgruppen. Bei Kindern und Jugendlichen fällt dies jedoch umso stärker auf, weil diese Zielgruppe so interessiert ist an Neuem und zudem die von ihnen genutzten Medien oft sehr reizstark und temporeich sind.« (Dammler/Balovic 2000: 188)

Massenmedien sind ein zentraler Träger, um Kinder und Jugendliche zu erreichen, denn diese verbringen einen Großteil ihrer Freizeit mit Massenmedien.

Von Kindern und Jugendlichen wird bevorzugt das Medium Fernsehen wahrgenommen. Fernsehen ist nicht nur ein äußerst reizstarkes Medium, sondern auch eines mit einer sehr großen Reichweite. Fernsehen schaut fast jedes Kind jeden Tag. Gelingt es, in einer von Kindern bevorzugten Sendung seine Botschaft zu platzieren, so besteht die Chance, von einem Großteil der Zielgruppe Kinder wahrgenommen zu werden. Für Jugendlich ab ca. 12 Jahren ist zudem das Radio ein wirksames Medium, wenn man seine Botschaften in einem der populären Popmusiksender platziert.

Aber auch über Werbung in Kinder- und Jugendzeitschriften wie »Bibi Blocksberg«, »Die Maus«, »Bravo« oder »Popcorn« erreicht man Kinder und Jugendliche sehr gut. Anders als Erwachsene fühlen sich Kinder nicht von Werbung gestört, sondern finden sie im Gegenteil sehr attraktiv und nehmen sie aufmerksam wahr.

Für Kinder ab 10 Jahren und für Jugendliche ist das Internet ein wesentlichen Medium, das nicht nur der Information, sondern auch der Unterhaltung und dem Austausch mit anderen dient. Kinder nutzen das Netz vorwiegend als Spiel- und Aktionsplattform, für Jugendliche ist es Trend-Informationsbörse und wesentliche Kontaktplattform.

Vielleicht noch wichtiger als in der PR für Erwachsene ist der direkte Kontakt zu den jungen Zielgruppen, die am wirksamsten persönlich angesprochen werden und sich durch Aktionen, die ihnen Spaß machen, überzeugen lassen. So sind Spiel- und Kunstaktionen zum Beispiel auf öffentlichen Festen ein wirkungsvolles PR-Mittel.

Kindheitserlebnisse prägen in hohem Maße das Erwachsenenverhalten. Erleben Kinder Kunst und Kultur als bereichernd, werden sie sich auch als Erwachsene für Kunst und Kultur interessieren. Je früher Kinder an Kunst und Kunstrezeption herangeführt werden, desto positiver ist ihr späteres Verhältnis dazu. Jugendliche gewinnt man als neue Interessenten für kulturelle Angebote fast nur noch, indem man sie zunächst zur eigenen künstlerischen Betätigung motiviert, so zeigen die Befragungen im Rahmen des ersten Jugendkulturbarometers (vgl. Keuchel/Wiesand 2007: 90).

AKKI e.V. – Aktion und Kultur mit Kindern, Düsseldorf

Eine Analyse auf Grundlage eines Gesprächs mit Christoph Honig, Gründer, Projektleiter und Öffentlichkeitsarbeiter bei AKKI

AKKI gehört zu den erfolgreichsten und innovativsten Veranstaltern von Kinderkultur in Deutschland. AKKI gründete sich bereits 1982 als ein gemeinnütziger Zusammenschluss junger Kunsterzieher, die in anderer Weise mit Kindern Kunst machen wollten, als dies unter den restriktiven schulischen Bedingungen möglicht ist. AKKI verfügt inzwischen über ein eigenes Gelände inmitten des Düsseldorfer Volksparks mit künstlerischen Werkstätten, einem professionellen Videostudio, einer flexiblen Veranstaltungshalle für Mitmachausstellungen, Theater und Showprogramme, einem Kinder-Skulpturengarten, einem Kostümfundus und sogar einem eigenen Biergarten mit Open-Air-Kino für erholungsbedürftige Eltern.

Bekannt wurde AKKI vor allem durch seine Ferienaktionen unter dem Titel »Düsseldörfchen«, bei denen bis zu 300 Kinder eine Woche lang ihre eigene Stadt schaffen und bespielen. Weitere spektakuläre Aktionen sind die »Bilder am Himmel«, bei denen Hunderte von Kindern alljährlich Winddrachen künstlerisch gestalten und gemeinsam auf den Rheinwiesen fliegen lassen. Darüber hinaus macht AKKI überregional auf sich aufmerksam mit interaktiven Mitmachausstellungen zu verschiedensten Themen, die zunächst von und für AKKI Düsseldorf gemacht werden und danach deutschlandweit auf Tournee gehen. AKKI arbeitet mit einem kleinen Team von sechs festen Mitarbeitern und einem Stamm von ca. 300 Betreuern und 150 Künstlern, die für einzelne Aktionen auf Honorarbasis arbeiten.

Diversifizierung des Angebots als zusätzliche Einnahmequelle und zusätzliche Kommunikationsplattform

AKKI glückt das Kunststück, als Kinderkulturveranstalter große Teile seines Budgets selbst zu erwirtschaften. Mit dem Kerngeschäft, den Angeboten für Kinder in Düsseldorf, ist das allerdings nicht möglich, denn diese sind weitgehend kostenlos, um allen Kindern die Teilnahme zu ermöglichen. Einnahmequellen sind neben dem Biergarten und dem Verleih von Kostümen aus einem großen Fundus, die Vermietung der Mitmach-Ausstellungen, Weiterbildung, Schulung und Beratungen im Bereich Kinderkultur- und Ausstellungsmanagement und der »Verkauf« von Dienstleistungen für unterschiedliche »Events«, von Kindermitmachaktionen bis zu Seifenkistenrennen bei Firmenfesten für Erwachsene. Zusätzlich gelingt es AKKI, private Firmen als Sponsoren zu gewinnen. So realisierte der Verein gemeinsam mit dem Reiseveranstalter TUI eine große Drachenbastelaktion und gestaltete für Mercedes Benz eine Mitmachausstellung »Auf Achse«, die deutschlandweit auf Tournee ging.

Diese Diversifizierung des Angebots schafft Unabhängigkeit von einzelnen Förderern. AKKI gehörte zu den ersten pädagogischen Einrichtungen, die sich bewusst als Dienstleister definieren und nicht als Bittsteller auftreten, sondern ein konkretes Angebot an überprüfbaren Leistungen zu einem konkreten Preis anzubieten haben. Trotz Finanzkrise der öffentlichen Hand gelang es AKKI auch, zunehmend mehr kommunale Fördergelder für seine Arbeit einzuwerben. Dies alles kann nur auf der Basis eines guten und vertrauenswürdigen Images gelingen.

»Kultur im Spiel« – das besondere Profil von AKKI

»AKKI steht für eine spielerische und ästhetische Arbeit mit Kindern und Jugendlichen, die diesen viel Raum für Selbstbestimmung, für die Entwicklung eigener Kreativität einräumt mit dem Ziel der Entdeckung ihrer eigenen Kompetenzen und der Stärkung ihres Selbstvertrauens«, so benennt Christopf Honig, Gründer, Projektleiter und PR-Zuständiger bei AKKI das besondere Profil. »Wir machen die Kinder kompetent – nicht im Sinne schulischer Leistung, sondern im Sinne von neuen Erfahrungen und gestärktem Selbstvertrauen.« Bewusst wird dieser Anspruch jedoch nicht als »Statement« formuliert, weil man »viel zu viel in die Arbeit hineinlegen, sie mit Ansprüchen überformen würde«. Darum beschränkt sich AKKI in seiner Selbstdarstellung auf den Slogan »Kultur im Spiel« und lässt lieber konkrete Aktionen und Projekte für sich sprechen.

Das Erfolgsgeheimnis der Kommunikationsarbeit: begeisternde Projekte im öffentlichen Raum, hohe Serviceorientierung, personelle Kontinuität und Teamarbeit statt Hierarchien

»Die beste Öffentlichkeitsarbeit sind unsere Projekte, die bei den Kindern sehr gut ankommen. Ihre Begeisterung spricht sich herum und kommt dann auch bei Eltern, Multiplikatoren und in der Fachszene an, wo positiv über uns gesprochen wird.« Und so nahm AKKI gerade in den Anfangsjahren manchen schlecht bezahlten Auftrag an – etwa die Organisation eines kleinen Kinderprogramms für ein Stadtteilfest –, um über einen Ausschnitt ihrer Arbeit für sich zu werben.

Ungewöhnlich für einen kulturpädagogischen Träger ist die hohe Serviceorientierung von AKKI, die auch ein wichtiger PR-Faktor ist. Sowohl im Umgang mit öffentlichen Geldgebern wie Sponsoren, mit Multiplikatoren, mit Eltern und nicht zuletzt mit den Kindern wird für Gastfreundlichkeit, hohe Zugänglichkeit, Erreichbarkeit und Zuverlässigkeit gesorgt. »Wichtig für unsere Arbeit ist die große personelle Kontinuität, die für freie Träger eher ungewöhnlich ist. Wir arbeiten seit 18 Jahren im gleichen Gründungskernteam zusammen. Das spricht für das sehr gute Klima bei AKKI, das die zentrale Basis für erfolgreiche Arbeit ist.«

Verantwortlich für die Gesamt-PR von AKKI ist Christoph Honig. In den einzelnen Projektbereichen fühlt sich jedoch der jeweilige Projektleiter für die PR zuständig. »Obwohl wir natürlich alles besprechen, macht nicht einer in der PR alles zentral. Das ist insofern sinnvoll, weil jeder selbst am auskunftsstärksten zu seinem Projekt ist. AKKI hat kein bewusst gestaltetes Image, sondern ist als Collage gewachsen. AKKI ist nicht glatt, sondern hat eine raue Oberfläche mit vielen Sprüngen, aber AKKI funktioniert und ist sehr lebendig. Viele Leute, nicht nur das Kernteam, sondern zum Beispiel auch die Betreuer, sind am Bild von AKKI beteiligt. Würde einer alles zentral designen, entstünde ein Bild, in dem sich die anderen nicht mehr so abgebildet fühlen würden. Insofern hat jeder Gestaltungsmöglichkeiten auch in der PR.«

»Direktmarketing« für Kinder

AKKI verfügt über einen Verteiler von gut 3000 Adressen von Kindern zwischen sechs und 16 Jahren aus früheren Projekten. »Wir nehmen die Adresse jedes neuen Kindes sofort in unsere Datei auf, damit es immer neue Ansprechpartner gibt, wenn andere Kinder aus dem AKKI-Alter herauswachsen. Sämtliche Kinder werden im Sinne des Direktmarketings für die großen Projekte angeschrieben und persönlich eingeladen. Da es für Kinder aufregend ist, Post zu bekommen, werden diese Briefe auf jeden Fall wahrgenommen und führen zu vielen Anmeldungen. Für kleinere Projekte werden aus dem Gesamtverteiler gezielt Kinder ausgewählt, die sich dafür interessieren könnten und persönlich angerufen.«

»Bei Kindern ist aber die Mundpropaganda das Wichtigste. Oftmals werden Kinder von Freunden, die schon mal bei AKKI waren, mitgebracht. Das Kindernetzwerk wächst in der Regel sehr schnell.« »Wenn wir die Kinder befragen, wie sie von AKKI gehört haben, können sie das meistens gar nicht beantworten. Es ist ihnen nicht bewusst. Kinder informieren sich nicht gezielt, sondern entscheiden eher spontan und machen ihre Entscheidungen oftmals von Freunden abhängig.«

Vielfalt und Abwechslung statt Corporate Design – Werbung für Kinder

»Werbung für Kinder muss anders aussehen. Wir versuchen, möglichst abwechslungsreiche Werbemittel mit hohem Aufforderungscharakter zu erstellen.« Die Printmaterialien werden je nach Thema neu gestaltet, meistens auf der Grundlage origineller Fotos aus vorangegangenen AKKI-Aktionen. Mit Ausnahme des prägnanten AKKI-Wort-Bild-Logos gibt es kein festes Corporate Design, sondern es wird mit vielfältigen Entwürfen gearbeitet. »Für Kinder ist Abwechslung wichtiger als Wiedererkennbarkeit. Die Gestaltung soll den Kindern und auch uns Spaß machen. Unsere Werbung funktioniert über konkrete Bilder, die Phantasien auslösen, und über sehr konkrete Texte, die Kinder direkt ansprechen in der Art: ›Wenn Ihr kommt, könnt Ihr das und das ausprobieren‹, außerdem über möglichst lebendige Beschreibungen dessen, was konkret passiert, so als wäre man bereits mitten im Geschehen.«

Eine Website für Multiplikatoren

Obwohl das Medium Internet für Kinder und Jugendliche sehr attraktiv ist, richtet sich die Website bewusst nicht an Kinder, sondern an erwachsene Multiplikatoren, die sich dort über aktuelle Termine und Aktionen informieren können. »Wir haben die Erfahrung gemacht, dass Kinder das Netz nicht wie Erwachsene als schnelles Informationsmedium nutzen, sondern viel mehr darin spielen und etwas erleben wollen. Hauptsache, da bewegt sich was! Die spezifischen Inhalte sind ihnen dabei nicht so wichtig. Wir müssten also unsere Website mit diversen Spiel- und Chat-Aktionen ausstatten, um sie für Kinder attraktiv zu machen. Das können und wollen wir nicht leisten.«

Die Website ist darüber hinaus ein wichtiges Medium zur Ansprache von Fachöffentlichkeit, die sich im weitesten Sinne für Anbieter von Kommunikation mit kulturellen Mitteln interessiert. »Ob man Suchbegriffe wie Ausstellungsgestaltung, Projektmanagement, Event-Management eingibt, immer stößt man auch auf AKKI.«

Indirekte Ansprache von Kindern über Multiplikatoren

»AKKI möchte grundsätzlich die Kinder selbst erreichen, weil AKKI-Projekte von der aktiven Teilnahme der Kinder leben. Manchmal aber sind dafür Umwege über Multiplikatoren sinnvoll.« Um Kinder etwa für die Mitmachausstellungen zu gewinnen, wendet sich AKKI vor allem an Kindergärten und Schulen. Diese werden über einen Verteiler von 10.000 Adressen angeschrieben – mit durchschlagendem Erfolg. Wenige Tage später sind in der Regel gut 9000 Kinder angemeldet und sämtliche Ausstellungstermine für einen Zeitraum von vier Monaten ausgebucht. Im Verhältnis zu den vielen Gruppen spielen Individualbesucher bei Kinderkulturangeboten wie Ausstellungen oder Aufführungen eine sehr untergeordnete Rolle. Individualbesuche von Kindern erreicht man am ehesten über die Eltern, die vor allem aus der Presse von den Ausstellungsangeboten erfahren.

»Um die Zielgruppe Eltern kümmern wir uns ansonsten im Vorfeld nicht gesondert. Die Eltern erreichen und überzeugen wir am meisten durch ihre begeisterten Kinder während und nach den Aktionen.« Am Ende eines jeden Projekts gibt es Präsentationen dessen, was die Kinder erarbeitet haben, zu denen die Eltern eingeladen werden.

Pressearbeit für Kinderkultur findet im Lokalteil statt

Die Pressearbeit beschränkt sich auf die drei Düsseldorfer Tageszeitungen und gelegentlich den WDR, zu denen es gute, langjährige Kontakte gibt. Die Medien werden zu allen Präsentationen und Festen eingeladen, werden regelmäßig schriftlich informiert und darüber hinaus bei den großen Projekten zu eigenen Presseterminen geladen. Neben der Vor- und Nachberichterstattung unterstützen sie den Verein auch immer wieder durch jugendpolitisch orientierte Berichte, die von AKKI in persönlichen Gesprächen mit den zuständigen Redakteuren vorbereitet werden.

Kinderkulturarbeit findet nur in den Lokalteil Einlass und nicht in das Feuilleton, und so gibt es auch keine Medienberichterstattung über Düsseldorf und die angrenzenden Städte hinaus. »Überregionale Bedeutsamkeit für die Medien lässt sich nicht mit lokalen Kinderprojekten erreichen, sondern nur mit großen Ideenkampagnen, wie sie etwa die Bundesvereinigung Kulturelle Jugendbildung als Dachverband für Kinderkultur macht.«

Vertrauensvorschuss bei Förderern und Politikern durch Lobbyarbeit

»Anders als in den 80er und 90er Jahren, wo AKKI in vielfältigsten Diskussionsprozessen zur Anerkennung von Kinderkultur stand, besteht heute auf jugendpolitischer Ebene breiter Konsens über die Notwendigkeit von Kinderkulturarbeit. Auf Grund der angespannten Haushaltslage fehlt den Kommunen jedoch die Gestaltungsmöglichkeit, um diesem Bereich mehr Raum und Gewicht zu geben.« Die Zeiten intensiver Rechtfertigungsprozesse sind also vorbei, und es geht nun vor allem darum, das gute Verhältnis aufrechtzuerhalten und für zukünftige Krisenzeiten zu festigen.

Einmal im Jahr veranstaltet AKKI einen Jahresauftakt-Brunch für alle Freunde, Förderer und Kooperationspartner, auf dem das neue Programm von AKKI vorgestellt wird. Unaufgefordert erstellt und versendet AKKI im Zweijahresrhythmus einen Geschäftsbericht an alle relevanten Fachreferate der Kommunalverwaltung und die Politik. Dieser enthält eine Übersicht der realisierten Projekte, Grafiken und Statistiken zum Einsatz der Mittel und zur Evaluation, wie viele Kinder mit welchen Aktionen erreicht wurden sowie ein Fazit mit gewichtigen Argumenten pro AKKI. Solche Maßnahmen schaffen Vertrauen in die Solidität und Professionalität des Trägers, und so verwundert es nicht, dass AKKI's Förderanträgen parteiunabhängig seit vielen Jahren stattgegeben wird. »Politiker wollen wissen, was sie für ihr Geld kriegen. Wir liefern diese Qualitätskontrolle unserer Arbeit selbst und schaffen damit einen Vertrauensvorschuss.«

Aktive Teilnahme an Fachdiskussionen

Ein weiterer Part der Öffentlichkeitsarbeit ist die Teilnahme an aktuellen jugend- und bildungspolitischen Diskussionen, um sich hier als zukünftiger Kooperationspartner ins Gespräch zu bringen. So ist es AKKI gelungen, in den Diskussionen um die Einrichtung von Ganztagsschulen deutlich zu machen, dass Nachmittagsprogramme über die üblichen, vorwiegend kognitiv orientierten Lernmethoden hinaus kulturelle Bildungsarbeit integrieren sollten. Im Nebeneffekt konnte AKKI sich selbst als gefragter Kooperationspartner im Bereich kultureller Bildung für die Schulen etablieren, so dass viele Projekte für Kinder nun direkt in die Schule integriert sind.

AKKI ist mit vielen anderen Trägern und den zuständigen Fachverbänden vernetzt. »Die internen Diskussionen in Fachkreisen sind sehr wichtig, um mehr Bewusstheit über Themen wie Qualitätssicherung, Mindeststandards oder ähnliches für die eigene Arbeit zu gewinnen. In Form gemeinsamer öffentlicher Tagungen können wir Signale in die Kommunen und Länder hinein setzen.« Über seine Buchpublikationen »Kultur im Spiel« dokumentiert AKKI seine Projekte nicht nur für Förderer, sondern auch für Fachkollegen und bringt sich damit ins Gespräch.

Fazit

AKKI ist es gelungen, sich als unabhängiger, professioneller und kulturpädagogischer Dienstleister im Bereich kulturelle Bildung zu etablieren. Über die eigene Arbeit hinaus konnte AKKI deutlich machen, dass Angebote kultureller Bildung für Kinder eine wertvolle Leistung darstellen, die durch entsprechende Gegenwerte von der Gesellschaft honoriert werden müssen. Der Absatz kulturpädagogischer Angebote spielt im Kinderkulturbereich nur eine nachgeordnete PR-Aufgabe, denn Abnehmer gibt es allein über die Schulen und Kindergärten genug. Das Angebot an Kinderkulturprojekten ist nach wie vor geringer als die Nachfrage. Eine wichtige Aufgabe der Kinderkulturveranstalter besteht deshalb auch darin, Politik und Gesellschaft immer wieder von der Notwendigkeit und dem Bedarf des eigenen Angebots sowie kultureller Jugendbildung allgemein zu überzeugen. Durch die professionelle Dokumentation seiner Arbeit liefert AKKI Politikern und Förderern gute Argumente.

Phantasie und Innovation sind bei AKKI gepaart mit Kontinuität, Zuverlässigkeit und Professionalität. Ein wesentlicher Erfolgsfaktor in der PR-Arbeit besteht darin, dass AKKI seit seiner Gründung feste Ansprechpartner bietet und ein dichtes Netzwerk zu Politikern, Fachöffentlichkeit, Multiplikatoren und Medien aufbauen konnte. Durch die Diversifizierung seiner Angebotspalette erreicht AKKI neue Öffentlichkeiten, die positiv auf das Kerngeschäft zurückwirken.

Und auch bei der wichtigsten Zielgruppe, den Kindern, ist der Name »AKKI«

stadtweit bekannt und bürgt für Spaß und außergewöhnliche Erlebnisse, so dass das wirkungsvollste Mittel der PR-Arbeit, die Mundpropaganda, für ein sich ständig erweiterndes Netz an interessierten Kindern sorgt. AKKI pflegt dieses Netz durch persönliche Ansprache und Einladungen der Kinder mit Werbemitteln, die in ihrer Gestaltung den Wahrnehmungsvorlieben von Kindern entsprechen.

PR im Auftrag

Die Agentur PR-Netzwerk

Ein Gespräch mit Annette Schäfer

Geschäftsführerin und Gründerin von PR-Netzwerk Annette Schäfer war selbst viele Jahre als Journalistin und Kulturredakteurin tätig. Vor der Gründung ihrer eigenen Kultur-PR-Agentur 2000 war sie PR-Verantwortliche u.a. für Radio 100 und SFB Radio Multikulti.

Sie kennt das Geschäft aus den verschiedenen Perspektiven und sie verfügt über ein lange Jahre gewachsenes Kontaktnetz in der Berliner Kulturszene.

PR-Netzwerk übernimmt Aufträge in der PR-Strategieplanung, dem Vermitteln von Kooperationspartnern und vor allem in der Medienarbeit in Presse, Rundfunk, Fernsehen und in Online-Medien. Die Agentur arbeitet mit zwei festen Mitarbeiterinnen und einem Netzwerk von freien Mitarbeitern, die je nach Auftragslage eingesetzt werden.

Stammkunden, die ca. 50 Prozent der Auftraggeber ausmachen, sind z.B. das Medienfestival transmediale Berlin, das Performance Festival Intransit Berlin, das europäische Musikfestival popdeurope und der Wettbewerb creole, das phaeno Science Center Wolfsburg, das Haus der Kulturen der Welt, die Akademie der Künste, die Kulturstiftung des Bundes und die Volks- und Raiffeisenbanken im Kontext ihres Kunstpreises blauorange.

»Wir halten es für einen Vorteil, thematisch etwas breiter aufgestellt zu sein, weil man darüber neue Anregungen erhält und neue Kontakte knüpfen kann.«

Die am stärksten in der Agentur nachgefragten PR-Leistungen bestehen in der Pressearbeit: dem Finden und der Ansprache der adäquaten Medienvertreter für ein Projekt, der Organisation von Pressekonferenzen und Journalistenreisen. Auch die Textarbeit wird von Kunden sehr wertgeschätzt, denen es selbst häufig nicht gelingt, »komplexe Inhalte runterzubrechen, es ganz einfach zu sagen, so dass man es sofort versteht«. Und auch die Anbahnung und Vereinbarung von Medienpartnerschaften gehört zum Geschäft.

Grundsätzlich geht es bei jedem Auftrag auch um Beratung, wie ein Gesamtkonzept von PR aussehen könnte und welche Botschaften an wen vermittelt werden sollten.

Bei den Aufträgen handelt es sich meistens um zeitlich befristete Projekte, für die es in den Institutionen selbst an zeitlichen Ressourcen, inhaltlichem und publizistischem Wissen fehlt. Der Einsatz einer Agentur hat für Auftraggeber den Vorteil, dass jahrelange Erfahrungen, Kontakte und hohes professionelles Know-how zusammenkommen. Die Agentur übernimmt die Verantwortung für den Erfolg der PR.

Einen persönlichen Draht zu den Projekten finden

Wie gelingt es der Agentur, sich mit den Projekten ihrer wechselnden Auftraggeber zu identifizieren?

»Wir nehmen nur solche Projekte an, auf die wir auch Lust haben und die wir selbst attraktiv finden. Zudem versuchen wir immer, einen persönlichen Draht zum jeweiligen Projekt zu finden, etwas was wir besonders spannend finden.«

Abgelehnt werden auch solche Projekte, die zu kurzfristig, unrealistisch oder unseriös erscheinen.

Intensiv wird sich mit Konzepten und Inhalten des jeweiligen Projekts auseinandergesetzt, die Agentur versucht in kurzer Zeit »Spezialist für ein Thema« zu werden, um Fachleuten und Journalisten kompetent Auskunft geben zu können.

Ein wichtiger Anteil der PR und zugleich der wichtigste Anteil der Akquise neuer Aufträge findet »unterwegs« statt. Die Agentinnen besuchen ein breites Spektrum an Kulturveranstaltungen, um informiert zu sein, um Leute zu treffen und unverbindlich mit Journalisten und potenziellen Auftraggebern ins Gespräch zu kommen. »Man kriegt immer dann die meisten Anfragen, wenn man am meisten zu tun hat.«

Zum Beispiel: popdeurope

Das Musikfestival, das jährlich vom privatwirtschaftlichen Kulturunternehmen »Arena« in Berlin veranstaltet wird, zielt darauf ab, neue Bands aus ganz Europa vor einem möglicht großen Publikum zu präsentieren. Neben der PR im Internet besteht hier die wesentliche Aufgabe der Agentur darin, die redaktionelle Vorberichterstattung auf breiter Ebene zu organisieren. Dies gelingt vor allem über persönliche Ansprache von Journalisten und den Versand von Musikbeispielen, ebenso wie das Vermitteln von beteiligten Musikern als Interviewpartner. Dabei geht es darum, Journalisten davon zu überzeugen, dass es sich bei vielen Gruppen um »The next big thing – die spannendsten Künstler von morgen« handelt, die es hier zu entdecken gilt. Aber auch eine Pressekonferenz an einem Ort, der spektakuläre Bilder liefert, kann vor allem für die Fernsehmedien Interesse erhöhen. So fand etwa eine Pressekonferenz an der Spree statt, wo die Musikgruppe »Seeed« visuell einschlägig auf einem Boot angefahren kam. Auch Kurzauftritte der Bands »unplugged« steigern die Attraktivität einer Pressekonferenz. Wichtig ist insbesondere eine gute Zusammenarbeit mit den Labels und Booking-Agenturen der Bands und das Bündeln gemeinsamer Kräfte und Ideen.

Zum Beispiel: PR für das Schnellfilmfestival Bonn

Für das Schnellfilmfestival in Bonn, das im Rahmen des Weltklimagipfels stattfand, sollten innerhalb von drei Wochen Hunderte junger Nachwuchsfilmemacher ausfindig gemacht und dazu bewegt werden, sich für den Wettbewerb zum Thema zu bewerben. Dies gelang der Agentur neben einer Direkt-Marketingaktion über Kunst- und Naturwissenschafts-Lehrer an Gymnasien in Deutschland sowie über Postkarten, die an Unis und in Szenekneipen in deutschen Großstädten verteilt wurden, aber vor allem über das Internet. Hier wurden eigene Blogs und Foren eingerichtet auf »MySpace«, »Facebook« und in »StudiVZ«, und es wurden Infos über das Schnellfilmfestival in bestehende, verwandte Foren eingebracht. Über wechselseitiges »Posten« mit anderen Foren wurde das Angebot weiter verbreitet. So konnte die Agentur mit ihrer Seite für das Projekt auf »MySpace« etwa prominente Freunde gewinnen, zu denen es bereits Kontakte gab über eine frühere Zusammenarbeit. Eine wichtige Rolle spielte die Kommunikation der Website: Hier konnte man sich für den Wettbewerb anmelden. Online-Marketing und Verlinkungen waren deshalb der direkteste und einfachste Weg.

Zum Beispiel: PR für Zipp – deutsch-tschechische Kulturprojekte

Initiiert und finanziert von der Kulturstiftung des Bundes sollen unter dem Projektdach Zipp Kulturkooperationen zwischen Tschechien und Deutschland realisiert werden. Die Agentur hat den Auftrag, die ganz unterschiedlichen Projekte, entstanden im Austausch zwischen Künstlern aller Genres, Kulturvermittlern und Historikern beider Länder, als gemeinsame Initiative zu kommunizieren und positiv in das Bewusstsein einer Fachöffentlichkeit zu bringen.

Ein erster Schritt bestand darin, Zipp daraufhin zu untersuchen, welche Einzelprojekte welches Potenzial für die Medienberichterstattung haben. So wurde etwa entschieden, für die Kafka-Konferenz, die im legendären Schloss Liblice bei Prag stattfand, die wichtigsten Literaturkritiker des deutschen Feuilletons einzuladen, um ihnen vor Ort anhand dieses Beispiels das Gesamtprojekt zu vermitteln.

Aufwendig war in diesem Fall die Kommunikation mit den verschiedenen Projekten, die zum Teil auch eigene Medienarbeit betrieben. Hier galt es, darauf zu achten, dass bestimmte Nennungen beachtet wurden, dass die Kommunikation einheitlich blieb und dass die Dachmarke Zipp immer mit kommunziert wurde.

Gut informiert und mit Begeisterung bei der Sache sein

Mit welchen Strategien gelingt es der Agentur, erfolgreich für ihre Projekte (Medien-)Öffentlichkeit zu schaffen?

→ IV Trends, Erfolgsstrategien und Perspektiven in der Kultur-PR

Die Praxis der Kultur-PR verändert sich beständig, analog zu den rasanten Veränderungen der Kommunikationsformen und -mittel in der Gesellschaft und den Veränderungen des Kulturbetriebs. Insofern kann sich Kultur-PR nie auf Routinemaßnahmen zurückziehen, sondern muss sich im Prinzip immer neu erfinden.

Ein solch komplexes, vielschichtiges »Produkt« wie Kunst und Kultur erfordert komplexe und vielfältige Strategien. Die Beispiele aus der Praxis zeigen deutlich, dass es in der Kultur-PR keineswegs nur um den Absatz von Eintrittskarten geht, sondern um Kulturvermittlung in einem sehr weiten Wortsinne: um das Schaffen eines produktiven Klimas innerhalb der Einrichtungen, um Lobbyarbeit, um Vernetzung, um die aktive Setzung von kulturpolitischen Themen in der Öffentlichkeit, um Hinführung zu Kunst, um die Erhöhung der Zugänglichkeit von Kunst und Kultur, um Übersetzungsleistungen zwischen den verschiedenen Sprachen von Künstlern, Politikern, Sponsoren und Publikum.

In der Praxis lassen sich im einzelnen folgende Tendenzen und (Erfolgs-)Strategien erkennen:

- **Strategisches Vorgehen**
  Um in der Vielfalt der Kommunikationsmöglichkeiten nicht unterzugehen, erweist sich die Reflexion der jeweils zentralen Ziele der PR und die Konzentration darauf in einer klaren Strategie als wesentlich. Wildwüchsiger Aktionismus bindet unnötig Zeit und Geld, strategisches Vorgehen ermöglicht auch bei kleinen Budgets, die gesetzten Ziele zu erreichen.
  Auffällig ist, dass in vielen Kulturinstitutionen PR nicht auf der Basis eines strategischen Konzeptes, sondern eher intuitiv gemacht wird, auf Grund von Erfahrungswerten und auf Grund von Gewohnheiten. Dies gilt selbst für Einrichtungen, deren PR offensichtlich erfolgreich ist. »PR aus dem Bauch« kann so lange glücken, wie es ein kontinuierliches, gutes Team gibt, das auf langjährige Erfahrungen zurückgreifen kann und sich innerhalb einer Institution genügend Autorität, Ansehen und Entscheidungskompetenz erarbeitet hat. Eine zukunftsorientierte PR verlangt jedoch eine strategische Herangehensweise, weil nur sie garantiert, dass langfristige Ziele konsequent umgesetzt werden, unabhängig vom Insiderwissen einzelner Verantwortlicher, und weil nur sie garantiert, dass wirklich alle »an einem Strang ziehen«, das gleiche Leitbild verfolgen und umsetzen.

- **Verankerung der PR-Funktion im Leitungsteam**
  Da es in der PR darum geht, grundlegende Ziele und Leitbilder einer Kulturinstitution zu bestimmen, müssen PR-Verantwortliche in engem und permanentem Kontakt mit denjenigen arbeiten, die die künstlerischen Programme verantworten. Sie müssen künstlerische Entwicklungs- und Entscheidungsprozesse von Anfang an mitverfolgt haben, um sie adäquat nach außen vermitteln zu können. Umgekehrt können PR-Verantwortliche Informationen aus der Öffentlichkeit nur dann rückkoppeln, wenn sie in der künstlerischen Leitung akzeptiert sind und Gehör finden. Gute PR setzt mit Autorität ausgestattete PR-»Arbeiter« voraus, im besten Falle sind sie Teil des Leitungsteams.

- **Interne Kommunikation als Basis und Aufgabe von PR**
  Von zentraler Bedeutung für ein positives Außenimage einer Kulturinstitution erweist sich ein gutes internes Klima. Mitarbeiter auf allen Ebenen sind wichtige Botschafter einer Einrichtung. Demotivierte und schlecht informierte Mitarbeiter sind in einer serviceorientierten Gesellschaft unverzeihbar und in jedem Falle rufschädigend. PR ist eine Aufgabe, für die sich alle Mitarbeiter einer Institution mitverantwortlich fühlen sollten. Doch sie werden nur dann dazu bereit sein, wenn man sie ernst nimmt, sie informiert und motiviert. Nur wenn sich alle mit »ihrer kulturellen Mission« identifizieren, kann eine Institution langfristig nach außen eine positive Ausstrahlung haben. Das heißt für die PR, dass sie die interne Öffentlichkeit als wichtigen Adressaten ihrer Arbeit begreifen muss.

- **Maßgeschneiderte Konzepte unter Einbezug des Kunstpotenzials in die PR**
  Innovative PR basiert häufig auf einer engen Zusammenarbeit mit den Künstlern einer Einrichtung. Um in der PR den Künsten gerecht zu werden, sollte sowohl kunstbezogen wie künstlernah gearbeitet werden. Dies bringt nicht nur kreatives Potenzial und neue Ideen in die Kommunikationsarbeit, sondern trägt auch dazu bei, dass Künstler PR stärker wertschätzen.
  Kultur-PR entwickelt im besten Fall für jede neue Produktion, jedes neue Projekt spezifische Maßnahmen in Auseinandersetzung mit den jeweiligen neuen künstlerischen Inhalten. Der Einsatz neuer Maßnahmen setzt jedoch als Basis eine klare Corporate Identity voraus, die Kontinuität und Wiedererkennbarkeit der PR sichert.

- **Lenkung öffentlicher Aufmerksamkeit durch PR-Dramaturgie und Timing**
  In der PR geht es keineswegs immer um maximale quantitative Aufmerksamkeit, sondern oftmals auch darum, diese gezielt zu lenken. Fast so wichtig wie der Inhalt einer Botschaft ist deren mediale und zeitliche Platzierung. Das Timing umfasst auch die richtige Dramaturgie, die bestimmt, wann in welcher Intensität Informationen vermittelt werden.

- **Event-orientierte Kommunikation**
  Zunehmend werden in der Kultur-PR Feste, Festivals und Events geschaffen, die besondere Erlebnisse im Kontext mit einem Kulturbesuch versprechen. Qualitativ hochwertige Events, die den Inhalten einer Einrichtung oder eines Projekts entsprechen und deren Ziele unterstützen, können breite Aufmerksamkeit schaffen und ein wirkungsvolles Mittel zur Bindung neuer Besucher ebenso wie von Stammpublikum und Multiplikatoren sein.

- **Personalisierung von Inhalten**
  Um die Identität einer Einrichtung greifbar zu machen, wird immer stärker auf Personalisierung gesetzt. Prominente Schirmherren treten für Kultureinrichtungen auf, Intendanten, Ausstellungsmacher oder Dirigenten werden zu Medienstars aufgebaut, Theater betonen in ihrer PR einzelne Schauspielerpersönlichkeiten, Bücher werden nicht nur über ihre Themen, sondern auch über ihre Autoren vermarktet. Wenn es gelingt, über den Weg positiv besetzter Persönlichkeiten positive Aufmerksamkeit für Kunst und Kultur zu schaffen, kann dies, ebenso wie der Einsatz von Events, ein sinnvolles Mittel der PR sein.

- **Persönliche Medienansprache statt Massenaussendungen sowie die Nutzung von Medienpartnerschaften**
  Bei fast allen Kulturinstitutionen ist die Medienarbeit deutlicher Schwerpunkt der PR. Persönliche Kontakte zu einzelnen Medienvertretern sind wesentlich für den Erfolg. Insofern setzen viele Kulturinstitutionen zunehmend auf eine individuellere Medienansprache. Die kontinuierliche Pflege guter Kontakte zu den Redaktionen sorgt dafür, dass die eigenen Botschaften in der täglich bei den Medien eingehenden Informations-Flut nicht untergehen. Darüber hinaus ist Medienarbeit dann erfolgreich, wenn sie genau auf das jeweilige Medium zugeschnittene Informationen aussendet.
  Immer mehr Kultureinrichtungen nutzen auch die Möglichkeit von Medienpartnerschaften, die über redaktionelle Formen der Zusammenarbeit hinausgehen und Publizität garantieren, ohne dass dafür große Werbe-

budgets erforderlich sind. Dabei können sich sehr produktive Kooperationsformen entwickeln, wenn Medien sich nicht nur als Mittler von Veranstaltungshinweisen verstehen, sondern ihre eigenen Kompetenzen in Kulturveranstaltungen einbringen.

- **Einbezug von PR-Leistungen der Sponsoren**
  Vielfach werden von Kulturinstitutionen über das finanzielle Engagement hinaus auch PR-Leistungen ihrer Sponsoren genutzt. Indem ein Sponsor in seinen PR- und Werbemaßnahmen, von der Mitarbeiterzeitung über Kundenmailings bis zu Anzeigen, auf eine Kulturinstitution und ihr Programm hinweist, kann sich der Zielgruppen-Radius einer Kultureinrichtung erweitern. Das heißt, dass nicht nur die Sponsoren vom Image und der PR-Arbeit einer Kultureinrichtung profitieren, sondern auch die Kultureinrichtungen von der Unternehmens-PR. Eine solche wechselseitige Unterstützung kann zum guten und möglicherweise kontinuierlichen Verhältnis zwischen Sponsor und Kultureinrichtung beitragen.

- **Lobbying für Kultur**
  Viele Kulturinstitutionen warten nicht mehr darauf, bis politische Vertreter auf sie zugehen, sondern versuchen selbst, auf wichtige Entscheidungsträger offensiv Einfluss zu nehmen. Dabei beziehen sie die Standpunkte und Logik von Kulturpolitik, Jugendpolitik oder Wirtschaftspolitik gezielt in ihre Argumentations-Strategien ein.

- **Verlagerung von der ausschließlichen Programmorientierung zur Kommunikations-, Meinungs- und Wertorientierung**
  Agenda Setting im Sinne einer aktiven Setzung von Themen auf dem Meinungsmarkt betreiben bislang nur wenige Kultureinrichtungen. Kultur-PR wirkt jedoch dann besonders nachhaltig, wenn sie über die PR für ihre Programme hinaus dazu beiträgt, eine Institution in die Fachdiskussionen einzubringen, sie zu einem wichtigen Nukleus und einer Sachautorität in der Fachöffentlichkeit zu machen. Aufgabe von Kultur-PR ist es auch, gesellschaftliche Verantwortung zu zeigen, indem man sich, über die eigenen Kernaufgaben hinaus, für kultur- und gesellschaftspolitische Themen stark macht, die in Verbindung zur eigenen Mission stehen.

- **Vernetzung als PR-Aufgabe**
  Menschen zu vernetzen, Kontakte herzustellen, Begegnungen zu ermöglichen, bringt zwar nicht immer kurzfristigen Werbe-Nutzen für die eigenen Veranstaltungen und Projekte, zahlt sich aber langfristig aus.
  Wenn eine Kultureinrichtung als zentrale Anlaufstelle für Menschen aus

einer bestimmten Kulturbranche gilt, wenn ihre Veranstaltungen über das Kernprogramm hinaus gesellschaftliche Ereignisse sind, wo sich Gleichgesinnte treffen, wenn eine Kultureinrichtung als kompetenter Auskunftspartner gilt, wenn PR-Referenten ihr Know-how auch in übergreifenden Branchen-Verbänden und Netzwerken einbringen, erhöht sich die Bekanntheit und das Ansehen der Einrichtung in der Fachöffentlichkeit. Zugleich können all diese Kontakte auch für die alltägliche PR-Arbeit hilfreich und anregend sein.

- **Überzeugung durch direkte personale Kommunikation**
  Trotz der Vielzahl professionell gestalteter Medien ist die persönliche Ansprache in der direkten Begegnung zwischen Menschen in der Regel die überzeugendste. Persönliche Vermittlungsformen haben den Vorteil, dass sie dialogisch gestaltet werden können und die Möglichkeit bieten, auf Argumente des Adressaten bzw. potenziellen Kunden oder Kulturnutzers einzugehen.
  Das bedeutet für Kultur-PR, dass sie vielfältige Angebote für direkte Begegnungen zwischen Künstlern, Kulturschaffenden, Publikum und anderen Teilöffentlichkeiten schaffen sollte.

- **Ansprache von jungen Menschen als Nachwuchspublikum**
  Ob Kunst und Kultur Bedeutung im Leben eines Menschen hat, wird bereits im Kindesalter entschieden. Insofern ist es in vielen Kulturinstitutionen wichtiger Bestandteil der PR-Arbeit, Kinder und Jugendliche an Kultur heranzuführen mittels differenzierter Vermittlungsformate. Gerade traditionelle Hochkultureinrichtungen beugen auf diese Weise einer Überalterung ihres Publikums vor und werden ihrem gesellschaftlichen Auftrag gerecht, Kultur für alle Alters- und Bevölkerungsgruppen zugänglich zu machen. Besonders wirkungsvoll ist es, wenn Kulturpädagogen mit PR- und Marketingverantwortlichen gemeinsam Konzepte entwickeln, mit denen die jeweiligen Altersgruppen adäquat gemäß ihrer jeweiligen Interessen, ästhetischen Vorlieben, Informationsweisen angesprochen werden können.

- **Die Integration von Vermittlungsarbeit in die Kultur-PR.**
  Audience Development als übergreifender Ansatz der Besucherbindung
  Kulturvermittlungsangebote sind wichtiger Bestandteil der Ansprache von neuen Publikumsgruppen ebenso wie ein Mittel der nachhaltigen Besucherbindung.
  Wirkungsvolle PR zeichnet sich dadurch aus, dass sie adressatenbezogen denkt und handelt, sich in die Interessen und Erwartungen ihrer Ziel-

gruppen hineinversetzt, Zugang zu den Welten ihrer Zielgruppen findet und nach Gemeinsamkeiten und Anknüpfungspunkten zur eigenen Arbeit sucht.

- **Besucherbindung durch aktiven Einbezug des Stammpublikums**
  Die vielen neu gegründeten Freundeskreise von Kulturinstitutionen und die stetig wachsenden Mitgliederzahlen zeugen davon: Kulturnutzer haben ein Interesse daran, dazuzugehören, Kulturorte als Kommunikationsorte zu nutzen, sich aktiv einzubringen. Kultureinrichtungen müssen also umdenken und ihr Publikum weniger als Kunden, sondern vielmehr als Partner und Unterstützer begreifen.

Kultur-PR trägt besondere Verantwortung: Sie verkauft nicht nur ein bestimmtes Veranstaltungsprogramm, sondern sie beeinflusst auch die Art und Weise, wie Kunst und Kultur in der Gesellschaft wahrgenommen werden und welcher Stellenwert Kunst und Kultur beigemessen wird.

→ Literatur[1]

Allensbach Institut für Demoskopie (1991): *Kulturelles Interesse und Kulturpolitik. Eine Repräsentativumfrage über die kulturelle Partizipation, den Kulturbegriff der deutschen Bevölkerung und die Bewertung der Kulturpolitik*, Allensbach

ARD/ZDF Mediaperspektiven (2008): *Offlinestudie*

Arts council England/Johnson, Gill (2003): *New audiences for the arts: The new audiences programme 1998 – 2003*, London

Avenarius, Horst (1995): *Public Relations. Die Grundform der gesellschaftlichen Kommunikation*, Darmstadt

Baerns, Barbara (1991): *Öffentlichkeitsarbeit oder Journalismus? Zum Einfluss im Mediensystem*, Köln

Bauer, Hans/Große-Leege, Dirk/Rösger, Jürgen (2007): *Interactive Marketing im Web 2.0. Konzepte und Anwendungen für ein erfolgreiches Marketingmanagement im Internet*, München

Bernward, Frank/ARD/ZDF Medienkommission (1992): *Kultur und Medien. Angebote, Interessen, Verhalten. Eine Studie*, Baden-Baden

Birkigt, Klaus/Stadler, Marinus (1980/1998): *Corporate Identity*, München

Carls, Nada (2007): *Guerilla Marketing im Kulturbetrieb*, Saarbrücken

Colbert, Francois (1999): *Kultur- und Kunstmarketing. Ein Arbeitsbuch*, Wien/New York

Dammler, Axel/Barlovic, Ingo/Melzer-Lena, Brigitte (2000): *Marketing für Kids und Teens*, Landsberg/Lech

Deutscher Städtetag (Hg.) (1994): *Methodik von Befragungen im Kulturbereich*, Köln

Esch, Franz-Rudolf (Hg.) (2005): *Moderne Markenführung. Grundlagen, innovative Ansätze, praktische Umsetzungen*, Wiesbaden

Faulstich, Werner (2001): *Grundwissen Öffentlichkeitsarbeit*, München

Fuchs, Peter/Möhrle, Hartwin/Schmidt-Marwede, Ulrich (1999): *PR im Netz*, Frankfurt a.M.

Gebhardt, Winfried (2000): »Feste, Feiern und Events. Zur Soziologie des Außergewöhnlichen«. In: Gebhardt, Winfried/Hitzler, Ronald/Pfadenhauer, Michaela (Hg.), *Events. Soziologie des Außergewöhnlichen*, Opladen

Glaser, Hermann/Stahl, Karl-Heinz (1974): *Die Wiedergewinnung des Ästhetischen*, München

Göschel, Albrecht (1991): *Die Ungleichzeitigkeit in der Kultur. Wandel des Kulturbegriffs in vier Generationen*, Stuttgart/Berlin/Köln

1 Neben der in der Untersuchung zitierten Literatur sind im folgenden Verzeichnis auch wichtige weiterführende Texte aufgeführt.

Haller, Michael (2004): »Politisierung des Kulturellen? Zum Funktionswandel des Kulturjournalismus in der Mediengesellschaft«. In: *Aus Politik und Zeitgeschichte, Beilage zur Wochenzeitung Das Parlament* 17.3. 2004,

Harris, Godfrey (1999): *Empfehlen Sie uns weiter! Mundpropaganda als Marketinginstrument*, Wien

Hausmann, Andrea/Helm, Sabine (2008): *Kundenorientierung im Kulturbetrieb. Grundlagen, innovative Konzepte, praktische Umsetzung*, Wiesbaden

Heinemann, Birgit (1999): »Evaluation von Presse- und Öffentlichkeitsarbeit in Kulturbetrieben«. In: *Handbuch Kulturmanagement*, Stuttgart

Heinrichs, Werner/Schäfer, Hermann (1999): *Merchandising und Licensing im Kulturbetrieb*, Stuttgart

Heinrichs, Werner (1988): »Publikumsbefragungen im Kulturmarketing«. In: *Handbuch Kulturmanagement*, Stuttgart

Hill, Elizabeth/O'Sullivan, Catherine/O'Sullivan, Terry (1995): *Creative Arts Marketing*, Oxford

Hoehne, Steffen/Ziegler/Ralph Philipp (2006) (Hg.): *Kulturbranding? Konzepte und Perspektiven der Markenbildung im Kulturbereich*, Leipzig

Institut für Demoskopie Allensbach (2002): *Allensbacher Jahrbuch 2002*

Arts Council England /Jennings, Mel (2003): »A practical guide to working with arts ambassadors«, www.artscouncil.org.uk

Keuchel, Susanne/Wiesand, Andreas Johannes (2007) (Hg.): *Das 1. Jugendkulturbarometer. Zwischen Eminem und Picasso*, Bonn

Klein, Armin (2002): Der Nicht-Besucher. Wer ist er und wie kann er für Kunst und Kultur gewonnen werden. In: *Handbuch Kulturmanagement*, Stuttgart

Klein, Armin (2001): *Kulturmarketing. Das Marketing-Konzept für Kulturbetriebe*, München

Klein, Armin (²2008): *Besucherbindung im Kulturbetrieb*, Wiesbaden

Kroeber-Riehl, Werner (1993): *Bildkommunikation. Imagerystrategien für die Werbung*, München

Kroeber-Riel, Werner (2001): »Bilder sind schnelle Schüsse ins Gehirn. Wirkungsgesetze der Bildkommunikation«. In: Randa-Campani, Sigrid (Hg.), *Wunderbare Werbewelten. Katalog der Museumsstiftung Post und Kommunikation*, Berlin

Statistische Ämter des Bundes und Länder (Hg.) (2008): *Kulturfinanzbericht*, www.statistik-portal.de

Langner, Sascha (2007): *Viral Marketing. Wie Sie Mundpropaganda gezielt auslösen und Gewinn bringend nutzen*, Wiesbaden

Levinson, Jay C (1990): *Guerilla-Marketing. Offensives Werben und Verkaufen für kleinere Unternehmen*, Frankfurt a.M.

Mandel, Birgit (Hg.) (2008): *Audience Development, Kulturmanagement, Kul-*

turelle Bildung. Konzeptionen und Handlungsfelder der Kulturvermittlung. München 2008
Mandel, Birgit: (Hg.) (2005): *Kulturvermittlung. Zwischen kultureller Bildung und Kulturmarketing. Eine Profession mit Zukunft.* Bielefeld 2005
Mandel, Birgit/Universität Hildesheim (2005): *Einstellungen zu Kunst und Kultur, Kulturimage und Kulturbegriff. Ergebnisse einer Bevölkerungsumfrage in Hildesheim*, Hildesheim, www.uni-hildesheim.de/kulturpolitik.htm
Meffert, Heribert (1999): *Marketing. Grundlagen marktorientierter Unternehmensführung*, Darmstadt
Merten, Klaus (2000): *Das Handwörterbuch der PR*, Frankfurt a.M.
Nickel, Oliver(1998): »Event – ein neues Zauberwort?« In: Nickel, Oliver (Hg.) *Eventmarketing. Grundlagen und Erfolgsbeispiele*, München
Oetting, Martin (2008): »Werbung für lau.10 Regeln für Virales Marketing«. In: *Wirtschaftswoche*, Nr. 37
Opaschowski, Horst, W. (1998): »Vom Versorgungs- zum Erlebniskonsum. Die Folgen des Wertewandels«. In: Nickel, Oliver (Hg.) *Eventmarketing. Grundlagen und Erfolgsbeispiele*, München
Piwinger, Manfred/Prött, Monika (2002) (Hg.), *Ausgezeichnete PR*, Frankfurt a.M.
Regenthal, Gerhard (1997): *Corporate Identity – Luxus oder Notwendigkeit?*, Wiesbaden
Reimann, Michaela/Rockweiler, Susanne (2005): *Handbuch Kulturmarketing. Strukturierte Planung, erfolgreiche Umsetzung, Innovationen und Trends aus der Kulturszene*, Berlin
Reineke, Wolfgang/Eisele, Hans (1994): *Taschenbuch der Öffentlichkeitsarbeit*, Heidelberg
Rothärmel, Bettina (1999): »Merchandising und Licensing bei der Stella AG«. In: Heinrichs, Werner/Schäfer, Hermann (Hg.), *Merchandising und Licensing im Kulturbetrieb*, Stuttgart
Röttger, Ulrike (2001): »Campaigns for a better world?« In: Röttger, Ulrike (Hg.) *PR-Kampagnen. Über die Inszenierung von Öffentlichkeit.* Wiesbaden
Runge, Thomas (2008): »Von Freund zu Freund«. In: *Brand Eins* 1
Saxer, Ulrich (1992): »Public Relations als Innovation«. In: Avenarius, Horst/Armbrecht, Wolfgang (Hg.)*Ist Public Relations eine Wissenschaft?*, Opladen
Scheidt, Wolfgang (2002): »PR goes Journalismus«. In: *Journalist* 11
Schönbach, Klaus (1992): »Public Relations und Agenda Setting«. In: Avenarius, Horst/Armbrecht, Wolfgang (Hg.), *Ist Public Relations eine Wissenschaft?*, Opladen
Schulz, Rüdiger(2002): *Zeitung und Internet 2002*, Berlin

Schulze, Gerhard (1998): »Die Zukunft des Erlebnismarktes«. In: Nickel, Oliver (Hg.) *Eventmarketing. Grundlagen und Erfolgsbeispiele*, München

Severin, Othmar (2001): »Ein Club wirbt für die Werbung. Ein Gespräch zur Geschichte des Art Directors Club für Deutschland«. In: Randa-Campani, Sigrid (Hg.) *Wunderbare Werbewelten. Katalog der Museumsstiftung Post und Kommunikation*, Berlin

Siebenhaar, Klaus (1998) (Hg.): *Kulturhandbuch Berlin*, Berlin

Sinus Milieu Studien, Heidelberg, www.sinusmileu.de

Sir Simon Rattle Interview in: Die Zeit, 22.8.2002

Söndermann, Michael/Arbeitskreis Kulturstatistik (2008): *Daten zur Kulturwirtschaft in Deutschland*, www.kulturpolitik.de

Szyska, Peter (1994): »Öffentlichkeitsarbeit – Instrumente des Ambivalenz-Managements«. In: Universität Lüneburg (Hg.) *Reader zur Fachtagung Theorie des Kulturmanagements*, Lüneburg

Terlutter, Ralf (1998): *Besucherforschung und Angebotsgestaltung in Kulturinstitutionen*, Saarbrücken

Levine, Rick/Locke, Christoph/Searls, Doc, Weinberger, David (2000): *Das Cluetrain Manifest. 95 –Thesen für die neue Unternehmenskultur im digitalen Zeitalter. Märkte sind Gespräche oder das Ende des Marketings als Einbahnstraße*, Berlin

Walker-Kuhne, Donna (2005): *Invitation to the party. Building briges to the arts, culture and community*, New York

Weiss, Christina (1999): *Stadt ist Bühne. Kulturpolitik heute*, Hamburg

Wesemann, Barbara (1992): *Marketing für das Theater*, Hamburg

Zentrum für Kulturforschung/Keuchel, Susanne (2005) (Hg.): *Kulturbarometer*, Bonn www.kulturforschung.de

Schriften zum Kultur- und Museumsmanagement

Joachim Baur (Hg.)
Museumsanalyse
Methoden und Konturen eines neuen Forschungsfeldes
August 2009, ca. 280 Seiten, kart., ca. 26,80 €,
ISBN 978-3-89942-814-8

Laura J Gerlach
Der Schirnerfolg
Die »Schirn Kunsthalle Frankfurt« als Modell innovativen Kunstmarketings. Konzepte – Strategien – Wirkungen
2007, 242 Seiten, kart., zahlr. Abb., 26,80 €,
ISBN 978-3-89942-769-1

Marc Grellert
Immaterielle Zeugnisse
Synagogen in Deutschland. Potentiale digitaler Technologien für das Erinnern zerstörter Architektur
2007, 606 Seiten, kart., zahlr. Abb., 37,80 €,
ISBN 978-3-89942-729-5

Herbert Grüner, Helene Kleine, Dieter Puchta, Klaus-P. Schulze (Hg.)
Kreative gründen anders!
Existenzgründungen in der Kulturwirtschaft. Ein Handbuch
April 2009, 250 Seiten, kart., zahlr. Abb., 23,80 €,
ISBN 978-3-89942-981-7

Heike Kirchhoff, Martin Schmidt (Hg.)
Das magische Dreieck
Die Museumsausstellung als Zusammenspiel von Kuratoren, Museumspädagogen und Gestaltern
2007, 172 Seiten, kart., 18,80 €,
ISBN 978-3-89942-609-0

Reinhold Knopp, Karin Nell (Hg.)
Keywork
Neue Wege in der Kultur- und Bildungsarbeit mit Älteren
2007, 262 Seiten, kart., 24,80 €,
ISBN 978-3-89942-678-6

Thomas Knubben, Petra Schneidewind (Hg.)
Zukunft für Musikschulen
Herausforderungen und Perspektiven der Zukunftssicherung öffentlicher Musikschulen
2007, 310 Seiten, kart., 29,80 €,
ISBN 978-3-89942-619-9

Hannelore Kunz-Ott, Susanne Kudorfer, Traudel Weber (Hg.)
Kulturelle Bildung im Museum
Aneignungsprozesse – Vermittlungsformen – Praxisbeispiele
Juni 2009, ca. 200 Seiten, kart., zahlr. Abb., ca. 24,80 €,
ISBN 978-3-8376-1084-0

Birgit Mandel
Die neuen Kulturunternehmer
Ihre Motive, Visionen und Erfolgsstrategien
2007, 146 Seiten, kart., 16,80 €,
ISBN 978-3-89942-653-3

Carmen Mörsch, Landesverband der Kunstschulen Niedersachsen (Hg.)
Schnittstelle Kunst – Vermittlung
2007, 390 Seiten, kart., 29,80 €,
ISBN 978-3-89942-732-5

Leseproben, weitere Informationen und Bestellmöglichkeiten finden Sie unter www.transcript-verlag.de